现代数学中的著名定理纵横谈丛书
丛书主编　王梓坤

DIRICHLET APPROXIMATION THEOREM AND
KRONECKER APPROXIMATION THEOREM

Dirichlet逼近定理和 Kronecker逼近定理

朱尧辰 著

哈尔滨工业大学出版社
HARBIN INSTITUTE OF TECHNOLOGY PRESS

内 容 简 介

本书是一本关于丢番图逼近论的简明导引,主要涉及数学界公认的"划归"丢番图逼近论的论题,着重实数的有理逼近等经典结果和方法,适度介绍一些新的进展和问题.

本书适合大学师生及相关专业人员使用.

图书在版编目(CIP)数据

Dirichlet 逼近定理和 Kronecker 逼近定理/朱尧辰著. —哈尔滨:哈尔滨工业大学出版社,2018.1
(现代数学中的著名定理纵横谈丛书)
ISBN 978-7-5603-7091-0

Ⅰ.①D… Ⅱ.①朱… Ⅲ.①逼近论
Ⅳ.①O174.41

中国版本图书馆 CIP 数据核字(2017)第 293449 号

策划编辑　刘培杰　张永芹
责任编辑　张永芹　李　欣
封面设计　孙茵艾
出版发行　哈尔滨工业大学出版社
社　　址　哈尔滨市南岗区复华四道街 10 号　邮编 150006
传　　真　0451-86414749
网　　址　http://hitpress.hit.edu.cn
印　　刷　哈尔滨市石桥印务有限公司
开　　本　787mm×960mm　1/16　印张 23.5　字数 254 千字
版　　次　2018 年 1 月第 1 版　2018 年 1 月第 1 次印刷
书　　号　ISBN 978-7-5603-7091-0
定　　价　58.00 元

(如因印装质量问题影响阅读,我社负责调换)

读书的乐趣

你最喜爱什么——书籍.

你经常去哪里——书店.

你最大的乐趣是什么——读书.

这是友人提出的问题和我的回答. 真的, 我这一辈子算是和书籍, 特别是好书结下了不解之缘. 有人说, 读书要费那么大的劲, 又发不了财, 读它做什么? 我却至今不悔, 不仅不悔, 反而情趣越来越浓. 想当年, 我也曾爱打球, 也曾爱下棋, 对操琴也有兴趣, 还登台伴奏过. 但后来却都一一断交, "终身不复鼓琴". 那原因便是怕花费时间, 玩物丧志, 误了我的大事——求学. 这当然过激了一些. 剩下来唯有读书一事, 自幼至今, 无日少废, 谓之书痴也可, 谓之书橱也可, 管它呢, 人各有志, 不可相强. 我的一生大志, 便是教书, 而当教师, 不多读书是不行的.

读好书是一种乐趣, 一种情操; 一种向全世界古往今来的伟人和名人求

1

教的方法,一种和他们展开讨论的方式;一封出席各种活动、体验各种生活、结识各种人物的邀请信;一张迈进科学宫殿和未知世界的入场券;一股改造自己、丰富自己的强大力量.书籍是全人类有史以来共同创造的财富,是永不枯竭的智慧的源泉.失意时读书,可以使人重整旗鼓;得意时读书,可以使人头脑清醒;疑难时读书,可以得到解答或启示;年轻人读书,可明奋进之道;年老人读书,能知健神之理.浩浩乎! 洋洋乎! 如临大海,或波涛汹涌,或清风微拂,取之不尽,用之不竭.吾于读书,无疑义矣,三日不读,则头脑麻木,心摇摇无主.

潜能需要激发

我和书籍结缘,开始于一次非常偶然的机会.大概是八九岁吧,家里穷得揭不开锅,我每天从早到晚都要去田园里帮工.一天,偶然从旧木柜阴湿的角落里,找到一本蜡光纸的小书,自然很破了.屋内光线暗淡,又是黄昏时分,只好拿到大门外去看.封面已经脱落,扉页上写的是《薛仁贵征东》.管它呢,且往下看.第一回的标题已忘记,只是那首开卷诗不知为什么至今仍记忆犹新:

日出遥遥一点红,飘飘四海影无踪.

三岁孩童千两价,保主跨海去征东.

第一句指山东,二、三两句分别点出薛仁贵(雪、人贵).那时识字很少,半看半猜,居然引起了我极大的兴趣,同时也教我认识了许多生字.这是我有生以来独立看的第一本书.尝到甜头以后,我便千方百计去找书,向小朋友借,到亲友家找,居然断断续续看了《薛丁山征西》《彭公案》《二度梅》等,樊梨花便成了我心

2

中的女英雄.我真入迷了.从此,放牛也罢,车水也罢,我总要带一本书,还练出了边走田间小路边读书的本领,读得津津有味,不知人间别有他事.

当我们安静下来回想往事时,往往会发现一些偶然的小事却影响了自己的一生.如果不是找到那本《薛仁贵征东》,我的好学心也许激发不起来.我这一生,也许会走另一条路.人的潜能,好比一座汽油库,星星之火,可以使它雷声隆隆、光照天地;但若少了这粒火星,它便会成为一潭死水,永归沉寂.

抄,总抄得起

好不容易上了中学,做完功课还有点时间,便常光顾图书馆.好书借了实在舍不得还,但买不到也买不起,便下决心动手抄书.抄,总抄得起.我抄过林语堂写的《高级英文法》,抄过英文的《英文典大全》,还抄过《孙子兵法》,这本书实在爱得狠了,竟一口气抄了两份.人们虽知抄书之苦,未知抄书之益,抄完毫末俱见,一览无余,胜读十遍.

始于精于一,返于精于博

关于康有为的教学法,他的弟子梁启超说:"康先生之教,专标专精、涉猎二条,无专精则不能成,无涉猎则不能通也."可见康有为强烈要求学生把专精和广博(即"涉猎")相结合.

在先后次序上,我认为要从精于一开始.首先应集中精力学好专业,并在专业的科研中做出成绩,然后逐步扩大领域,力求多方面的精.年轻时,我曾精读杜布(J. L. Doob)的《随机过程论》,哈尔莫斯(P. R. Halmos)的《测度论》等世界数学名著,使我终身受益.简言之,即"始于精于一,返于精于博".正如中国革命一样,必须先有一块根据地,站稳后再开创几块,最后连成一片.

丰富我文采,澡雪我精神

辛苦了一周,人相当疲劳了,每到星期六,我便到旧书店走走,这已成为生活中的一部分,多年如此.一次,偶然看到一套《纲鉴易知录》,编者之一便是选编《古文观止》的吴楚材.这部书提纲挈领地讲中国历史,上自盘古氏,直到明末,记事简明,文字古雅,又富于故事性,便把这部书从头到尾读了一遍.从此启发了我读史书的兴趣.

我爱读中国的古典小说,例如《三国演义》和《东周列国志》.我常对人说,这两部书简直是世界上政治阴谋诡计大全.即以近年来极时髦的人质问题(伊朗人质、劫机人质等),这些书中早就有了,秦始皇的父亲便是受害者,堪称"人质之父".

《庄子》超尘绝俗,不屑于名利.其中"秋水""解牛"诸篇,诚绝唱也.《论语》束身严谨,勇于面世,"己所不欲,勿施于人",有长者之风.司马迁的《报任少卿书》,读之我心两伤,既伤少卿,又伤司马;我不知道少卿是否收到这封信,希望有人做点研究.我也爱读鲁迅的杂文,果戈理、梅里美的小说.我非常敬重文天祥、秋瑾的人品,常记他们的诗句:"人生自古谁无死,留取丹心照汗青""休言女子非英物,夜夜龙泉壁上鸣".唐诗、宋词、《西厢记》《牡丹亭》,丰富我文采,澡雪我精神,其中精粹,实是人间神品.

读了邓拓的《燕山夜话》,既叹服其广博,也使我动了写《科学发现纵横谈》的心.不料这本小册子竟给我招来了上千封鼓励信.以后人们便写出了许许多多的"纵横谈".

从学生时代起,我就喜读方法论方面的论著.我想,做什么事情都要讲究方法,追求效率、效果和效益,方法好能事半而功倍.我很留心一些著名科学家、文学家写的心得体会和经验.我曾惊讶为什么巴尔扎克在51年短短的一生中能写出上百本书,并从他的传记中去寻找答案.文史哲和科学的海洋无边无际,先哲们的明智之光沐浴着人们的心灵,我衷心感谢他们的恩惠.

读书的另一面

以上我谈了读书的好处,现在要回过头来说说事情的另一面.

读书要选择.世上有各种各样的书:有的不值一看,有的只值看20分钟,有的可看5年,有的可保存一辈子,有的将永远不朽.即使是不朽的超级名著,由于我们的精力与时间有限,也必须加以选择.决不要看坏书,对一般书,要学会速读.

读书要多思考.应该想想,作者说得对吗?完全吗?适合今天的情况吗?从书本中迅速获得效果的好办法是有的放矢地读书,带着问题去读,或偏重某一方面去读.这时我们的思维处于主动寻找的地位,就像猎人追找猎物一样主动,很快就能找到答案,或者发现书中的问题.

有的书浏览即止,有的要读出声来,有的要心头记住,有的要笔头记录.对重要的专业书或名著,要勤做笔记,"不动笔墨不读书".动脑加动手,手脑并用,既可加深理解,又可避忘备查,特别是自己的灵感,更要及时抓住.清代章学诚在《文史通义》中说:"札记之功必不可少,如不札记,则无穷妙绪如雨珠落大海矣."

许多大事业、大作品,都是长期积累和短期突击相结合的产物.涓涓不息,将成江河;无此涓涓,何来江河?

爱好读书是许多伟人的共同特性,不仅学者专家如此,一些大政治家、大军事家也如此.曹操、康熙、拿破仑、毛泽东都是手不释卷,嗜书如命的人.他们的巨大成就与毕生刻苦自学密切相关.

王梓坤

前　　言

丢番图逼近论是数论的重要而古老的分支之一,圆周率π的估计、天文研究和古历法的编制,以及连分数展开,等等,都是它的催生剂.近代和现代数学的发展,特别是丢番图方程和超越数论的研究,以及一致分布点列在拟Monte Carlo方法中的应用等,又使它发展成为一个活跃的当代数论研究领域. 实际上,丢番图逼近论与超越数论的研究常常互相交织在一起,不少数论专业会议或专著往往以两者为公共主题. 本书是一本关于丢番图逼近论的简明导引,主要涉及数学界公认的"划归"丢番图逼近论的那些论题,着重实数的有理逼近等经典结果和方法,适度介绍一些新的进展和问题.本书前身是作者的大学数论专业课程的讲稿,主要供大学理工科有关专业高年级学生和研究生阅读,也适当兼顾有关科研人员的参考需求.

本书含六章和一个附录.各章内容如下:第 1 章以Dirichlet逼近定理为中心展开,包括定理的扩充、改进和对实数无理性判定的应用,并基于实数的最佳逼近给出实数的连分数展开,以及Markov谱的简介等.第2章讲述一维和多维 Kronecker定理,包括定性和定量两种形式. 第3章研究不同类型的逼近问题间的关系 ,着重于Mahler转换定理及其应用.第4章的主题是与代数数有关的逼近问题,包括对代数数的逼近和用代数数的逼近两个方面,并且应用Schmidt逼近定理构造某些超越数. 第5章是度量数论的基本引论,以Khintchine定理为中心展开讨论,给出实数有理逼近的度量性结果.第6

1

章给出模1一致分布理论的基本结果,以及一致分布点列与数值积分的关系. 结束语中简单介绍了本书没有涉及的丢番图逼近问题,如复数的丢番图逼近、p-adic丢番图逼近以及矩阵的丢番图逼近等.附录汇集了正文中多处用到的数的几何的基本结果.

限于作者的水平,书中谬误和不妥在所难免,欢迎读者和同行批评指正.

朱尧辰

2016年6月

于北京

符 号 说 明

(按CTex通用符号)

$1°$ $\mathbb{N}, \mathbb{Z}, \mathbb{Q}, \mathbb{R}, \mathbb{C}$ (依次) 正整数集,整数集,有理数集,实数集,复数集.

$\mathbb{N}_0 = \mathbb{N} \cup \{0\}$.

$\mathbb{R}_+$ 正实数集.

$|S|$ 有限集S所含元素的个数(也称S的规模).

$|A|, \mu(A)$ 集合A的Lebesgue测度.

$2°$ $[a]$ 实数a的整数部分,即不超过a的最大整数.

$\{a\} = a - [a]$ 实数a的分数部分,也称小数部分.

$\|x\|$ 实数x与距它最近的整数间的距离.

$\overline{x}$ 表示$\max\{|x|, 1\}$,此处x为实数.

$\delta_{i,j}$ Kronecker符号,即当$i = j$时其值为1,否则为0.

$\mu(n)$ Möbius函数.

$\phi(n)$ Euler函数.

$\ll, \gg$ Vinogradov符号.例如,$f(x) \ll g(x)$表示$|f(x)| \leqslant c|g(x)|$, $f(x) \gg g(x)$表示$|f(x)| \geqslant c|g(x)|$,其中c是一个常数.

$\mathrm{Re}(z), \mathrm{Im}(z)$ 复数z的实部和虚部系数.

$\mathrm{sgn}(a)$ 非零实数a的符号.

$3°$ $\log_b a$ 实数$a > 0$的以b为底的对数.

$\log a$(与$\ln a$同义) 实数$a > 0$的自然对数.

1

$\lg a$ 实数$a > 0$的常用对数(即以10为底的对数).

$\exp(x)$ 指数函数e^x.

$[v_0; v_1, v_2, \cdots]$ (简单)连分数.

$4°$ $\mathbf{x} \cdot \mathbf{y}$ 向量$\mathbf{x} = (x_1, \cdots, x_n), \mathbf{y} = (y_1, \cdots, y_n) \in \mathbb{R}^n$的内积(数量积), 即$x_1 y_1 + \cdots + x_n y_n$.

$|\mathbf{x}|_0$ 表示$\overline{x}_1 \overline{x}_2 \cdots \overline{x}_n$, 其中$\mathbf{x} = (x_1, x_2, \cdots, x_n)$.

$|\mathbf{x}|$ 表示$|x_1||x_2| \cdots |x_n|$, 其中$\mathbf{x} = (x_1, x_2, \cdots, x_n)$.

$\overline{|\mathbf{x}|}$ 表示$\max\limits_{1 \leqslant i \leqslant n} |x_i|$, 其中$\mathbf{x} = (x_1, x_2, \cdots, x_n)$.

$\{\mathbf{x}\}$ 表示向量$(\{x_1\}, \cdots, \{x_s\})$,其中$\mathbf{x} = (x_1, \cdots, x_s) \in \mathbb{R}^s$.

$\mathbf{a} < \mathbf{b}$(或$\mathbf{a} \leqslant \mathbf{b}$)   表示$a_i < b_i$(或$a_i \leqslant b_i$)$(i = 1, \cdots, s)$,其中$\mathbf{a} = (a_1, \cdots, a_s), \mathbf{b} = (b_1, \cdots, b_s) \in \mathbb{R}^s$.

$[\mathbf{a}, \mathbf{b})$(或$[\mathbf{a}, \mathbf{b}]$)   表示$\{\mathbf{x} \mid \mathbf{x} \in \mathbb{R}^s, \mathbf{a} \leqslant \mathbf{x} < \mathbf{b}$(或$\mathbf{a} \leqslant \mathbf{x} \leqslant \mathbf{b})\}$($s$维长方体),其中$\mathbf{a}, \mathbf{b} \in \mathbb{R}^s$.

$(a_{i,j})_{m \times n}$ 第i行、第j列元素为$a_{i,j}$的$m \times n$矩阵.

$(a_{i,j})_n$ 第i行、第j列元素为$a_{i,j}$的n阶方阵,不引起混淆时可记为$(a_{i,j})$.

$\mathbf{I}_n$ n阶单位方阵,不引起混淆时可记为$\mathbf{I}$.

$\mathbf{O}_n$ n阶零方阵,不引起混淆时可记为$\mathbf{O}$.

$\det(\mathbf{A}), \det(a_{ij}), |\mathbf{A}|$ 方阵$\mathbf{A} = (a_{ij})$的行列式.

$5°$ $\deg(\theta)$ 代数数θ的次数.

$H(\theta); L(\theta)$ 代数数θ的高;长.

$H_K(\theta)$　　代数数θ对于数域K的高.

$H(P); L(P)$　　多项式P的高;长.

目　　录

第 0 章 引　　言

用有理数近似一个给定的实数,其误差可以小到什么程度,这就是所谓实数的有理逼近问题.它是丢番图逼近论中最早被研究的一个基本问题.虽然作为数论的一个分支,丢番图逼近论通常是大学数论专业的一门基础课程,但实际上,对于喜好数学的青年,早在他们大学低年级(甚至高中)学习时期, 就已或多或少地接触到某些本质上涉及丢番图逼近论的数学问题.我们容易在各类大学生(甚至中学生) 的数学竞赛题或竞赛备考题中找到这样的例子.

例 1 (Putnum试题,1949)　以开区间$(0,1)$中的每个有理数p/q(其中p,q是互素的正整数) 为中心作一个长度为$1/(2q^2)$的闭区间,则数$\sqrt{2}/2 \in (0,1)$不属于任何一个这样的闭区间.

解　因为$p/q \in (0,1)$,所以$0 < p < q$.以p/q为中心且长度为$1/(2q^2)$的闭区间是集合
$$\left\{ x \in (0,1) \,\middle|\, \left| x - \frac{p}{q} \right| \leqslant \frac{1}{4q^2} \right\}.$$
因此问题的结论等价于:对于任何互素的整数p,q, $0 < p < q$,有
$$\left| \frac{\sqrt{2}}{2} - \frac{p}{q} \right| > \frac{1}{4q^2}.$$
用反证法.如果存在$p/q \in (0,1)$(其中整数$p,q > 0$互素)满足
$$\left| \frac{\sqrt{2}}{2} - \frac{p}{q} \right| \leqslant \frac{1}{4q^2},$$

那么因为

$$0 < \frac{\sqrt{2}}{2} + \frac{p}{q} < 2,$$

所以

$$\begin{aligned}
\left| \frac{1}{2} - \frac{p^2}{q^2} \right| &= \left| \frac{\sqrt{2}}{2} + \frac{p}{q} \right| \left| \frac{\sqrt{2}}{2} - \frac{p}{q} \right| \\
&< 2 \cdot \frac{1}{4q^2} = \frac{1}{2q^2}.
\end{aligned}$$

于是 $0 \leqslant |q^2 - 2p^2| < 1$. 注意 $|q^2 - 2p^2|$ 是整数, 所以 $q^2 - 2p^2 = 0$. 这与 $\sqrt{2}$ 是无理数的事实矛盾. $\square$

例1涉及的正是无理数的有理逼近. 由Dirichlet逼近定理我们有下列一般的结果:

命题1 若实数 θ 是无理数, 则不等式

$$\left| \theta - \frac{p}{q} \right| < \frac{1}{q^2} \tag{1}$$

有无穷多对(互素)整数解 $p, q (q > 0)$.

同时我们还有:

命题2 若 θ 是二次无理数, 即它是整系数不可约多项式 $P(x) = ax^2 + bx + c\,(a \neq 0)$ 的一个根. 记 $D = b^2 - 4ac$. 那么当 $c_0 > \sqrt{D}$ 时, 不等式

$$\left| \theta - \frac{p}{q} \right| \leqslant \frac{1}{c_0 q^2} \tag{2}$$

只有有限多组整数解 p, q. 特别, 若 $c_0 > 0$ 满足不等式

$$\frac{\sqrt{D}}{c_0} + \frac{|a|}{c_0^2} < 1,$$

则不等式(2)没有整数解p, q.

在例1的情形,$P(x) = 2x^2 - 1, D = 8, c_0 = 4$,所以它是命题2的一个特例.

例 2 (Putnum备考题,1988) 对于任意给定的$\varepsilon \in (0, 1)$, 存在无穷多个整数n使得$\cos n \geqslant 1 - \varepsilon$.

解 问题等价于证明存在无穷多个整数n使得

$$1 - \cos n \leqslant \varepsilon. \tag{3}$$

设k为正整数.由三角恒等变换得到

$$
\begin{aligned}
1 - \cos n &= |1 - \cos n| = |\cos 2k\pi - \cos n| \\
&= 2\left|\sin\left(k\pi + \frac{n}{2}\right)\right|\left|\sin\left(k\pi - \frac{n}{2}\right)\right| \\
&\leqslant 2\left|\sin\left(k\pi - \frac{n}{2}\right)\right|
\end{aligned}
$$

因为当$|x| \in (0, \pi/2)$时,$|\sin x| < |x|$,所以若

$$|2k\pi - n| < \pi,$$

则

$$1 - \cos n \leqslant 2\left|k\pi - \frac{n}{2}\right| = |2k\pi - n|.$$

因为$\varepsilon \in (0, 1)$,所以$\varepsilon < \pi$,从而只需证明存在无穷多对整数k, n使得

$$|2k\pi - n| \leqslant \varepsilon.$$

注意2π是无理数,由命题1可知,存在无穷多对整数n,$k > 0$满足不等式

$$|2k\pi - n| < \frac{1}{k}.$$

于是当$k > [1/\varepsilon] + 1$时,即可得到无穷多个整数n满足不等式(3).   □

例 3 (前苏联大学生数学竞赛题, 1975)   设函数 $f(x)$在$[0, 1]$上连续, $x_k\,(k = 1, 2, \cdots)$是$[0, 1]$中的无穷点列,并且对于任何$(a, b) \subseteq [0, 1]$,有

$$\lim_{n\to\infty} \frac{1}{n} N_n(a, b) = b - a, \tag{4}$$

其中$N_n(a, b)$表示集合$\{x_1, \cdots, x_n\}$中落在区间(a, b)中的点的个数.证明:

$$\lim_{n\to\infty} \frac{1}{n} \sum_{k=1}^{n} f(x_k) = \int_0^1 f(x)\mathrm{d}x. \tag{5}$$

原始资料没有给出解答.显然,弄清楚条件(4)的直观意义是解本题的关键.极限(4)是说, 当n充分大,点集$\{x_1, \cdots, x_n\}$落在区间(a, b)中的点的个数与总点数n之比渐进地等于区间(a, b)的长度与整个区间$[0, 1]$的长度之比.等式(5)表明,连续函数$f(x)$在这种点上的值的算术平均渐进地等于它在$[0, 1]$上的积分.

具有性质(4)的点列$x_k\,(k = 1, 2, \cdots)$在$[0, 1]$上的分布是均匀的.我们称这种点列在区间$[0, 1]$一致分布(均匀分布).对于任意点集$S = \{x_1, \cdots, x_n\} \subset [0, 1]$,将

$$D_n^*(S) = \sup_{0<\alpha\leqslant 1} \left| \frac{N_n(0, \alpha)}{n} - \alpha \right|$$

称为点集S的(星)偏差.在S是无穷点列的情形,用$S^{(n)}$记其前n项形成点集, 那么$\lim_{n\to\infty} D_n^*(S^{(n)}) = 0$蕴含点

4

列S在$[0,1]$一致分布.一致分布理论是丢番图逼近论的一个基本组成部分.我们有下列一般性结果:

命题3 设$f(x)$是$[0,1]$上的连续函数,M_f是其连续性模,即

$$M_f = M_f(t) = \sup_{\substack{u,v\in[0,1] \\ |u-v|\leqslant t}} |f(u) - f(v)| \quad (t\geqslant 0)$$

那么对于$[0,1)$中的任意点列$S:x_i\,(i=1,2,\cdots,n)$有

$$\left| \frac{1}{n}\sum_{k=1}^{n} f(x_k) - \int_0^1 f(t)\mathrm{d}t \right| \leqslant M_f\big(D_n^*(S)\big),$$

式中$D_n^*(S)$是点列S的星偏差.

因为$M_f(t)\to 0(t\to 0^+)$,所以例3是命题3的直接推论.当然,我们也可以按照命题3的证法独立写出本例的证明.

丢番图逼近论包含许多深刻的结果和专门的方法,在数论其他分支及数学的一些领域中有重要应用.本书前五章围绕实数的有理逼近这个中心展开,给出Dirichlet逼近定理,Kronecker逼近定理,与代数数有关的逼近,以及某些逼近问题间的关系和度量性结果;第六章专述点列一致分布的基本结果.注意,虽然一致分布理论有其相对独立的特征,但实际上与实数的有理逼近有着紧密的内在联系.关于实数非齐次逼近的Kronecker逼近定理的一种表述是:对于无理数θ,数列$\{n\theta\}(n=1,2,\cdots)$在区间$[0,1]$中稠密.对此现象的进一步研究,导致了一致分布点列的概念.

这个引言当然不是为了解区区三个大学生数学竞赛题.对于有志于数论的初学者,若读完引言而产生了阅读本书的兴趣, 甚至有可能逐步进入有关研究领域,则作者将感到欣慰.因此,上面的引言至多只能算是一道"开胃汤".

第 1 章 Dirichlet 逼近定理

本章研究用有理数逼近一个实数,或用具有相同分母的一些有理数同时逼近几个实数的问题. 前三节讨论一个无理数的有理逼近,证明著名的Dirichlet逼近定理,并且由此得到一个无理数的判别法则；然后借助函数 $\|q\theta\|$ 导出连分数展开的 基本结果 , 并用来改进 Dirichlet逼近定理(涉及所谓Markov谱) . 最后一节研究实数的联立有理逼近,给出Dirichlet 有理逼近定理的多维类似及改进.所有这些问题的表现形式都是关于某些实系数齐次线性不等式的整数解问题,所以也称为实数的齐次(有理)逼近.

1.1 一 维 情 形

§1.1.1 Dirichlet 逼近定理

通常计算一个无理数,例如$\sqrt{2}$,通过开方可得它的一串近似值

$$1, 1.4, 1.41, 1.414, 1.4142, \cdots,$$

其精确度越来越高,也就是说,近似值与$\sqrt{2}$(的精确值)之间的误差越来越小.这就是用上面一串有理数来逼近无理数$\sqrt{2}$的过程.又例如我们的祖先千百年来计算圆周率π,得到一系列记录:"周三径一"即$\pi \approx 3$,约率即$\pi \approx 22/7$(何承天,370—447),密率即$\pi \approx 355/113$(祖冲之,429—500),等等,也就是用一串有理数来逼近无理数π的过程.

一般地,设θ是一个实数,我们考虑所有分母为q(正整数)的有理数,那么θ必位于两个这样的有理数之间,即存在整数a使得

$$\frac{a}{q} \leqslant \theta < \frac{a+1}{q}.$$

取p/q是两个分数a/q,(a+1)/q中离θ最近的一个(若它们与θ等距,则任取其一),那么这个分数与θ的距离不会超过两个分数a/q,(a+1)/q间的距离的一半,于是得到

$$\left| \theta - \frac{p}{q} \right| \leqslant \frac{1}{2q}. \qquad (1.1.1)$$

因此,用分母为 q 的分数作为 θ 的近似值,误差不会大于 1/(2q). 改进这个结果,就得到下列一维情形的Dirichlet逼近定理:

定理 1.1.1 (Dirichlet逼近定理)   设θ是一个实数, Q > 1是任意给定的实数, 那么存在整数p, q满足

$$1 \leqslant q < Q, \qquad (1.1.2)$$

$$\left| \theta - \frac{p}{q} \right| \leqslant \frac{1}{Qq}. \qquad (1.1.3)$$

证   先设Q是整数.将[0, 1]等分为Q个子区间

$$\left[0, \frac{1}{Q} \right), \left[\frac{1}{Q}, \frac{2}{Q} \right), \cdots, \left[\frac{Q-2}{Q}, \frac{Q-1}{Q} \right), \left[\frac{Q-1}{Q}, 1 \right].$$
$$(1.1.4)$$

由抽屉原理,Q+1个实数0, {θ}, {2θ}, ···, {(Q−1)θ}, 1中至少有两个落在(1.1.4)中的同一个子区间中.这两个数可能是{r₁θ}和{r₂θ},其中$r_1, r_2 \in \{0, 1, \cdots, Q-$

1}且互异;也可能是$\{r_1\theta\}$和1,其中$r_1 \in \{0, 1, \cdots, Q-1\}$. 因为$\{r_i\theta\} = r_i\theta - [r_i\theta], 1 = 0 \cdot \theta + 1$, 所以存在整数$r_1, r_2 \in \{0, 1, \cdots, Q-1\}$及整数$s_1, s_2$使得

$$|(r_1\theta - s_1) - (r_2\theta - s_2)| \leqslant \frac{1}{Q}$$

($1/Q$是子区间的长).不妨认为$r_1 > r_2$,令$q = r_1 - r_2, p = s_1 - s_2$,即得式(1.1.2)和(1.1.3).

现设Q不是整数.将上面所得结果应用于整数$Q' = [Q] + 1$,可知存在整数p, q满足

$$1 \leqslant q < Q', \qquad (1.1.5)$$

$$\left|\theta - \frac{p}{q}\right| \leqslant \frac{1}{Q'q}. \qquad (1.1.6)$$

因为q是整数,所以可由式(1.1.5)推出式(1.1.2);又因为$Q' > Q$,所以由式(1.1.6)推出式(1.1.3). $\qquad\square$

注1° 如果式(1.1.3)中p, q不互素,那么$p/q = p'/q'$,其中p', q'互素,$q' < q$,于是

$$1 \leqslant q' < Q, \quad \left|\theta - \frac{p'}{q'}\right| \leqslant \frac{1}{Qq} < \frac{1}{Qq'}.$$

因此,在Dirichlet定理中可认为p, q互素.

注2° 式(1.1.3)中的不等号"$\leqslant$"不能换为"$<$",因为当$\theta = 1/Q, Q$为整数时,对于所有$q\,(1 \leqslant q < Q)$,都有

$$\left|\theta - \frac{1}{q}\right| \geqslant \frac{1}{Qq}.$$

注3° 定理1.1.1的上述证明是抽屉原理的一个著名应用.它还可应用Farey序列证明, 见文献[4].现在

给出第三个证明:记$\mathbf{x} = (x_1, x_2)$.在Minkowski线性形定理中取线性形

$$L_1(\mathbf{x}) = \theta x_1 - x_2, \ L_2(\mathbf{x}) = \theta x_1,$$

以及$c_1 = Q^{-1}, c_2 = Q$,那么$c_1 c_2 = 1 = |\det(a_{ij})|$,所以存在$(q, p) \in \mathbb{Z}^2, (q, p) \neq \mathbf{0}$, 满足

$$|L_1(q, p)| = |\theta q - p| \leqslant Q^{-1}, \ |L_2(q, p)| = |q| < Q.$$

若$q = 0$,则$|p| = |\theta q - p| \leqslant Q^{-1} < 1$,从而$p = 0$,这与$(q, p)$非零矛盾.因此$q \neq 0$. 若$q > 0$,则得所要的不等式.若$q < 0$,则以$(q', p') = (-q, -p)$代替$(p, q)$,那么$|q| < Q$可换为$0 < q' < Q$,并且$|\theta q' - p'| \leqslant Q^{-1}$.去掉"$'$"号,也得定理1.1.1.

§1.1.2　函数$\|x\|$

对于任意实数x,定义函数

$$\|x\| = \min\{|x - z| \mid z \in \mathbb{Z}\},$$

即$\|x\|$表示(数轴上)点x与距它最近的整数点间的距离.显然,它可等价地写成

$$\|x\| = \min\{\{x\}, 1 - \{x\}\} = \min\{x - [x], [x] + 1 - x\}.$$

它有下列一些简单性质:

引理 1.1.1　设$x, x_1, x_2 \in \mathbb{R}$,则:

(i)　$x \in \mathbb{Z} \Leftrightarrow \|x\| = 0$.

(ii)　$\|x\| = \| - x\|$.

(iii)　$\|x_1 + x_2\| \leqslant \|x_1\| + \|x_2\|$.

(iv)　$\|nx\| \leqslant |n|\|x\|(n \in \mathbb{Z})$.

证　(i)(ii)　由定义立得.

(iii)　设$\|\theta_1\| = |\theta_1 - n_1|, \|\theta_2\| = |\theta_2 - n_2|$, 其中$n_1, n_2 \in \mathbb{Z}$,那么

$$
\begin{aligned}
\|\theta_1 + \theta_2\| &= \min_{n \in \mathbb{Z}} |\theta_1 + \theta_2 - n| \\
&\leqslant |\theta_1 + \theta_2 - (n_1 + n_2)| \\
&= |(\theta_1 - n_1) + (\theta_2 - n_2)| \\
&\leqslant |\theta_1 - n_1| + |\theta_2 - n_2| \\
&= \|\theta_1\| + \|\theta_2\|.
\end{aligned}
$$

(iv)　当$n = 0$时结论显然成立.当n为正整数时,由(iii)得到

$$
\|nx\| = \|\underbrace{x + \cdots + x}_{n}\| \leqslant n\|x\|.
$$

当n为负整数时,则$-n$为正整数.于是由(ii),以及刚才所证结果得到

$$
\|nx\| = \|(-n)x\| \leqslant (-n)\|x\| = |n|\|x\|.
$$

或者,因为

$$
\|nx\| = \min_{m \in \mathbb{Z}} |nx - m| = \min_{m \in \mathbb{Z}} |n|\left|x - \frac{m}{n}\right| = |n| \cdot \min_{m \in \mathbb{Z}} \left|x - \frac{m}{n}\right|,
$$

并且$\{m \in \mathbb{Z}\} \supset M = \{m = nm' \,|\, m' \in \mathbb{Z}\}$, 所以

$$
\begin{aligned}
\min_{m \in \mathbb{Z}} \left| x - \frac{m}{n} \right| &\leqslant \min_{m \in M} \left| x - \frac{m}{n} \right| \\
&= \min_{m' \in \mathbb{Z}} \left| x - \frac{nm'}{n} \right| \\
&= \min_{m' \in \mathbb{Z}} |x - m'| = \|x\|.
\end{aligned}
$$

于是$\|nx\| \leqslant |n| \|x\|$. $\qquad\square$

对于给定的实数θ和正整数q, 有

$$
\min_{p \in \mathbb{Z}} \left| \theta - \frac{p}{q} \right| = \min_{p \in \mathbb{Z}} \left(q^{-1} |\theta - p| \right) = q^{-1} \|q\theta\|.
$$

因此可用$\|q\theta\|$来代替$|\theta - p/q|$进行研究. 特别, Dirichlet定理可以等价地表述为:

定理 1.1.1A (Dirichlet逼近定理) 设θ是一个实数, $Q > 1$是任意给定的实数, 那么存在整数q满足

$$
\|q\theta\| \leqslant \frac{1}{Q}, \quad 1 \leqslant q < Q. \tag{1.1.7}
$$

推论 若θ为无理数, 则不等式

$$
q\|q\theta\| < 1 \tag{1.1.8}
$$

有无穷多个整数解$q > 0$. 但若θ是有理数, 则此不等式只有有穷多个整数解$q > 0$.

证 (i) 设θ是无理数. 由定理1.1.1A, 对任意给定的实数$Q > 1$, 存在正整数$q = q(Q)$满足式(1.1.7), 于是q是不等式(1.1.8)的一个正整数解. 取一个无穷实数列$Q_n (n = 1, 2, \cdots)$满足

$$
1 < Q_1 < Q_2 < \cdots < Q_n < \cdots,
$$

那么对于每个Q_i存在正整数q_i满足式(1.1.7),从而满足不等式(1.1.8).若这些q_i属于某个有限正整数集合,那么其中存在正整数$q^{(0)}$对于$\{Q_n\ (n \geqslant 1)\}$的某个无限子集$\{Q_{n_j}\ (j \geqslant 1)\}$满足不等式

$$\|q^{(0)}\theta\| \leqslant \frac{1}{Q_{n_j}}.$$

令$j \to \infty$,可知$\|q^{(0)}\theta\| = 0$.于是依引理1.1.1,$q^{(0)}\theta$是有理数, 这与假设矛盾.

(ii) 设 $\theta = a/b$是有理数(其中$b > 0, a, b$互素). 若正整数q是不等式(1.1.8)的任意一个解,那么存在整数p满足

$$q|q\theta - p| < 1,$$

于是

$$\left|\theta - \frac{p}{q}\right| < \frac{1}{q^2}. \tag{1.1.9}$$

不妨认为p, q互素;因若不然,设d是它们的最大公因子,$p = p_1 d, q = q_1 d$,则

$$\frac{q}{d}\left|\frac{q}{d}\theta - \frac{p}{d}\right| < \frac{1}{d^2} < 1,$$

从而

$$q_1|q_1\theta - p_1| < 1.$$

我们还可设$p/q \neq \theta$(不然所有的解q都等于b,结论已成立), 那么$|bp - aq|$是非零整数,所以

$$\left|\theta - \frac{p}{q}\right| = \left|\frac{a}{b} - \frac{p}{q}\right| = \frac{|bp - aq|}{bq} \geqslant \frac{1}{bq}. \tag{1.1.10}$$

因而由式(1.1.9)和(1.1.10)得到$1/q^2 > 1/(bq)$,所以$q < b$,即不等式(1.1.8)只有有限多个解q. □

§1.1.3 逼近阶

设θ是一个实数,$\varphi(q)$是对正整数q定义的正函数. 如果存在常数$c = c(\theta, \varphi)$,使得不等式

$$0 < \left| \theta - \frac{p}{q} \right| < \frac{c}{\varphi(q)} \qquad (1.1.11)$$

有无穷多个有理数解p/q $(p \in \mathbb{Z}, q \in \mathbb{N})$ (也说成解(p, q)), 则称$\varphi(q)$为实数θ的有理逼近阶(简称逼近阶).

注意,由不等式 (1.1.11)的左半部分可知,对于$\theta = a/b$, (na, nb)不能作为该不等式的解(p, q). 此外,若正整数 q的正函数$\varphi_1(q) \leqslant \varphi(q)$ $(q \geqslant q_0)$,则$\varphi_1(q)$也是θ的一个逼近阶.

如果$\varphi(q)$是实数θ的有理逼近阶,即不等式(1.1.11)有无穷多个有理数解p/q $(p \in \mathbb{Z}, q \in \mathbb{N})$,并且存在常数$c_1 = c_1(\theta, \varphi)$,使得不等式

$$0 < \left| \theta - \frac{p}{q} \right| < \frac{c_1}{\varphi(q)}$$

只有有穷多个有理数解p/q $(p \in \mathbb{Z}, q \in \mathbb{N})$,则称$\varphi(q)$为实数$\theta$的最佳有理逼近阶(简称最佳逼近阶).

由定义可知,如果θ的最佳有理逼近阶是$\varphi(q)$,则存在常数$c_2 = c_2(\theta, \psi)$, 使得对于任何整数p和$q > 0$,并且$p/q \neq \theta$,都有

$$\left| \theta - \frac{p}{q} \right| > \frac{c_2}{\varphi(q)}.$$

14

特别,如果无理数θ具有最佳逼近阶q^2,即存在常数c_3,使得对于任何有理数p/q都有

$$\left|\theta - \frac{p}{q}\right| > \frac{c_3}{q^2},$$

则称θ是坏逼近的无理数.坏逼近数在实际问题中有重要应用,见[98]和[23]等.

例 1.1.1 (a) 因为对任何正整数q都存在整数p使不等式(1.1.1) 成立, 所以任意实数具有逼近阶$\varphi(q) = q$.

(b) 由定理1.1.1A的推论可知,任意无理数具有逼近阶$\varphi(q) = q^2$; 但未必是最佳逼近阶.容易给出以q^2为最佳逼近阶的无理数的例子.设$\theta = \sqrt{2}$.若

$$\left|\sqrt{2} - \frac{p}{q}\right| \geqslant 1,$$

则自然

$$\left|\sqrt{2} - \frac{p}{q}\right| > \frac{1}{4q^2};$$

若

$$\left|\sqrt{2} - \frac{p}{q}\right| < 1,$$

则

$$\left|\sqrt{2} + \frac{p}{q}\right| = \left|2\sqrt{2} - \left(\sqrt{2} - \frac{p}{q}\right)\right| < 2\sqrt{2} + 1 < 4,$$

从而

$$\left|\sqrt{2} - \frac{p}{q}\right| = \frac{|2q^2 - p^2|}{q^2\left|\sqrt{2} + \frac{p}{q}\right|} > \frac{1}{4q^2}.$$

因此对于任何有理数p/q,

$$\left|\sqrt{2} - \frac{p}{q}\right| > \frac{1}{4q^2}.$$

可见无理数$\sqrt{2}$以q^2为其最佳逼近阶,特别,它是坏逼近的.

此外,如果正整数q的正函数$\psi_1(q)$满足

$$\lim_{q \to \infty} \frac{q^2}{\psi_1(q)} = 0$$

(例如,$\psi_1(q) = q^{2+\delta}, \delta > 0$),则存在无理数$\theta$不可能以$\psi_1(q)$为其逼近阶. 例如$\sqrt{2}$就是这样的数.因若不等式

$$\left|\sqrt{2} - \frac{p}{q}\right| < \frac{c}{\psi_1(q)},$$

有无穷多个有理解p/q,则得

$$\frac{q^2}{\psi_1(q)} \geqslant \frac{1}{4c},$$

这与关于$\psi_1(q)$的假设矛盾.

(c) 上面(b)中所证明的$\sqrt{2}$的坏逼近性可以扩充为:任何二次无理数θ 以q^2为最佳逼近阶(即是坏逼近的无理数).为此只需证明:

设θ是整系数不可约多项式$P(x) = ax^2 + bx + c$的一个根,$D = b^2 - 4ac$.那么当$c > \sqrt{D}$时,不等式

$$\left|\theta - \frac{p}{q}\right| < \frac{1}{cq^2}$$

只有有限多组有理解p, q.

事实上,因为$P(x)$有实根,所以$D > 0$.设$P(x) = a(x - \theta)(x - \theta')$, 则由二次方程根的公式推出$D = a^2(\theta - \theta')^2$.如果有理数$p/q(q > 0)$是不等式

$$\left|\theta - \frac{p}{q}\right| < \frac{1}{cq^2} \tag{1.1.12}$$

的任意一个解,那么$P(p/q) \neq 0$,所以

$$
\begin{aligned}
\frac{1}{q^2} &\leqslant \left|P\left(\frac{p}{q}\right)\right| \\
&= \left|\theta - \frac{p}{q}\right|\left|a\left(\theta' - \frac{p}{q}\right)\right| \\
&< \frac{1}{cq^2} \cdot \left|a\left(\theta' - \frac{p}{q}\right)\right| \\
&= \frac{1}{cq^2} \cdot \left|a\left(\theta' - \theta + \theta - \frac{p}{q}\right)\right| \\
&\leqslant \frac{1}{cq^2}\left(|a(\theta' - \theta)| + |a|\left|\theta - \frac{p}{q}\right|\right) \\
&< \frac{\sqrt{D}}{cq^2} + \frac{|a|}{c^2q^4},
\end{aligned}
$$

从而

$$1 < \frac{\sqrt{D}}{c} + \frac{|a|}{c^2q^2},$$

当q充分大时不等式右边小于1,所以不等式(1.1.12)只有有限多个有理解.由此可推出引言中的命题2.

(d) 由(a)可知,作为实数的一部分,任意有理数具有逼近阶$\varphi(q) = q$;并且式(1.1.10)表明$\varphi(q) = q$也是任何有理数的最佳逼近阶.类似于(b)可证,如果正整数q的正函数$\psi_2(q)$满足

$$\lim_{q \to \infty} \frac{q}{\psi_2(q)} = 0$$

17

(例如,$\psi_2(q) = q^{1+\delta}, \delta > 0$),那么$\psi_2(q)$不可能是有理数的逼近阶.

关于逼近阶,我们有下列的:

定理1.1.2 设$\varphi(q)$是任意给定的对正整数q定义的单调增加的正函数, 则存在实数θ以$\varphi(q)$为其有理逼近阶.

证 由上述例子可知,不妨认为$\varphi(q) \geqslant q^2$(当$q \geqslant q_0$, 其中q_0是正整数).我们令

$$a_1 = 2^{[q_0]}, \ a_m = 2^{[\log_2 \varphi(a_{m-1})]+1} \quad (m \geqslant 2),$$

定义实数

$$\theta = \sum_{m=1}^{\infty} (-1)^{m+1} \frac{1}{a_m}.$$

因为 $a_m(\ m \geqslant 1)$ 是单调增加的无穷正整数列, 并且 $a_{m-1} \mid a_m \, (m > 1)$,所以当$n > 1$时,有

$$\sum_{m=1}^{n} (-1)^{m+1} \frac{1}{a_m} = \frac{b_n}{a_n} \quad (b_n \in \mathbb{Z}).$$

记$p_n = b_n, q_n = a_n$,依交错级数的性质(注意a_m单调增加)可得

$$0 < \frac{1}{a_{n+1}} - \frac{1}{a_{n+2}} < \left| \theta - \frac{p_n}{q_n} \right| < \frac{1}{a_{n+1}} < \frac{1}{\varphi(q_n)}.$$

因此θ以$\varphi(q)$为其有理逼近阶.

$\square$

1.2　实数无理性判别准则

§1.2.1　实数无理性的充分必要条件

由定理1.1.1A的推论可得到:

定理 1.2.1　实数θ是无理数,当且仅当不等式

$$\left|\theta - \frac{p}{q}\right| < \frac{1}{q^2} \qquad (1.2.1)$$

有无穷多对(互素)整数解$p, q(q > 0)$.

这个定理可用来判断实数的无理性,但有时下列形式的命题更便于应用:

定理1.2.2(实数无理性判别准则)　实数θ是无理数, 当且仅当对于每个$\varepsilon > 0$可找到整数x和y满足不等式$0 < |\theta x - y| < \varepsilon$.

证　如果θ是无理数,那么由定理1.1.2可知,存在无穷多个分数$p_n/q_n, q_n$ 严格单调上升,且满足式(1.1.7).注意$\theta - p_n/q_n \neq 0$,我们有

$$0 < \left|\theta - \frac{p_n}{q_n}\right| < \frac{1}{q_n^2}. \qquad (1.2.2)$$

对于每个给定的$\varepsilon > 0$,可取n使得$q_n > 1/\varepsilon$.由式(1.2.2)得到

$$0 < |q_n\theta - p_n| < \frac{1}{q_n}.$$

因此$x = q_n, y = p_n$满足$0 < |\theta x - y| < \varepsilon$.

如果$\theta = a/b(a > 0)$是有理数,并且对于每个$\varepsilon > 0$可找到整数x和y满足不等式$0 < |\theta x - y| < \varepsilon$,那么特

别取$\varepsilon = 1/b$,可得

$$0 < \left| \frac{a}{b} \cdot x - y \right| < \frac{1}{b},$$

于是$0 < |ax - by| < 1$,但$|ax - by|$是一个整数,故得矛盾.　　　　　　　　　　　　　　　　　□

我们容易证明下面的:

推论1　设θ是一个实数.如果存在常数$C > 0$和实数$\delta > 0$,以及无穷有理数列$p_n/q_n(n \geqslant n_0)$满足

$$0 < \left| \theta - \frac{p_n}{q_n} \right| < \frac{C}{q_n^{1+\delta}} \quad (n \geqslant n_0),$$

那么θ是无理数.

推论2　设θ是一个实数.如果存在无穷多对整数$(p_n, q_n)(n = 1, 2, \cdots)$使得当$n \geqslant n_0$时$q_n\theta - p_n \neq 0$,而且$q_n\theta - p_n \to 0 (n \to \infty)$,那么$\theta$是无理数.

证　它是定理1.2.2的显然推论,也可用下列方式证明:设θ是有理数,d是它的分母,那么当$n \geqslant n_0$时$d(q_n\theta - p_n)$是非零整数,但同时$d(q_n\theta - p_n) \to 0 (n \to \infty)$,这不可能.　　　　　　　　　　□

推论3　设$s \geqslant 1, \theta_1, \cdots, \theta_s$是$s$个实数.如果存在无穷多个整数组$(\lambda_{0,n}, \lambda_{1,n}, \cdots, \lambda_{s,n})(n = 1, 2, \cdots)$,使得当$n \geqslant n_0$时$l_n = \lambda_{0,n} + \lambda_{1,n}\theta_1 + \cdots + \lambda_{s,n}\theta_s \neq 0$,而且$l_n \to 0 (n \to \infty)$,那么$\theta_1, \cdots, \theta_s$中至少有一个无理数.

证　设θ_j都是有理数,d是$\theta_1, \cdots, \theta_s$的一个公分母,那么$dl_n (n \geqslant n_0)$都是非零整数,但同时$dl_n \to \infty$ $(n \to \infty)$. 我们得到矛盾.　　　　　　　　　　□

§1.2.2 Cantor级数的无理性

定理 1.2.3 设

$$\xi = \sum_{n=1}^{\infty} \frac{z_n}{g_1 g_2 \cdots g_n}, \qquad (1.2.3)$$

其中$g_n(n \geqslant 1)$是一个无穷正整数列,满足条件$2 \leqslant g_1 \leqslant g_2 \leqslant \cdots \leqslant g_n \leqslant \cdots$,并且包含无穷多个不同正整数,系数$z_n$互相独立地取$\{0, 1\}$中的任一值, 但有无穷多个$n$使$z_n = 1$,那么$\theta$是一个无理数.

证 记$Q_N = g_1 g_2 \cdots g_N$,那么级数(1.2.3)的最初N项之和

$$\sum_{n=1}^{N} \frac{z_n}{g_1 g_2 \cdots g_n} = \frac{P_N}{Q_N},$$

其中P_N是一个整数.于是

$$
\begin{aligned}
0 \;<\; & \left| \theta - \frac{P_N}{Q_N} \right| = \sum_{j=N+1}^{\infty} \frac{z_j}{g_1 g_2 \cdots g_j} \\
\leqslant\; & \frac{1}{g_1 g_2 \cdots g_{N+1}} \left(1 + \frac{1}{g_{N+2}} + \frac{1}{g_{N+2} g_{N+3}} + \cdots \right) \\
\leqslant\; & \frac{1}{Q_N g_{N+1}} \sum_{j=0}^{\infty} g_{N+1}^{-j} = \frac{1}{Q_N (g_{N+1} - 1)},
\end{aligned}
$$

因此得到

$$0 < |Q_N \theta - P_N| < \frac{1}{g_{N+1} - 1}.$$

由关于g_n的假设,对任何给定的$\varepsilon > 0$,可取$g_{N+1} > 1 + 1/\varepsilon$, 以及$x = Q_N, y = P_N$,即得$0 < |x\theta - y| < \varepsilon$.因此由定理1.2.2得知$\theta$是无理数. $\square$

级数 (1.2.3) 称作 Cantor 级数.特别,取 $g_n = n$, $z_n = 1\,(n \geqslant 1)$, 则知 $e - 1$ 是无理数,从而证明了 e 是无理数.

1.3　最佳逼近与连分数

§1.3.1　最佳逼近序列

上节已证,若 θ 为无理数,则不等式

$$q\|q\theta\| < 1 \quad (q > 0)$$

有无穷多个解 $q \in \mathbb{N}$.下面我们来研究这些解的结构,从而导出关于连分数的一些基本结果.

若分数 $p/q\,(q > 0)$ 满足条件

$$\|q\theta\| = |q\theta - p| \text{ 且 } \|q'\theta\| > \|q\theta\| \quad (\text{当 } 0 < q' < q \text{ 时}),$$

则称它为实数 θ 的最佳逼近.等价定义是:若由 $p'/q' \neq p/q, 0 < q' \leqslant q$ 必然推出

$$|q'\theta - p'| > |q\theta - p|,$$

则称 p/q 为实数 θ 的最佳逼近.

注　按[7],上面定义的是实数 θ 的第二类型最佳逼近. 如果分数 $p/q\,(q > 0)$ 具有性质:由 $0 < q' \leqslant q$, $p'/q' \neq p/q$ 必然推出

$$\left| \theta - \frac{p'}{q'} \right| > \left| \theta - \frac{p}{q} \right|$$

22

(换言之,任何其他分母不超过q的分数与θ有更大的距离),则称p/q为实数θ的第一类型最佳逼近.注意(见[7],第24页),第二类型最佳逼近必然同时是第一类型最佳逼近,但反之未必正确.

我们来构造θ的最佳逼近序列.

首先,取$q = q_1 = 1$,则有某个整数p_1满足

$$|q_1\theta - p_1| = \|\theta\| \leqslant \frac{1}{2}.$$

若$\|q_1\theta\| = \|1 \cdot \theta\| = 0$, 则$\theta \in \mathbb{Z}$, 从而过程结束.若$\|q_1\theta\| \neq 0$,则在 Dirichlet 定理中取$Q > \|q_1\theta\|^{-1}$(即$Q^{-1} < \|q_1\theta\|$),可知不等式组

$$\|q\theta\| < Q^{-1} \quad (0 < q < Q)$$

有整数解q,因此,存在整数$q > 0$使得$\|q\theta\| < \|q_1\theta\|$.令$q_2$是满足

$$\|q\theta\| < \|q_1\theta\| \quad (q > q_1)$$

的最小整数,则$\|q_2\theta\| < \|q_1\theta\|$,并且存在整数$p_2$满足

$\|q_2\theta\| = |q_2\theta - p_2|$及$\|q'\theta\| \geqslant \|q_1\theta\|$ (当$0 < q' < q_2$时).

这表明p_2/q_2是θ的一个满足下列条件的最佳逼近:

$$q_2 > q_1; \|q_2\theta\| < \|q_1\theta\|;$$

$$\|q'\theta\| \geqslant \|q_1\theta\| \quad (当0 < q' < q_2时).$$

若$\|q_2\theta\| = 0$,则$\theta \in \mathbb{Z}$,从而过程结束.若$\|q_2\theta\| \neq 0$,则可重复上面的推理,得到θ的一个满足下列条件的最佳逼近p_3/q_3:

$$q_3 > q_2; \|q_3\theta\| < \|q_2\theta\|;$$

$$\|q'\theta\| \geqslant \|q_2\theta\| \quad (\text{当} 0 < q' < q_3 \text{时}).$$

继续这种过程,可得到整数列

$$1 = q_1 < q_2 < q_3 < \cdots$$

以及整数列$p_1, p_2, p_3, \cdots$,具有下列性质:

$$\|q_n\theta\| = |q_n\theta - p_n|; \tag{1.3.1}$$

$$\|q_{n+1}\theta\| < \|q_n\theta\|; \tag{1.3.2}$$

$$\|q\theta\| \geqslant \|q_n\theta\| \quad (\text{当} 0 < q < q_{n+1} \text{时}). \tag{1.3.3}$$

并且,若始终$\|q_i\theta\| \neq 0$,则数列q_n和p_n是无穷的;若N是使得$\|q_N\theta\| = 0$ 的第一个下标,则数列q_n和p_n是有限的(终止于N).此外还可证明:在两种情形下

$$q_n\|q_n\theta\| < q_{n+1}\|q_n\theta\| < 1; \tag{1.3.4}$$

$$(q_n\theta - p_n)(q_{n+1}\theta - p_{n+1}) \leqslant 0. \tag{1.3.5}$$

事实上,依定理1.1.1,存在整数q'满足

$$q_{n+1}\|q'\theta\| < 1, \quad 0 < q' < q_{n+1};$$

又由式(1.3.3)可知$\|q'\theta\| \geqslant \|q_n\theta\|$,所以

$$q_n\|q_n\theta\| < q_{n+1}\|q_n\theta\| \leqslant q_{n+1}\|q'\theta\| < 1.$$

于是式(1.3.4)得证.

式(1.3.5)之证:若$\|q_{n+1}\theta\| = 0$,则它显然成立.现设$\|q_{n+1}\theta\| \neq 0$, 则$\|q_n\theta\| \neq 0$.如果$q_n\theta - p_n$与$q_{n+1}\theta -$

24

p_{n+1}同号,那么

$$|(q_{n+1} - q_n)\theta - (p_{n+1} - p_n)|$$
$$= |(q_{n+1}\theta - p_{n+1}) - (q_n\theta - p_n)|$$
$$< \max\{|q_{n+1}\theta - p_{n+1}|, |q_n\theta - p_n|\}$$

(注意:当a, b同号时,$|a - b| < \max\{|a|, |b|\}$),于是由式(1.3.2)得到

$$\|(q_{n+1} - q_n)\theta\| < \|q_n\theta\|, \ 0 < q_{n+1} - q_n < q_{n+1}.$$

这与式(1.3.3)矛盾.

定理 1.3.1 (a) 上面得到的分数p_n/q_n 构成θ的全部最佳逼近,并且分母q_n严格递增.

(b) θ 是有理数, 当且仅当存在下标 N 使得 $\|q_{N+1}\theta\| = 0$.

(c) 若θ是无理数,则 $\lim\limits_{n \to \infty} p_n/q_n = \theta$.

证 (a) 由上述构造q_n, p_n的过程,以及式(1.3.1)和式(1.3.3) (注意:此不等式比最佳逼近定义的要求更强)可得结论.

(b) 若$\theta = u/v$,其中$(u, v) = 1$.不妨认为$v > 1$.令

$$q_N = \max\{q_n \mid \|q_n\theta\| \neq 0, (当0 < q_n < v时)\}.$$

则必有$\|q_{N+1}\theta\| = 0$.这是因为,若$\|q_{N+1}\theta\| \neq 0$.则由q_N的定义可知 $q_{N+1} \geqslant v$;但显然不可能$q_{N+1} = v$ (因为$\|v\theta\| = 0$).于是$q_{N+1} > v$, 由式(1.3.3)得到

$$0 = \|v\theta\| \geqslant \|q_N\theta\| \neq 0,$$

这不可能.进而由$\|q_{N+1}\theta\| = 0$得到$\theta = p_{N+1}/q_{N+1}$,于是$p_{N+1}/q_{N+1} = u/v$.因为等式两边都是既约分数,所以$p_{N+1} = u, q_{N+1} = v$, 即$\theta = p_{N+1}/q_{N+1}$.

反之,若存在N使得$\|q_{N+1}\theta\| = 0$,则

$$|q_{N+1}\theta - p_{N+1}| = 0,$$

于是$\theta = \dfrac{p_{N+1}}{q_{N+1}}$.

(c) 若θ是无理数,则由(a)可知$\|q_n\theta\|$全不为零,依q_n的构造过程, p_n, q_n是无穷数列.由式(1.3.4)可知

$$q_n\|q_n\theta\| < 1,$$

所以由式(1.3.1)得到

$$\left|\theta - \frac{p_n}{q_n}\right| < \frac{1}{q_n^2} \to 0 \quad (n \to \infty). \qquad \square$$

§1.3.2 p_n, q_n的基本性质

引理 1.3.1 $|q_{n+1}p_n - q_np_{n+1}| = 1.$

证 因为

$$q_{n+1}p_n - q_np_{n+1} = q_n(q_{n+1}\theta - p_{n+1}) - q_{n+1}(q_n\theta - p_n), \tag{1.3.6}$$

所以由式(1.3.5)和(1.3.1)推出

$$|q_{n+1}p_n - q_np_{n+1}| = q_n\|q_{n+1}\theta\| + q_{n+1}\|q_n\theta\|, \tag{1.3.7}$$

由此及式(1.3.4)得到

$$0 < |q_{n+1}p_n - q_np_{n+1}| < 2q_{n+1}\|q_n\theta\| < 2,$$

于是整数 $|q_{n+1}p_n - q_np_{n+1}| = 1$. □

推论 (a) $q_n\theta - p_n$ 与 $q_{n+1}p_n - q_np_{n+1}$反号.

(b) $q_{n+1}p_n - q_np_{n+1} = -(q_np_{n-1} - q_{n-1}p_n)$.

(c) $q_n\|q_{n+1}\theta\| + q_{n+1}\|q_n\theta\| = 1$.

(d) p_n, q_n互素.

证 (a) 因为q_{n+1}, p_{n+1}有定义,所以$q_n\theta - p_n \neq 0$.由式(1.3.5)可知,若$q_n\theta - p_n > 0$,则$q_{n+1}\theta - p_{n+1} \leqslant 0$.于是由式(1.3.6) 推出$q_{n+1}p_n - q_np_{n+1} < 0$.若$q_n\theta - p_n < 0$,则类似地推出$q_{n+1}p_n - q_np_{n+1} > 0$.

(b) 同样,因为q_{n+1}, p_{n+1}有定义,所以$q_n\theta - p_n \neq 0$, $q_{n-1}\theta - p_{n-1} \neq 0$. 由本推论(a)以及式(1.3.5)可知$q_{n+1}p_n - q_np_{n+1}$与$q_n\theta - p_n$反号, $q_n\theta - p_n$与$q_{n-1}\theta - p_{n-1}$反号,$q_{n-1}\theta - p_{n-1}$与$q_np_{n-1} - q_{n-1}p_n$反号,因此$q_{n+1}p_n - q_np_{n+1}$与$q_np_{n-1} - q_{n-1}p_n$反号. 由引理1.3.1,这两数绝对值都等于1,故得结论.

(c) 由式(1.3.7)和引理1.3.1立得结论.

(d) 由$q_{n+1}p_n - q_np_{n+1} = \pm 1$显然可知$(p_n, q_n) = 1$. □

引理1.3.2 当$n \geqslant 2$,存在整数$a_n \geqslant 1$满足

$$q_{n+1} = a_nq_n + q_{n-1}, \tag{1.3.8}$$

$$p_{n+1} = a_np_n + p_{n-1}, \tag{1.3.9}$$

$$\|q_{n-1}\theta\| = a_n\|q_n\theta\| + \|q_{n+1}\theta\|. \tag{1.3.10}$$

其中

$$a_n = \left[\frac{\|q_{n-1}\theta\|}{\|q_n\theta\|}\right]. \tag{1.3.11}$$

27

证　由引理1.3.1的推论之(b),

$$p_n(q_{n+1} - q_{n-1}) = q_n(p_{n+1} - p_{n-1}),$$

因为 p_n, q_n 互素, 所以 $p_n \mid p_{n+1} - p_{n-1}$,于是存在整数 $a_n \geqslant 1$ 使得 $p_{n+1} - p_{n-1} = a_n p_n$,从而 $q_{n+1} - q_{n-1} = a_n q_n$,即得式(1.3.8)和(1.3.9).

由式(1.3.8)和(1.3.9)得到

$$
\begin{aligned}
& |q_{n-1}\theta - p_{n-1}| \\
= \; & |(q_{n+1} - a_n q_n)\theta - (p_{n+1} - a_n p_n)| \\
= \; & |(q_{n+1}\theta - p_{n+1}) - a_n(q_n\theta - p_n)|,
\end{aligned}
$$

注意 $a_n > 0, q_{n+1}\theta - p_{n+1}$ 与 $q_n\theta - p_n$ 反号,所以

$$|q_{n-1}\theta - p_{n-1}| = |q_{n+1}\theta - p_{n+1}| + a_n|q_n\theta - p_n|,$$

于是得到式(1.3.10).

最后,由式(1.3.10)可知

$$\frac{\|q_{n-1}\theta\|}{\|q_n\theta\|} = a_n + \frac{\|q_{n+1}\theta\|}{\|q_n\theta\|}.$$

因为 $\|q_{n+1}\theta\| < \|q_n\theta\|, a_n \geqslant 1$,所以得到式(1.3.11).

□

§1.3.3　p_n, q_n 的递推算法

引理1.3.2提示我们 p_n, q_n 的递推算法,为此需确定初始值. 因为函数 $\|x\|$ 以1为周期,所以我们可限定 $0 < \theta < 1$(实即考虑 $\{\theta\}$). 下面区分两种情形讨论.

1°　设 $0 < \theta \leqslant \dfrac{1}{2}$.

如上文可见,$q_1 = 1$, $\|q_1\theta\| \leqslant \dfrac{1}{2}$,所以必然取

$$p_1 = 0,$$

此时$\|q_1\theta\| = |1 \cdot \theta - 0| = |\theta| = \theta > 0$.依引理1.3.1的推论之(a),$q_2p_1 - q_1p_2$ 与$q_1\theta - p_1 = \theta$反号,所以由引理1.3.1得到$q_2p_1 - q_1p_2 = -1$,从而

$$p_2 = 1.$$

为使引理1.3.2当$n = 1$时也成立,我们应当有$q_2 = a_1q_1 + q_0$, $p_2 = a_1p_1 + p_0$.由此及$q_1 = 1, p_1 = 0, p_2 = 1$推出

$$p_0 = 1, \quad q_2 = a_1 + q_0.$$

类似地,为使引理 1.3.2 当$n = 0$时也成立,我们应当有$|p_1q_0 - p_0q_1| = 1$,即$|q_0 - 1| = 1$.因为$q_0 \leqslant q_1 = 1$,所以

$$q_0 = 0, \quad q_2 = a_1.$$

总之,在此情形初始值有唯一的选取

$$p_0 = 1, \quad q_0 = 0 \quad (并且p_1 = 0, q_1 = 1; p_2 = 1, q_2 = a_1).$$

此时式(1.3.10)当$n = 1$时成为$1 = a_1\theta + \|q_2\theta\|$,即$1 = a_1\theta + \|a_1\theta\|$,于是$a_1\theta \leqslant 1$,即知

$$a_1 \leqslant \theta^{-1}.$$

另一方面,依q_1, q_2的定义有$\|a_1\theta\| = \|q_2\theta\| < \|q_1\theta\| = \theta$,即$1 - a_1\theta < \theta$,从而

$$a_1 > -1 + \theta^{-1}.$$

合起来有$-1 + \theta^{-1} < a_1 \leqslant \theta^{-1}$,因此得到

$$a_1 = \left[\theta^{-1}\right].$$

2° 设$\dfrac{1}{2} < \theta < 1$.

因为$q_1 = 1$,所以显然$\|q_1\theta\| = |\theta - 1|$,即知

$$p_1 = 1.$$

又因为$q_1\theta - p_1 = \theta - 1 < 0$,所以由引理1.3.1的推论之(a)得到$q_2p_1 - q_1p_2 = 1$,即

$$q_2 - p_2 = 1.$$

为使引理1.3.2对$n = 1$也成立,应当$q_2 = a_1q_1 + q_0 = a_1 + q_0, p_2 = a_1p_1 + p_0 = a_1 + p_0$,所以

$$q_0 - p_0 = q_2 - p_2 = 1.$$

由此及(依引理1.3.1)$|q_0 - p_0| = 1$,可知或者$(q_0, p_0) = (0, \pm 1)$,或者$(q_0, p_0) = (1, 0)$.但对于前者,式(1.3.10)当$n = 1$时成为$0 = a_1(1 - \theta) + \|q_2\theta\|$, 此不可能,因此只能取

$$q_0 = 1, \quad p_0 = 0.$$

由此及$q_2 = a_1q_1 + q_0$推出

$$a_1 = q_2 - q_0 = (q_2 - p_2) - 1 + p_2 = p_2.$$

因为上面得到的"初值"$(p_0, q_0) = (0, 1)$与情形1°不一致,所以我们试着在此考虑$n = 0$的情形. 依式(1.3.8)和

(1.3.9),我们应当有$1 = q_1 = a_0 q_0 + q_{-1} = a_0 + q_{-1}, p_1 = a_0 p_0 + p_{-1} = p_{-1}$,由此解得

$$p_{-1} = 1.$$

又因为$a_0 > 0$,所以由$a_0 + q_{-1} = 1$得到

$$q_{-1} = 0, \ a_0 = 1.$$

总之,在此情形也有唯一的选取:

$p_{-1} = 1, q_{-1} = 0$ (并且$p_0 = 0, q_0 = 1; p_1 = 1, q_1 = 1$).

此时式(1.3.10)当$n = 0$时成为$1 = \theta + |1 - \theta|$,当$n = 1$时成为$\theta = a_1 |\theta - 1| + |q_2 \theta - p_2|$.于是

$$1 > \theta = |q_0 \theta - p_0| > |\theta - 1| = |q_1 \theta - p_1|,$$

即式(1.3.2)当$n = 0$时也成立.我们将下标整体升高1,那么$(p_{-1}, q_{-1}) = (1, 0)$改记为$(p_0, q_0) = (1, 0)$,这与情形1°保持一致.特别,$a_0 = 1$改记为$a_1 = 1$;因为$1/2 < \theta < 1$,所以$\left[\theta^{-1}\right] = 1$,从而

$$a_1 = \left[\theta^{-1}\right].$$

这也与情形1°一致.

综上所述,我们有下列的:

定理1.3.2 设$0 < \theta < 1$,整数p_n, q_n定义为:

$$\begin{cases} p_0 = 1, \ q_0 = 0, \\ p_1 = 0, \ q_1 = 1, \end{cases}$$

$$\begin{cases} p_{n+1} = a_n p_n + p_{n-1}, \\ q_{n+1} = a_n q_n + q_{n-1}, \end{cases}$$

其中当$q_n\theta \neq p_n$时,

$$a_n = \left[\frac{|q_{n-1}\theta - p_{n-1}|}{|q_n\theta - p_n|} \right] \quad (n \geqslant 1),$$

并且若$q_{N+1}\theta = p_{N+1}$,则递推过程终止于$n = N$步(即末项分别是p_{N+1}, q_{N+1}, a_N).那么$p_n/q_n\,(n \geqslant 1,$若$a_1 > 1; n \geqslant 2$, 若$a_1 = 1)$是θ的最佳逼近,并且

$$(-1)^{n+1}(q_n\theta - p_n) \geqslant 0,$$
$$q_{n+1}p_n - q_n p_{n+1} = (-1)^n.$$

证 结论的第一部分由上面的计算立得.注意:其中当$0 < \theta \leqslant \dfrac{1}{2}$时, $a_1 = [\theta^{-1}] > 1, p_n/q_n\,(n \geqslant 1)$都是$\theta$的最佳逼近; 当$\dfrac{1}{2} < \theta \leqslant 1$时, $a_1 = 1$(在下标整体升高1之前是$a_0 = 1$), $p_n/q_n\,(n \geqslant 2)$(在下标整体升高1之前是$n \geqslant 1$)都是θ的最佳逼近.此外,容易验证公式(1.3.11)当$n = 1$时也成立.

结论的第二部分可对n应用数学归纳法证明.   □

定理1.3.2中的分数$p_n/q_n\,(n \geqslant 1)$称为θ的渐进分数,a_n称为不完全商. 注意:θ的渐进分数未必都是θ的最佳逼近,当$a_1 = 1$时,p_1/q_1就是一个例外.

§1.3.4   连分数展开

由定理 1.3.2可知,整数a_n由实数θ确定;定理1.3.1表明θ也可由p_n/q_n确定.因此θ是$a_1, a_2, \cdots$的函数.为了

给出这个函数的明显形式,我们令

$$\theta_0 = 1, \ \theta_n = \frac{|q_n \theta - p_n|}{|q_{n-1} \theta - p_{n-1}|} \quad (n \geqslant 1),$$

那么 $\theta_1 = \theta, 0 \leqslant \theta_n < 1 \, (n \geqslant 2)$,而等式(1.3.10)可写成

$$\theta_n^{-1} = a_n + \theta_{n+1} \quad (n \geqslant 1). \tag{1.3.12}$$

如果 $\theta = p_{N+1}/q_{N+1}$ 是有理数,那么

$$\theta_{N+1} = \|q_{N+1}\theta\| = 0,$$

我们应用式(1.3.12)逐次计算得到

$$
\begin{aligned}
\theta &= (a_1 + \theta_2)^{-1} = \frac{1}{a_1 + \theta_2} \\
&= \frac{1}{a_1 + (a_2 + \theta_3)^{-1}} = \frac{1}{a_1 + \dfrac{1}{a_2 + \theta_3}} \\
&= \frac{1}{a_1 + \dfrac{1}{a_2 + (a_3 + \theta_4)^{-1}}},
\end{aligned}
$$

最终得到繁分数

$$\theta = \cfrac{1}{a_1 + \cfrac{1}{a_2 + \cfrac{1}{\ddots + \cfrac{1}{a_{N-2} + \cfrac{1}{a_{N-1} + \cfrac{1}{a_N}}}}}},$$

并将它记成

$$\theta = [0; a_1, a_2, \cdots, a_N],$$

称为有限连分数.如果θ是无理数,那么所有$\theta_n \neq 0$,因而上述计算过程不会终止,于是我们得到无穷连分数

$$\theta = \cfrac{1}{a_1 + \cfrac{1}{a_2 + \cfrac{1}{\ddots + \cfrac{1}{a_{n-1} + \cfrac{1}{a_n + \cfrac{1}{\ddots}}}}}},$$

并将它记成

$$\theta = [0; a_1, a_2, \cdots, a_n, \cdots].$$

此外,在θ为无理数时,

$$\theta_n = [0; a_n, a_{n+1}, \cdots] \quad (n \geqslant 1).$$

在$\theta = p_{N+1}/q_{N+1}$(为有理数)的情形,

$$\theta_n = [0; a_n, a_{n+1}, \cdots, a_N] \quad (n \leqslant N).$$

注$1°$ 在$\theta = p_{N+1}/q_{N+1}$(有理数)时, 最后一个不完全商$a_N = \theta_N^{-1} > 1$.因此我们约定:将$[a_1, \cdots, a_{N-1}, 1]$改记为$[a_1, \cdots, a_{N-1} + 1]$ (不然前者最后一个渐进分数p_N/q_N不是最佳逼近).

34

注2° 按初等数论通用记号,用符号$[v_0, v_1, v_2, \cdots]$或$[v_0; v_1, v_2, \cdots]$表示繁分数

$$v_0 + \cfrac{1}{v_1 + \cfrac{1}{v_2 + \cfrac{1}{\ddots}}}.$$

本书约定使用记号$[v_0; v_1, v_2, \cdots]$(见[7]).由于我们限定$0 < \theta < 1$,因此记$\theta = [0; a_1, a_2, \cdots]$.对于任意实数$\theta$,有

$$\theta = [\theta] + \{\theta\} = [\theta] + [0; a_1, a_2, \cdots] = [[\theta]; a_1, a_2, \cdots],$$

此处$[\theta]$是θ的整数部分.若将p_{n+1}, q_{n+1}(包括初值)及a_n分别记为p'_n, q'_n和a'_n,则我们的渐进分数与通常记号在形式上也能保持一致.

注3° 为求有理数的连分数展开,可以应用Euclid算法; 对于某些无理数(如二次根式)可借助初等技巧得到它的连分数展开. 而求e, π等 "特殊" 无理数的连分数展开,则导致一些经典的数论研究课题.

最后,我们证明下列定理,它蕴含实数连分数表示的唯一性.

定理1.3.4 设$a_1, \cdots, a_N$(或$a_1, a_2, \cdots$)是给定的有限(或无限) 正整数列,则存在实数$\theta \in (0, 1)$使得

$$\theta = [0; a_1, \cdots, a_N] \quad (\text{或}[0; a_1, a_2, \cdots])$$

(按注1°,若$a_N = 1$,则以$a_{N-1} + 1$代a_N).

为了证明这个定理,还需要补充一些辅助结果.我们令

$$\varphi_n = \frac{q_n}{q_{n+1}} \quad (n \geqslant 0)$$

(在θ为有理数的情形,显然n只取有限多个值),那么$0 \leqslant \varphi_n \leqslant 1$, 即: $\varphi_0 = 0, \varphi_1 = 1$(当$1/2 < \theta < 1$)时,$0 < \varphi_n < 1$(其他情形).由式(1.3.8)可知

$$\varphi_n^{-1} = a_n + \varphi_{n-1} \quad (n \geqslant 1), \tag{1.3.13}$$

所以

$$\varphi_n = [0; a_n, a_{n-1}, \cdots, a_1] \quad (n \geqslant 1).$$

引理 1.3.3 当$n \geqslant 1$,

$$q_n\|q_n\theta\| = (a_n + \theta_{n+1} + \varphi_{n-1})^{-1},$$
$$q_{n+1}\|q_n\theta\| = (1 + \theta_{n+1}\varphi_n)^{-1} > \frac{1}{2},$$
$$q_n\|q_{n+1}\theta\| < \frac{1}{2}.$$

证 由引理1.3.1的推论之(c)和式(1.3.13),有

$$\begin{aligned}
1 &= q_n\|q_{n+1}\theta\| + q_{n+1}\|q_n\theta\| \\
&= q_n\theta_{n+1}\|q_n\theta\| + q_n\varphi_n^{-1}\|q_n\theta\| \\
&= (\theta_{n+1} + \varphi_n^{-1})q_n\|q_n\theta\|,
\end{aligned}$$

因此

$$q_n\|q_n\theta\| = (\theta_{n+1} + \varphi_n^{-1})^{-1} = (a_n + \theta_{n+1} + \varphi_{n-1})^{-1}. \tag{1.3.14}$$

由此还可得到

$$
\begin{aligned}
q_{n+1}\|q_n\theta\| &= \varphi_n^{-1}q_n\|q_n\theta\| \\
&= \varphi_n^{-1}(\theta_{n+1}+\varphi_n^{-1})^{-1} \\
&= (\varphi_n\theta_{n+1}+1)^{-1},
\end{aligned}
$$

因为由定义可知 $0\leqslant\varphi_n\theta_{n+1}<1$,所以推出

$$
q_{n+1}\|q_n\theta\|>\frac{1}{2};
$$

进而由引理 1.3.1 的推论之 (c) 得到 $q_n\|q_{n+1}\theta\|=$
$1-q_{n+1}\|q_n\theta\|<\dfrac{1}{2}$. $\qquad\square$

引理 1.3.4 设 $n\geqslant 1,\theta,\theta'$ 有连分数展开

$$
\theta=[0;a_1,a_2,\cdots,a_n,a_{n+1},a_{n+2},\cdots],
$$
$$
\theta'=[0;a_1,a_2,\cdots,a_n,b_{n+1},b_{n+2},\cdots],
$$

其中右边可以只含有限多个元素,则

$$
|\theta-\theta'|<2^{-(n-2)}.
$$

证 对于给定的 $a_1,\cdots,a_n$,按定理 1.3.2 中的公式定义 $p_k,q_k\,(k=0,1,\cdots,n+1)$,于是 p_{n+1}/q_{n+1} 是 θ 和 θ' 的最佳逼近. 又因为(依该定理)

$$
(-1)^{n+2}(q_{n+1}\theta-p_{n+1})\geqslant 0,
$$
$$
(-1)^{n+2}(q_{n+1}\theta'-p_{n+1})\geqslant 0,
$$

所以 $q_{n+1}\theta-p_{n+1}$ 与 $q_{n+1}\theta'-p_{n+1}$ 同号,从而

$$
\begin{aligned}
&|(q_{n+1}\theta-p_{n+1})-(q_{n+1}\theta'-p_{n+1})| \\
<\ &\max\{|q_{n+1}\theta-p_{n+1}|,|q_{n+1}\theta'-p_{n+1}|\},
\end{aligned}
$$

由此及式(1.3.4)推出

$$q_{n+1}|\theta - \theta'| < \frac{1}{q_{n+1}},$$

于是

$$|\theta - \theta'| < \frac{1}{q_{n+1}^2}.$$

最后,因为$q_{n+1} = a_n q_n + q_{n-1} > 2q_{n-1}$,应用数学归纳法可知$q_{n+1} > 2^{(n-2)/2}$, 由此及上述不等式立得$|\theta - \theta'| < 2^{-(n-2)}$. $\qquad\square$

定理1.3.4之证 (i) 设数列有限.令$\theta_{N+1} = 0$, 并按公式 (1.3.12) 递推地定义$\theta_N, \theta_{N-1}, \cdots, \theta_1$.显然$0 < \theta_n \leqslant 1$,并且由式(1.3.12) 可知仅当$n = N, a_N = 1$时才出现$\theta_n = 1$(此时将$a_{N-1} + 1$代$a_N$).于是令$\theta = \theta_1$,即有$\theta = [0; a_1, \cdots, a_N]$.

(ii) 设数列无限.令

$$\theta^{(N)} = [0; a_1, \cdots, a_N].$$

由步骤(i)所证,$\theta^{(N)}$存在.依引理1.3.4,当$N > M$时,

$$|\theta^{(N)} - \theta^{(M)}| < 2^{-(M-2)} \to 0 \quad (M, N \to \infty).$$

由Cauchy收敛准则,存在极限

$$\theta = \lim_{N \to \infty} \theta^{(N)} \geqslant 0. \qquad (1.3.15)$$

又令

$$\theta_n^{(N)} = [0; a_n, \cdots, a_N] \quad (n = 1, 2, \cdots; N > n).$$

类似地,可证存在极限

$$\theta_n = \lim_{N \to \infty} \theta_n^{(N)} \quad (n = 1, 2, \cdots).$$

因为由式(1.3.12),

$$\theta_n^{(N)^{-1}} = a_n + \theta_{n+1}^{(N)} \quad (N > n + 1),$$

令$N \to \infty$,得到

$$\theta_n^{-1} = a_n + \theta_{n+1} \quad (n = 1, 2, \cdots) \qquad (1.3.16)$$

注意$\theta^{(N)} = \theta_1^{(N)}$,所以式(1.3.15)中的

$$\theta = \lim_{N \to \infty} \theta_1^{(N)} = \theta_1,$$

于是由式(1.3.16)推出

$$\theta = \theta_1 = \frac{1}{a_1 + \theta_2} = \frac{1}{a_1 + (a_2 + \theta_3)^{-1}} = \cdots,$$

从而$\theta = [0; a_1, a_2, \cdots]$. $\qquad\qquad\qquad\qquad$ □

1.4　一维结果的改进

§1.4.1　Lagrange谱

对于实数θ,令

$$\nu = \nu(\theta) = \varliminf_{q \to \infty} q\|q\theta\|,$$

称集合$\{\nu(\theta)\,(\theta \in \mathbb{R})\}$为Lagrange谱.由下极限的定义可知:$\nu$ 是θ的有理逼近常数,当且仅当不等式

$$q\|q\theta\| < \nu' \quad (q \in \mathbb{N}) \quad (\text{其中}\nu' > \nu)$$

有无穷多个解q;并且不等式

$$q\|q\theta\| < \nu'' \quad (q \in \mathbb{N}) \quad (\text{其中}\nu'' < \nu)$$

只有有穷多个解q.

依Dirichelt逼近定理,有$0 \leqslant \nu(\theta) \leqslant 1$. 显然,当$\theta$是有理数,则$\nu(\theta) = 0$.并且当且仅当$\theta$是坏逼近的无理数时, $\nu(\theta) > 0$.

引理 1.4.1 设θ是无理数,q_n是其第n个渐进分数的分母,则

$$\nu(\theta) = \varliminf_{q_n \to \infty} q_n\|q_n\theta\|.$$

证 因为集合$\{q_n\,(n \geqslant 1)\} \subseteq \mathbb{N}$,所以

$$\varliminf_{q_n \to \infty} q_n\|q_n\theta\| \geqslant \nu(\theta).$$

为证明相反的不等式,注意当$0 < q < a_{n+1}$时$\|a\theta\| \geqslant \|q_n\theta\|$,特别当$q_n$满足$q_n \leqslant q < q_{n+1}$时,则有$\|a\theta\| \geqslant \|q_n\theta\|$,从而

$$q\|q\theta\| \geqslant q_n\|q_n\theta\| \quad (\text{当}q_n \leqslant q < q_{n+1}\text{时}),$$

因此数列$q\|q\theta\|\,(q \in \mathbb{N})$的任一收敛子列的极限均不小于数列$q_n\|q_n\theta\|\,(n \geqslant 1)$的任一收敛子列的极限,即

$$\varliminf_{q_n \to \infty} q_n\|q_n\theta\| \leqslant \nu(\theta).$$

于是引理得证. $\qquad\qquad\square$

§1.4.2 实数的相似

为下文需要,我们首先引进下列一些概念和结果.

如果两个实数θ,θ'之间由关系式

$$\theta = \frac{r\theta' + s}{t\theta' + u} \quad (r,s,t,u \in \mathbb{Z},\ ru - ts = \pm 1) \quad (1.4.1)$$

相联系,则称它们相似(或等价),并记为$\theta \sim \theta'$.容易解出

$$\theta' = \frac{-u\theta + s}{t\theta - r},$$

可见上述关系具有对称性.容易验证这种关系具有传递性,显然还具有反身性.因此这是实数集合上的一个等价关系,从而可依此将全体实数划分为等价类.

例 1.4.1 (a) 因为对于任意实数a,

$$a = \frac{1 \cdot (a-1) + 1}{0 \cdot (a-1) + 1},$$

所以$a \sim a - 1$,从而$a \sim \{a\}$.于是,若$a,b \in \mathbb{R}$,则$a \sim b \Leftrightarrow \{a\} \sim \{b\}$.

(b) 设$\theta_n = [a_n, a_{n+1}, \cdots](n \geqslant 1)$如上节定义.由式(1.3.12)可知

$$\theta_n = (a_n + \theta_{n+1})^{-1} = \frac{0 \cdot \theta_{n+1} + 1}{1 \cdot \theta_{n+1} + a_n},$$

所以θ_n与θ_{n+1}相似,从而所有$\theta_k\ (k \geqslant 1)$互相相似.

(c) 若a和b的分数部分分别有连分数展开

$$\{a\} = [a_1, a_2, \cdots, a_r, c_1, c_2, \cdots] \quad (记作\theta),$$
$$\{b\} = [b_1, b_2, \cdots, b_s, c_1, c_2, \cdots] \quad (记作\theta'),$$

41

则$a \sim \{a\} \sim \theta_{r+1} = [c_1, c_2, \cdots]$,同时$b \sim \{b\} \sim$
$\theta'_{s+1} = [c_1, c_2, \cdots]$,因此$a \sim b$.

(d) 凡有理数皆相似.

证 设$\dfrac{p}{q}$(其中p, q互素)是任意有理数,则存在整数x, y使得$xp - yq = 1$, 因此

$$\frac{p}{q} = \frac{x \cdot 0 + p}{y \cdot 0 + q},$$

可见任何有理数都与0相似.或者:设

$$\left\{\frac{p}{q}\right\} = [a_1, \cdots, a_n], \quad (\text{记}\theta = [a_1, \cdots, a_n])$$

则

$$\frac{p}{q} \sim \left\{\frac{p}{q}\right\} \sim \theta_n = a_n \sim \{a_n\} = 0,$$

因此,所有有理数都与0相似.

引理1.4.2 两个无理数θ和θ'相似的充分必要条件是它们的分数部分的连分数展开中,从某项开始的所有不完全商全相同:

$$\{\theta\} = [0; a_1, a_2, \cdots, a_r, c_1, c_2, \cdots],$$
$$\{\theta'\} = [0; b_1, b_2, \cdots, b_s, c_1, c_2, \cdots].$$

证 充分性部分可见例1.4.1(b).下面证明必要性.由例1.4.1(a),不妨认为$0 < \theta, \theta' < 1$.

(i) 设$\theta \sim \theta'$.那么式(1.4.1)成立.为确定起见,设$ru - ts = 1$ (若$ru - ts = -1$,证明类似).于是

$$q\theta - p = \frac{q'\theta' - p'}{t\theta' + u}, \tag{1.4.2}$$

42

其中

$$q' = qr - pt, \ p' = -qs + pu, \qquad (1.4.3)$$

从而

$$q = q'u + p't, \ p = q's + p'r. \qquad (1.4.4)$$

对于每个整数p和q,我们按式(1.4.3)定义p'和q';反之,按式(1.4.4)由整数p'和q'确定p和q. 因此我们定义了$\mathbb{Z}^2$中的一个一一变换.容易验证$(a+b)' = a' + b' \ (a, b \in \mathbb{Z})$. 此外,若

$$|q\theta - p| < \frac{r - t\theta}{|t|}, \ r - t\theta > 0, \qquad (1.4.5)$$

那么

$$
\begin{aligned}
q' &= qr - pt = q(r - t\theta) + t(q\theta - p) \\
&= q|t| \left(\frac{r - t\theta}{|t|} + \frac{t}{|t|}(q\theta - p) \right),
\end{aligned}
$$

所以q, q'同号.

(ii) 现在证明:当 n 充分大时,若 p_n/q_n 和 p_{n+1}/q_{n+1} 是 θ 的两个相邻的最佳逼近,则 p'_n/q'_n 和 p'_{n+1}/q'_{n+1} 也是 θ' 的两个相邻的最佳逼近.

如果$r - t\theta < 0$,那么我们用$-r, -s, -t, -u$代替r, s, t, u,此时式(1.4.1)不变,所以不妨认为$r - t\theta > 0$.于是当n充分大时,数对(p_n, q_n)和(p_{n+1}, q_{n+1})都满足条件(1.4.5), 从而依步骤(i)中得到的结论可知

$$q'_n > 0, q'_{n+1} > 0.$$

又因为

$$|(q_{n+1}-q_n)\theta-(p_{n+1}-p_n)|\leqslant|q_{n+1}\theta-p_{n+1}|+|q_n\theta-p_n|,$$

由于 $(r-t\theta)/|t|$ 是一个常数,并且当 $n\to\infty$ 时,$|q_{n+1}\theta-p_{n+1}|$, $|q_n\theta-p_n|\to 0$,所以由上式可知:当 n 充分大时,数组 $(p_{n+1}-p_n, q_{n+1}-q_n)$ 也满足不等式(1.4.5).于是由 $q_{n+1}-q_n>0$ 推出 $q'_{n+1}-q'_n=(q_{n+1}-q_n)'>0$,即得

$$0<q'_n<q'_{n+1}\quad(\text{当} n \text{充分大时}).\qquad(1.4.6)$$

又根据式(1.4.2),

$$|q'_{n+1}\theta'-p'_{n+1}|=|t\theta'+u||q_{n+1}\theta-p_{n+1}|,$$
$$|q'_n\theta'-p'_n|=|t\theta'+u||q_n\theta-p_n|,$$

所以由 $|q_{n+1}\theta-p_{n+1}|<|q_n\theta-p_n|$ 推出

$$|q'_{n+1}\theta'-p'_{n+1}|<|q'_n\theta'-p'_n|.\qquad(1.4.7)$$

还需要证明

$$0<q'<q'_{n+1}\Rightarrow|q'\theta'-p'|\geqslant|q'_n\theta'-p'_n|.\quad(1.4.8)$$

用反证法.设存在 (p',q') 满足不等式

$$0<q'<q'_{n+1},\ |q'\theta'-p'|<|q'_n\theta'-p'_n|,\quad(1.4.9)$$

而 (p',q') 的原象是 (p,q),则由式(1.4.2)和(1.4.9)得到

$$|q\theta-p|=\left|\frac{q'\theta'-p'}{t\theta'+u}\right|<\left|\frac{q'_n\theta'-p'_n}{t\theta'+u}\right|=|q_n\theta-p_n|,$$
$$(1.4.10)$$

44

从而

$$|(q_{n+1} - q)\theta - (p_{n+1} - p)|$$
$$< |q_{n+1}\theta - p_{n+1}| + |q\theta - p|$$
$$< |q_{n+1}\theta - p_{n+1}| + |q_n\theta - p_n|.$$

由此可知当n充分大,数组$(q_{n+1} - q, p_{n+1} - p)$满足不等式(1.4.5),于是$q_{n+1} - q$与$(q_{n+1} - q)' = q'_{n+1} - q'$同号;注意式(1.4.9),即得

$$0 < q < q_{n+1}. \tag{1.4.11}$$

但式(1.4.10)和(1.4.11)显然与p_n/q_n是最佳逼近的假设矛盾.因此命题(1.4.8)得证. 进而由式(1.4.7)和(1.4.8)的知p'_n/q'_n和p_{n+1}/q_{n+1}(其中n充分大) 确实是θ'的两个相邻的最佳逼近.

(iii) 最后,还要注意,p'_n/q'_n未必就是θ'的第n个最佳逼近.设

$$\theta = [a_1, a_2, \cdots, a_n, \cdots],$$

则由式(1.4.3)得到

$$\begin{aligned} q'_{n+1} &= rq_{n+1} - tp_{n+1} \\ &= r(a_nq_n + q_{n-1}) - t(a_np_n + p_{n-1}) \\ &= a_n(rq_n - tp_n) + (rq_{n-1} - tp_{n-1}) \\ &= a_nq'_n + q'_{n-1}. \end{aligned}$$

可见θ的第n个不完全商a_n也是θ'的某个不完全商(未必是第n个), 所以当$n \geqslant N$时有

$$\theta' = [b_1, b_2, \cdots, b_s, a_{N+1}, a_{N+2}, \cdots].$$

45

于是必要性得证. □

§1.4.3 $\nu(\theta)$的一个性质

下面的引理表明,在集合$\mathbb{R}$按相似关系划分的等价类上, $\nu(\theta)$是不变的.

引理 1.4.3 如$\theta, \theta' \in \mathbb{R}, \theta \sim \theta'$, 则$\nu(\theta) = \nu(\theta')$.

下面给出两个证明.

证 1 因为有理数皆相似,并且当 θ 为有理数时 $\nu(\theta) = 0$, 所以不妨认为θ和θ'都是无理数.

(i) 先证

$$\nu(\theta) \geqslant \nu(\theta'). \tag{1.4.12}$$

用反证法,假定

$$\nu(\theta) < \nu(\theta'). \tag{1.4.13}$$

取定$\mu > \nu(\theta)$,则不等式

$$q|q\theta - p| < \mu \tag{1.4.14}$$

有无穷多个整数解$q > 0$.按式(1.4.3)和(1.4.4)定义变换$(p, q) \to (p', q')$及其逆. 由$\theta \sim \theta'$可知

$$\theta' = \frac{-u\theta + s}{t\theta - r}, \; ru - ts = \pm 1,$$

我们得到

$$\begin{aligned} q'\theta' - p' &= q' \cdot \frac{-u\theta + s}{t\theta - r} - p' \\ &= \frac{-(q'u + p't)\theta + (q's + rp')}{t\theta - r} = \frac{q\theta - p}{r - t\theta}; \end{aligned}$$

46

还有

$$q' = qr - pt = q(r - t\theta) + t(q\theta - p).$$

由此并应用不等式(1.4.14),得到

$$
\begin{aligned}
q'|q'\theta' - p'| & \leqslant q|r - t\theta||q'\theta' - p'| + |t||q\theta - p||q'\theta' - p'| \\
& = q|q\theta - p| + \frac{|t|}{|r - t\theta|}|q\theta - p|^2 \\
& \leqslant \mu + \frac{|t|}{|r - t\theta|}|q\theta - p|^2 \\
& \leqslant \mu + \frac{|t|}{|r - t\theta|}\left(\frac{\mu}{q}\right)^2.
\end{aligned}
$$

对于任何给定的大于μ的实数μ',当q充分大时可使上式右边小于μ',于是不等式

$$q'|q'\theta' - p'| < \mu' \quad (\mu' > \mu) \tag{1.4.15}$$

有无穷多个正整数解q'.但依不等式(1.4.13),如果取μ'满足$\nu(\theta') > \mu' > \mu$,则(由下极限的定义)不等式$q'\|q'\theta'\| < \mu$只有有限多个解$q$,这与刚才所得关于不等式(1.4.15)的结论矛盾.因此不等式(1.4.12)得证.

(ii) 由相似关系的对称性,交换θ和θ'的位置,依(i)中所得结论得到$\nu(\theta') \geqslant \nu(\theta)$.因此$\nu(\theta) = \nu(\theta')$.

证2 不妨认为θ, θ'都是无理数,并且$0 < \theta, \theta' < 1$. 由$\theta \sim \theta'$(依引理1.4.2)得知

$$
\begin{aligned}
\theta &= [a_1, \cdots, a_r, c_1, c_2, \cdots], \\
\theta' &= [a_1', \cdots, a_s', c_1, c_2, \cdots].
\end{aligned}
$$

由引理1.3.3可知

$$q_n \|q_n\theta\| = (a_n + \theta_{n+1} + \varphi_{n-1})^{-1},$$
$$q_n' \|q_n'\theta'\| = (a_n' + \theta_{n+1}' + \varphi_{n-1}')^{-1},$$

其中$a_{r+1} = c_1, a_{r+2} = c_2, \cdots; a_{s+1}' = c_1, a_{s+2}' = c_2, \cdots$. 当$n$充分大时

$$\varphi_{n+r-1} = [c_{n-1}, \cdots, c_1, a_r, \cdots, a_1],$$
$$\varphi_{n+s-1}' = [c_{n-1}, \cdots, c_1, a_s', \cdots, a_1'],$$

从而依引理1.3.4得到

$$|\varphi_{n+r-1} - \varphi_{n+s-1}| < 2^{-(n-3)} \to 0 \quad (n \to \infty).$$

所以

$$\varlimsup_{n\to\infty} \varphi_n = \varlimsup_{n\to\infty} \varphi_n'.$$

又由θ_n和θ_n'的定义可知当n充分大时,$\theta_n = \theta_n'$.因此

$$\lim_{n\to\infty} q_n \|q_n\theta\| = \lim_{n\to\infty} q_n' \|q_n'\theta'\|.$$

由此及引理1.4.1即得$\nu(\theta) = \nu(\theta')$. $\qquad\square$

§1.4.4 Hurwitz定理

现在给出Dirichlet逼近定理的一个改进形式,称为Hurwitz定理.

定理 1.4.1 设θ为无理数,则存在无穷多个正整数q满足

$$q\|q\theta\| < \frac{1}{\sqrt{5}}, \qquad (1.4.16)$$

48

并且若$\theta \sim (\sqrt{5}-1)/2$,则$\sqrt{5}$不能换为更小的常数;不然(即$\theta \nsim (\sqrt{5}-1)/2$),则存在无穷多个正整数$q$满足

$$q\|q\theta\| < \frac{1}{\sqrt{8}}. \qquad (1.4.17)$$

证 (i) 因为考察的是不等式(1.4.16)和(1.4.17)的正整数解q个数的无穷性, 所以不妨限于$q = q_n$来证明,此处q_n是θ的最佳逼近p_n/q_n的分母.

记$A_n = q_n\|q_n\theta\|$.由引理1.3.1的推论之(c),

$$q_n\|q_{n-1}\theta\| + q_{n-1}\|q_n\theta\| = 1.$$

将此等式两边乘以$\lambda = q_{n-1}/q_n$,得到

$$\lambda^2 A_n - \lambda + A_{n-1} = 0. \qquad (1.4.18)$$

类似地,两边乘以$\mu = q_{n+1}/q_n$,得到

$$\mu^2 A_n - \mu + A_{n+1} = 0. \qquad (1.4.19)$$

又由λ和μ的定义得到

$$\mu - \lambda = \frac{q_{n+1} - q_{n-1}}{q_n} = a_n. \qquad (1.4.20)$$

将式(1.4.18)和(1.4.19)相减,并将式(1.4.20)代入所得之式,可得

$$a_n A_n(\mu + \lambda) = a_n + A_{n-1} - A_{n+1}. \qquad (1.4.21)$$

注意

$$a_n^2 A_n^2 \cdot (\mu - \lambda)^2 + \left(a_n A_n(\mu + \lambda)\right)^2 = 2a_n^2 A_n^2(\lambda^2 + \mu^2),$$

49

将式(1.4.20)和(1.4.21)代入上式得到

$$a_n^4 A_n^2 + (a_n + A_{n-1} - A_{n+1})^2 = 2a_n^2 A_n^2 (\lambda^2 + \mu^2).$$
$$(1.4.22)$$

又将式(1.4.18)和(1.4.19)相加,可得

$$A_n(\lambda^2 + \mu^2) - (\lambda + \mu) + (A_{n-1} + A_{n+1}) = 0,$$

从而

$$2a_n^2 A_n^2 (\lambda^2 + \mu^2) - 2a_n^2 A_n(\lambda + \mu) +$$
$$2a_n^2 A_n(A_{n-1} + A_{n+1}) = 0. \qquad (1.4.23)$$

最后,将式(1.4.21)和(1.4.22)代入式(1.4.23),即得

$$a_n^4 A_n^2 + (a_n + A_{n-1} - A_{n+1})^2 - 2a_n(a_n +$$
$$A_{n-1} - A_{n+1}) + 2a_n^2 A_n(A_{n-1} + A_{n+1}) = 0,$$

展开左边,有

$$a_n^4 A_n^2 + a_n^2 + 2a_n(A_{n-1} - A_{n+1}) +$$
$$(A_{n-1} - A_{n+1})^2 - 2a_n^2 - 2a_n(A_{n-1} - A_{n+1}) +$$
$$2a_n^2 A_n(A_{n-1} + A_{n+1}) = 0,$$

由此最终得到

$$a_n^2 A_n^2 + 2A_n(A_{n-1} + A_{n+1}) = 1 - a_n^{-2}(A_{n-1} - A_{n+1})^2 \leqslant 1.$$

于是

$$(a_n^2 + 4) \min\{A_{n-1}^2, A_n^2, A_{n+1}^2\}$$
$$\leqslant \quad a_n^2 A_n^2 + 2A_n(A_{n-1} + A_{n+1})$$
$$\leqslant \quad 1. \qquad (1.4.24)$$

(ii) 若$a_n > 1$,则由式(1.4.24)可知

$$\min\{A_{n-1}, A_n, A_{n+1}\} \leqslant (a_n^2 + 4)^{-1/2} < \frac{1}{\sqrt{5}},$$

即A_{n-1}, A_n, A_{n+1}中至少有一个小于$1/\sqrt{5}$.

若$a_n = 1$.那么式(1.4.24)中不可能两个等号都成立.因若不然,由第一个等式得到$A_n = A_{n-1} = A_{n+1}$,进而由第二个等式得到$A_n^2 + 2A_n(A_n + A_n) = 1$,从而

$$A_{n-1} = A_n = A_{n+1} = \frac{1}{\sqrt{5}};$$

由此从式(1.4.18)解出(注意$\lambda > 1$)

$$\lambda = \frac{1 + \sqrt{5}}{2},$$

这与$\lambda \in \mathbb{Q}$矛盾.因此式(1.4.24)中至少出现一个严格的不等号, 从而也推出A_{n-1}, A_n, A_{n+1}中至少有一个小于$1/\sqrt{5}$.

因此不等式(1.4.16)有无穷多个正整数解.

(iii) 现在证明:若$\theta \sim \theta_0 = (\sqrt{5} - 1)/2$(这等价于存在$n_0$,使得$a_n = 1\,(n \geqslant n_0)$),则对于任何给定的常数$\mu < 1/\sqrt{5}$,不等式

$$q\|q\theta\| < \mu \tag{1.4.25}$$

只有有限多个正整数解q.

我们首先证明:对于任何给定的常数$\mu < 1/\sqrt{5}$,不等式

$$q_n\|q_n\theta_0\| < \mu$$

51

(其中q_n是θ_0的渐进分数的分母)只有有限多个解q_n.

由数学归纳法可知$\theta_0 = [1, 1, \cdots]$.又由式(1.3.14),

$$q_n \|q_n \theta_0\| = (1 + \theta_{n+1} + \varphi_{n-1})^{-1},$$

其中

$$\theta_{n+1} = [1, 1, \cdots], \quad \varphi_{n-1} = [\underbrace{1, 1, \cdots, 1}_{n-1}].$$

因为$\theta_{n+1} = \xi_0$,并且由引理1.3.4可知$\varphi_{n-1} \to \xi_0$ $(n \to \infty)$, 所以

$$
\begin{aligned}
\nu(\xi_0) &= \varliminf_{n \to \infty} q_n \|q_n \theta\| \\
&= \varliminf_{n \to \infty} (1 + \theta_{n+1} + \varphi_{n-1})^{-1} \\
&= (1 + 2\xi_0)^{-1} = \frac{1}{\sqrt{5}}.
\end{aligned}
$$

依引理1.4.3,我们有$\nu(\theta) = \nu(\xi_0) = 1/\sqrt{5}$.因此,不等式(1.4.25)只有有限多个正整数解q.换言之,若$\theta \sim \theta_0$,则不等式(1.4.16)右边的常数$\sqrt{5}$不能减小.

(iv) 若$\theta \not\sim (\sqrt{5} - 1)/2$,则由引理1.4.2推出有无穷多个$a_n > 1$. 类似于步骤(ii)中的推理,若$a_n > 2$,则由不等式(1.4.24),

$$\min\{A_{n-1}^2, A_n^2, A_{n+1}^2\} \leqslant (a_n^2 + 4)^{-1/2} < \frac{1}{\sqrt{8}},$$

于是A_{n-1}, A_n, A_{n+1}中至少有一个小于$1/\sqrt{8}$.

若$a_n = 2$,并且式(1.4.24)中两个等号都成立,则有$A_n = A_{n-1} = A_{n+1}$,以及$4A_n^2 + 2A_n(A_n + A_n) = $

52

1,从而
$$A_{n-1} = A_n = A_{n+1} = \frac{1}{\sqrt{8}};$$
由此从式(1.4.18)解出$\lambda = 1 + \sqrt{2}$, 这与$\lambda \in \mathbb{Q}$矛盾.因此式(1.4.24)中至少出现一个严格的不等号, 从而也推出A_{n-1}, A_n, A_{n+1}中至少有一个小于$1/\sqrt{8}$.

合起来,即知不等式(1.4.17)有无穷多个正整数解.

□

推论　设θ为无理数,则
$$\nu(\theta) \leqslant \frac{1}{\sqrt{5}},$$
并且若$\theta \sim (\sqrt{5} - 1)/2$,则$\nu(\theta) = 1/\sqrt{5}$; 不然$\Big($即$\theta \not\sim (\sqrt{5} - 1)/2\Big)$,则
$$\nu(\theta) \leqslant \frac{1}{\sqrt{8}},$$
并且若$\theta \sim \sqrt{2} + 1$,则$\nu(\theta) = 1/\sqrt{8}$.

证　只需证最后部分.在例1.1.1(c)中取$P(x) = x^2 - 2x - 1$(其判别式$D = 8$), 则有根$\theta_0 = \sqrt{2} + 1$.于是不等式
$$q\|q\theta_0\| < \mu \quad \left(\mu < \frac{1}{\sqrt{8}}\right)$$
只有有限多个正整数解q,因此
$$\nu(\theta_0) \geqslant \frac{1}{\sqrt{8}}.$$

又因为 $\theta_0 \sim \sqrt{2} - 1 = [2, 2, \cdots]$,所以不相似于 $(\sqrt{5} - 1)/2$, 于是

$$\nu(\theta_0) \leqslant \frac{1}{\sqrt{8}}.$$

因此 $\nu(\sqrt{2} + 1) = 1/\sqrt{8}$. □

注 1° 定理1.4.1有一些不同的证法,可参见[15]以及[20,32,45,79].它的一个改进形式可见[50].

注 2° 按照定理1.4.1的证法的思路,如果对于 θ 存在 n_0 使得 $a_n = 2 \, (n \geqslant n_0)$,则 $\theta \sim \theta_1 = [2, 2, \cdots] = \sqrt{2} - 1$,于是

$$q_n \|q_n \theta_1\| = (1 + \theta_{n+1} + \varphi_{n-1})^{-1} \to$$
$$(1 + 2\theta_1)^{-1} = \frac{1}{2\sqrt{2} - 1} > \frac{1}{\sqrt{8}}.$$

因此这种方法不可能继续减小不等式(1.4.17)右边的常数.

§1.4.5 Markov谱

A.Markov研究了一类特殊的二元二次型,将定理1.4.1扩充为:

对于所有无理数 θ,不等式

$$q\|q\theta\| < \frac{1}{\sqrt{5}}$$

有无穷多个(正整数)解;如果 θ 等价于方程

$$x^2 + x - 1 = 0$$

的根 $\theta_1 = (\sqrt{5}-1)/2$,则常数 $1/\sqrt{5}$ 不能减小.不然(即 $\theta \not\sim \theta_1$),则不等式

$$q\|q\theta\| < \frac{1}{\sqrt{8}}$$

有无穷多个解;如果θ等价于方程

$$x^2 + 2x - 1 = 0$$

的根$\theta_2 = 1 + \sqrt{2}$,则常数$1/\sqrt{8}$不能减小.不然(即$\theta \not\sim \theta_1, \theta_2$,),则不等式

$$q\|q\theta\| < \frac{5}{\sqrt{221}}$$

有无穷多个解;如果θ等价于方程

$$5x^2 + 11x - 5 = 0$$

的根θ_3,则常数$5/\sqrt{221}$不能减小.不然(即$\theta \not\sim \theta_1, \theta_2, \theta_3$),则不等式

$$q\|q\theta\| < \frac{13}{\sqrt{1\,517}}$$

有无穷多个解;如果θ等价于方程

$$13x^2 + 29x - 13 = 0$$

的根θ_4,则常数$13/\sqrt{1\,517}$不能减小.如此等等,直至无穷. 这样得到的无穷数列(称Markov谱)

$$\frac{1}{\sqrt{5}}, \frac{1}{\sqrt{8}}, \frac{5}{\sqrt{221}}, \frac{13}{\sqrt{1\,517}}, \frac{29}{\sqrt{7\,565}}, \frac{17}{\sqrt{2\,600}},$$

$$\frac{89}{\sqrt{71\,285}}, \frac{169}{\sqrt{257\,045}}, \frac{97}{\sqrt{84\,680}}, \frac{233}{\sqrt{488\,597}}, \cdots$$

有极限$1/3$(参见[67]).在这个研究中还导致丢番图方程

$$m^2 + m_1^2 + m_2^2 = 3mm_1m_2$$

的解组(m, m_1, m_2)的深刻研究,其基本结果称作Markov定理,并与之相关地产生所谓Markov猜想(或唯一性猜

想,至今未解决).对此可见[31,35]等.关于这个论题的最新的系统完整的专著(包括Markov定理的证明)可见[17].

1.5　多　维　情　形

§1.5.1　Dirichlet 联立逼近定理

在本节中 , 我们考虑用具有相同分母的一组分 数 $(p_1/q,\cdots,p_n/q)$ 来逼近一组实数 $(\theta_1,\cdots,\theta_n)$,使得误差 $|\theta_1-p_1/q|,\cdots,|\theta_n-p_n/q|$,或者 $\|q\theta_1\|,\cdots,\|q\theta_n\|$ 同时很小.

首先将定理1.1.1推广到多个实数的情形(即多维情形):

定理 1.5.1(Dirichlet联立逼近定理)　设 $\theta_1,\cdots,\theta_n$ 是 n 个实数, $Q > 1$ 是任意给定的实数,则存在整数 q 满足不等式组

$$\|q\theta_i\| \leqslant \frac{1}{Q}(1 \leqslant i \leqslant n),\ 0 < q < Q^n.$$

这个定理有下列对偶形式:

定理 1.5.2　设 $\theta_1,\cdots,\theta_n$ 是 n 个实数, $Q > 1$ 是任意给定的实数, 则存在整数 $q_1,\cdots,q_n$ 满足不等式组

$$\|q_1\theta_1 + \cdots + q_n\theta_n\| \leqslant \frac{1}{Q},$$

$$0 < \max\{|q_1|,\cdots,|q_n|\} < Q^{1/n}.$$

上述两个定理是下面一般性定理的特殊情形:

56

定理 1.5.3　设有 m 个 n 变元 $x_1,\cdots,x_n$ 的实系数线性型

$$L_i(\mathbf{x}) = \sum_{j=1}^{n} \theta_{ij} x_j \quad (i = 1,\cdots, m), \qquad (1.5.1)$$

其中 $\mathbf{x} = (x_1,\cdots,x_n)$,系数 $\theta_{ij} \in \mathbb{R}(1 \leqslant i \leqslant m, 1 \leqslant j \leqslant n)$.则对每个给定的实数 $Q > 1$,存在非零整点 $\mathbf{x}$ (即所有 $x_i \in \mathbb{Z}$,但不全为0)满足不等式组

$$\|L_i(\mathbf{x})\| \leqslant \frac{1}{Q} \quad (1 \leqslant i \leqslant m),$$

$$|x_j| < Q^{m/n} \quad (1 \leqslant j \leqslant n).$$

证　考虑含 $m+n$ 个变元 $x_1,\cdots,x_n,y_1,\cdots,y_m$ 的线性不等式组

$$|L_i(x_1,\cdots,x_n) - y_i| \leqslant \frac{1}{Q} \quad (1 \leqslant i \leqslant m),$$

$$|x_j| < Q^{m/n} \quad (1 \leqslant j \leqslant n).$$

因为线性型的系数行列式

$$\begin{vmatrix} \theta_{11} & \cdots & \theta_{1n} & -1 & \cdots & 0 \\ \vdots & & \vdots & \vdots & & \vdots \\ \theta_{m1} & \cdots & \theta_{mn} & 0 & \cdots & -1 \\ 1 & \cdots & 0 & 0 & \cdots & 0 \\ \vdots & & \vdots & \vdots & & \vdots \\ 0 & \cdots & 1 & 0 & \cdots & 0 \end{vmatrix}$$

的绝对值及不等式右边各常数之积相等(都等于1),所以由Minkowski线性型定理得知存在 $\mathbb{Z}^{m+n}$ 中的非零整

57

点$(x_1, \cdots, x_n, y_1, \cdots, y_m)$ 满足上述不等式组. 如果 $(x_1, \cdots, x_n) = \mathbf{0} \in \mathbb{Z}^n$,那么由上面前$m$个不等式得到

$$|y_i| \leqslant \frac{1}{Q} < 1 \quad (1 \leqslant i \leqslant m),$$

从而$y_i = 0 (1 \leqslant i \leqslant m)$,于是$(x_1, \cdots, x_n, y_1, \cdots, y_m) = \mathbf{0}$,我们得到矛盾.于是$(x_1, \cdots, x_n)$就是所求的非零整点. $\square$

注 1° 在定理1.5.3中取$n = 1$(然后将下标m改记为n), 可得定理1.5.1;取$m = 1$即得定理1.5.2.

注 2° 也可以应用抽屉原理推出定理1.5.3,但需假定Q是大于1的整数(一般这不影响应用).证明如下:考虑$\mathbb{R}^m$中由下列点组成的集合:

$$(\underbrace{1, 1, \cdots, 1}_{m}), \left(\{\theta_{11}x_1 + \theta_{12}x_2 + \cdots + \theta_{1n}x_n\}, \cdots,\right.$$
$$\left.\{\theta_{m1}x_1 + \theta_{m2}x_2 + \cdots + \theta_{mn}x_n\}\right),$$

其中$x_1, x_2, \cdots, x_n$是区间

$$[0, [Q^{m/n}]] \quad (当Q^{m/n} \notin \mathbb{Z}时)$$

或

$$[0, Q^{m/n} - 1] \quad (当Q^{m/n} \in \mathbb{Z}时)$$

中的任意整数.这些点的个数,当$Q^{m/n} \notin \mathbb{Z}$时等于

$$([Q^{m/n}] + 1)^n + 1 > (Q^{m/n})^n + 1 = Q^m + 1;$$

当$Q^{m/n} \in \mathbb{Z}$时等于$Q^m + 1$.它们都在m维单位正方体$G_m = [0, 1]^m$中. 将G_m各边Q等分,得到Q^m个边长

为Q^{-1}的m维(小)正方体.依抽屉原理,上述点集中至少有两点落在同一个小正方体中.如果这两点是

$$\big(\{\theta_{11}x_1^{(i)} + \theta_{12}x_2^{(i)} + \cdots + \theta_{1n}x_n^{(i)}\}, \cdots,$$
$$\{\theta_{m1}x_1^{(i)} + \theta_{m2}x_2^{(i)} + \cdots + \theta_{mn}x_n^{(i)}\}\big)$$
$$= \big(\theta_{11}x_1^{(i)} + \theta_{12}x_2^{(i)} + \cdots + \theta_{1n}x_n^{(i)} - y_1^{(i)}, \cdots,$$
$$\theta_{m1}x_1^{(i)} + \theta_{m2}x_2^{(i)} + \cdots + \theta_{mn}x_n^{(i)} - y_m^{(i)}\big)$$
$$(i = 1, 2),$$

其中$y_1^{(i)}, \cdots, y_m^{(i)}$是某些整数,那么

$$x_j = x_j^{(1)} - x_j^{(2)} \quad (j = 1, 2, \cdots, n),$$
$$y_i = y_i^{(1)} - y_i^{(2)} \quad (i = 1, 2, \cdots, m)$$

满足

$$|L_i(x_1, \cdots, x_n) - y_i| \leqslant \frac{1}{Q} \quad (1 \leqslant i \leqslant m),$$
$$|x_j| < Q^{m/n} \quad (1 \leqslant j \leqslant n),$$

并且$(x_1, x_2, \cdots, x_n) \neq (0, 0, \cdots, 0)$,从而$(x_1, x_2, \cdots, x_n)$就是所求的整数解. 如果这两点是$(\underbrace{1, 1, \cdots, 1}_{m})$和

$$\big(\{\theta_{11}x_1 + \theta_{12}x_2 + \cdots + \theta_{1n}x_n\}, \cdots,$$
$$\{\theta_{m1}x_1 + \theta_{m2}x_2^{(i)} + \cdots + \theta_{mn}x_n\}\big)$$
$$= \big(\theta_{11}x_1 + \theta_{12}x_2 + \cdots + \theta_{1n}x_n - y_1, \cdots,$$
$$\theta_{m1}x_1 + \theta_{m2}x_2 + \cdots + \theta_{mn}x_n - y_m\big),$$

其中 $y_1, \cdots, y_m$ 是某些整数.因为点 $(\underbrace{1, 1, \cdots, 1}_{m})$ 和 $(0, 0, \cdots, 0)$ 不可能落在同一个小正方体中,所以

$(x_1, x_2, \cdots, x_n) \neq (0, 0, \cdots, 0)$，从而

$$x_j \quad (j = 1, 2, \cdots, n),$$

$$y_i' = y_i + 1 \quad (i = 1, 2, \cdots, m)$$

满足

$$|L_i(x_1, \cdots, x_n) - y_i'| \leqslant \frac{1}{Q} \quad (1 \leqslant i \leqslant m),$$

$$|x_j| < Q^{m/n} \quad (1 \leqslant j \leqslant n),$$

从而$(x_1, x_2, \cdots, x_n)$就是所求的整数解.

§1.5.2 定理1.5.3的改进

在定理1.5.3的假定下,不等式

$$\big(\max_{1 \leqslant i \leqslant m} \|L_i(\mathbf{x})\| \big)^m \big(\max_{1 \leqslant i \leqslant n} |x_j| \big)^n < 1$$

有非零解$\mathbf{x} \in \mathbb{Z}^n$.现在我们将此不等式的右边的常数1改
进为

$$\gamma_{m,n} = \frac{m^m n^n}{(m+n)^{m+n}} \cdot \frac{(m+n)!}{m! n!}.$$

注意:$\gamma_{m,n}$是

$$1 = 1^{m+n} = \left(\frac{m}{m+n} + \frac{n}{m+n} \right)^{m+n}$$

的展开式中的一项,所以$\gamma_{m,n} < 1$.

定理1.5.4 设实系数线性型$L_i(\mathbf{x}) \, (1 \leqslant i \leqslant m)$
由式(1.5.1)给定,则不等式

$$\big(\max_{1 \leqslant i \leqslant m} \|L_i(\mathbf{x})\| \big)^m \big(\max_{1 \leqslant j \leqslant n} |x_j| \big)^n < \gamma_{m,n} \quad (1.5.2)$$

有非零解 $\mathbf{x} \in \mathbb{Z}^n$. 此外 ,若对于任何非零的 $\mathbf{x} \in \mathbb{Z}^n$, $\big(L_1(\mathbf{x}), \cdots, L_m(\mathbf{x})\big) \notin \mathbb{Z}^m$,则不等式(1.5.2) 有无穷多个非零解$\mathbf{x} \in \mathbb{Z}^n$.

证 我们应用数的几何的方法.

(i) 设$\mathscr{R} = \mathscr{R}(\beta)$是由不等式

$$t^{-m} \max_{1 \leqslant j \leqslant n} |x_j| + t^n \max_{1 \leqslant i \leqslant m} |L_i(\mathbf{x}) - y_i| \leqslant \beta \quad (1.5.3)$$

(其中$t > 1, \beta > 0$是给定的实数)的解所定义的点

$$(\mathbf{x}, \mathbf{y}) = (x_1, \cdots, x_n, y_1, \cdots, y_m) \in \mathbb{R}^{m+n}$$

组成的集合.显然$\mathscr{R}$是对称闭集.首先证明它是凸集. 设 $(\mathbf{x}^{(k)}, \mathbf{y}^{(k)})\,(k = 1, 2)$是$\mathscr{R}$中任意两点,对于任意满足条件$\lambda + \mu = 1, \lambda, \mu \in [0, 1]$的实数$\lambda, \mu$,记

$$
\begin{aligned}
(\mathbf{x}, \mathbf{y}) &= \lambda(\mathbf{x}^{(1)}, \mathbf{y}^{(1)}) + \mu(\mathbf{x}^{(2)}, \mathbf{y}^{(2)}) \\
&= (\lambda\mathbf{x}^{(1)} + \mu\mathbf{x}^{(2)}, \lambda\mathbf{y}^{(1)} + \mu\mathbf{y}^{(2)}) \\
&= (x_1, \cdots, x_n, y_1, \cdots, y_m),
\end{aligned}
$$

那么

$$
\begin{aligned}
\max_{1 \leqslant j \leqslant n} |x_j| &= \max_{1 \leqslant j \leqslant n} |\lambda x_j^{(1)} + \mu x_j^{(2)}| \\
&\leqslant \lambda \max_{1 \leqslant j \leqslant n} |x_j^{(1)}| + \mu \max_{1 \leqslant j \leqslant n} |x_j^{(2)}|,
\end{aligned}
$$

$$
\begin{aligned}
&\max_{1 \leqslant i \leqslant m} |L_i(\mathbf{x}) - y_i| \\
&= \max_{1 \leqslant i \leqslant m} |L_i(\lambda\mathbf{x}^{(1)} + \mu\mathbf{x}^{(2)}) - (\lambda y_i^{(1)} + \mu y_i^{(2)})| \\
&= \max_{1 \leqslant i \leqslant m} \big|\big(L_i(\lambda\mathbf{x}^{(1)}) - \lambda y_i^{(1)}\big) + \big(L_i(\mu\mathbf{x}^{(2)}) - \mu y_i^{(2)}\big)\big| \\
&\leqslant \lambda \max_{1 \leqslant i \leqslant m} \big|L_i(\mathbf{x}^{(1)}) - y_i^{(1)}\big| + \mu \max_{1 \leqslant i \leqslant m} \big|L_i(\mathbf{x}^{(2)}) - y_i^{(2)}\big|.
\end{aligned}
$$

61

因此由不等式(1.5.3)得到

$$t^{-m} \max_{1 \leqslant j \leqslant n} |x_j| + t^n \max_{1 \leqslant i \leqslant m} |L_i(\mathbf{x}) - y_i|$$
$$\leqslant \lambda \big(t^{-m} \max_{1 \leqslant j \leqslant n} |x_j^{(1)}| + t^n \max_{1 \leqslant i \leqslant m} |L_i(\mathbf{x}^{(1)}) - y_i^{(1)}| \big) +$$
$$\mu \big(t^{-m} \max_{1 \leqslant j \leqslant n} |x_j^{(2)}| + t^n \max_{1 \leqslant i \leqslant m} |L_i(\mathbf{x}^{(2)}) - y_i^{(2)}| \big)$$
$$\leqslant \lambda \beta + \mu \beta = (\lambda + \mu)\beta = \beta,$$

可见 $\lambda(\mathbf{x}^{(1)}, \mathbf{y}^{(1)}) + \mu(\mathbf{x}^{(2)}, \mathbf{y}^{(2)}) \in \mathscr{R}$,从而 $\mathscr{R}$ 是凸集.

现在计算 $\mathscr{R}$ 的体积 $V = V(\beta)$.作变量代换

$$u_j = t^{-m} x_j \quad (j = 1, 2, \cdots, n);$$
$$v_i = t^m \big(L_i(\mathbf{x}) - y_i \big) \quad (i = 1, 2, \cdots, m).$$

易算出Jacobi式等于1,并且 $\mathscr{R}$ 由

$$\max_{1 \leqslant j \leqslant n} |u_j| + \max_{1 \leqslant i \leqslant m} |v_i| \leqslant \beta$$

定义.用 $\mathscr{R}_0$ 表示 $\mathscr{R}$ 的满足 $u_j \geqslant 0 (j = 1, 2, \cdots, n), v_i \geqslant 0 (i = 1, 2, \cdots, m)$ 的部分,那么由 $\mathscr{R}$ 的(中心)对称性得到

$$V = 2^{m+n} V_0.$$

又用 $\mathscr{R}_{0,k}$ 表示 $\mathscr{R}_0$ 中满足 $\max_{1 \leqslant j \leqslant n} u_j = u_k (k = 1, 2, \cdots, n)$ 的部分,那么由对称性可知

$$V_0 = \sum_{k=1}^{n} \int \cdots \int_{\mathscr{R}_{0,k}} \mathrm{d}u_1 \cdots \mathrm{d}u_n \mathrm{d}v_1 \cdots \mathrm{d}v_m$$
$$= n \int \cdots \int_{\mathscr{R}_{0,1}} \mathrm{d}u_1 \cdots \mathrm{d}u_n \mathrm{d}v_1 \cdots \mathrm{d}v_m.$$

因为$\mathscr{R}_{0,1}$由不等式

$$0 \leqslant u_1 \leqslant \beta, \ 0 \leqslant u_j \leqslant u_1 \quad (j = 2, \cdots, n),$$
$$0 \leqslant v_i \leqslant \beta - u_1 \quad (i = 1, 2, \cdots, m)$$

定义,所以

$$\begin{aligned} V_0 &= n \int_0^\beta u_1^{n-1}(\beta - u_1)^m \mathrm{d}u_1 \\ &= n\beta^{m+n}\frac{(n-1)!m!}{(m+n)!} = \frac{m!n!}{(m+n)!}\beta^{m+n}. \end{aligned}$$

因此

$$V(\beta) = \frac{m!n!}{(m+n)!}(2\beta)^{m+n}.$$

(ii)　在不等式(1.5.3)中取

$$\beta = \beta_0 = \left(\frac{m!n!}{(m+n)!}\right)^{-1/(m+n)},$$

则$V(\beta_0) = 2^{m+n}$.依Minkowski第一凸体定理,存在$m+n$维非零整点$(\mathbf{x}, \mathbf{y})$满足不等式(1.5.3).此外,若$\mathbf{x} = \mathbf{0}$,则由式(1.5.3)可知

$$t^n \max_{1 \leqslant i \leqslant m} |y_i| \leqslant \beta_0, \ \text{或} \ \max_{1 \leqslant i \leqslant m} |y_i| \leqslant t^{-n}\beta_0,$$

取$t > \max\{1, \beta_0^{1/n}\}$,将有$y_1 = \cdots = y_m = 0$,从而$(\mathbf{x}, \mathbf{y}) = (\mathbf{0}, \mathbf{0})$.我们得到矛盾.因此$\mathbf{x} \neq \mathbf{0}$.

(iii)　对于任何给定的非零的$(\mathbf{x}, \mathbf{y}) \in \mathbb{Z}^{m+n}$,使(1.5.3)成为等式的$t > 1$只有有限多个,但$\mathbb{Z}^{m+n}$中的点是可数无穷的, 而实数集$\{t > 1\}$具有连续统的势,所以有无穷多个实数$t > 1$使得不等式

$$t^{-m} \max_{1 \leqslant j \leqslant n} |x_j| + t^n \max_{1 \leqslant i \leqslant m} |L_i(\mathbf{x}) - y_i| < \beta_0. \quad (1.5.4)$$

有非零解$(\mathbf{x}, \mathbf{y}) \in \mathbb{Z}^{m+n}$.下面只考虑这样的$t$. 将不等式$(1.5.4)$左边改写为

$$\underbrace{\frac{1}{n}t^{-m}\max_{1\leqslant j\leqslant n}|x_j|+\cdots+\frac{1}{n}t^{-m}\max_{1\leqslant j\leqslant n}|x_j|}_{n}+$$

$$\underbrace{\frac{1}{m}t^n\max_{1\leqslant i\leqslant m}|L_i(\mathbf{x})-y_i|+\cdots+\frac{1}{m}t^n\max_{1\leqslant i\leqslant m}|L_i(\mathbf{x})-y_i|}_{m},$$

然后应用算术–几何平均不等式,即得

$$n^{-n}m^{-m}\Big(\max_{1\leqslant j\leqslant n}|x_j|\Big)^n\Big(\max_{1\leqslant i\leqslant m}|L_i(\mathbf{x})-y_i|\Big)^m$$

$$\leqslant\left(\frac{n\cdot\dfrac{1}{n}t^{-m}\max\limits_{1\leqslant j\leqslant n}|x_j|+m\cdot\dfrac{1}{m}t^n\max\limits_{1\leqslant i\leqslant m}|L_i(\mathbf{x})-y_i|}{m+n}\right)^{m+n}$$

$$=\left(\frac{t^{-m}\max\limits_{1\leqslant j\leqslant n}|x_j|+\max\limits_{1\leqslant i\leqslant m}|L_i(\mathbf{x})-y_i|}{m+n}\right)^{m+n}$$

$$<\left(\frac{\beta_0}{m+n}\right)^{m+n},$$

于是$(1.5.2)$得证.

(iv) 设对于任何非零的 $\mathbf{x} \in \mathbb{Z}^n$, $\big(L_1(\mathbf{x}),\cdots,$ $L_m(\mathbf{x})\big) \notin \mathbb{Z}^m$. 若只有有限多个非零的$\mathbf{x} \in \mathbb{Z}^n$满足不等式$(1.5.4)$,那么对应的$\max\limits_{1\leqslant j\leqslant n}|x_j|$只有有限多个值;对应的值$\max\limits_{1\leqslant i\leqslant m}|L_i(\mathbf{x})-y_i|$不等于零,并且也只有有限多个值. 于是取$t > 1$充分大,可使不等式$(1.5.4)$左边大于$\beta_0$,我们得到矛盾.因此一定有无穷多个非零的$\mathbf{x} \in \mathbb{Z}^n$满足不等式$(1.5.4)$,从而满足不等式$(1.5.2)$. $\square$

推论1 如果对于某个$i\,(1\leqslant i\leqslant m)$,数$1,\theta_{i,1},\cdots,$$\theta_{i,n}$在$\mathbb{Q}$上线性无关,则不等式(1.5.2)有无穷多个非零解$\mathbf{x}\in\mathbb{Z}^n$.

证 此时对于任何非零的$\mathbf{x}\in\mathbb{Z}^n$,$L_i(\mathbf{x})\notin\mathbb{Z}$,所以由定理1.5.4的后半部分得到结论. □

推论2 设$\theta_1,\cdots,\theta_m$是任意实数,则不等式

$$q^{1/m}\max\{\|q\theta_1\|,\cdots,\|q\theta_m\|\}<\frac{m}{m+1}$$

有无穷多个正整数解q.

证 在定理1.5.4中取$n=1$.如果$\theta_1,\cdots,\theta_m$中有一个无理数,则由推论1 得到结论.如果$\theta_1,\cdots,\theta_m$都是有理数,设d是它们的最小公分母,则$q=td(t\in\mathbb{N})$给出不等式的无穷多个正整数解. □

推论3 设$\theta_1,\cdots,\theta_n$是任意实数,则不等式

$$\Big(\max_{1\leqslant i\leqslant n}|x_i|\Big)^n\|\theta_1x_1+\cdots+\theta_nx_n\|<\Big(\frac{n}{n+1}\Big)^n$$

有无穷多个非零整数解$\mathbf{x}=(x_1,\cdots,x_n)$.

证 在定理1.5.4中取$m=1$.如果$\theta_1,\cdots,\theta_n$在$\mathbb{Q}$上线性无关, 则由推论1得到结论.不然,则存在不全为零的有理数$u_0,u_1,\cdots,u_n$使得

$$u_0+u_1\theta_1+\cdots+u_n\theta_n=0.$$

设d是$u_0,u_1,\cdots,u_n$的最小公分母,那么$\mathbf{x}=d(u_1,\cdots,$$u_n)$ 给出不等式的无穷多个非零整数解. □

65

1.5.3 反向结果

现在给出一个与(1.5.2)反向的不等式,它表明在一定意义下定理1.5.4是不可改进的.

定理 1.5.5 对于任何正整数m和n,存在常数$\gamma > 0$和实系数线性型 (1.5.1) , 使得对于所有非零的 $\mathbf{x} = (x_1, \cdots, x_n) \in \mathbb{Z}^n$,都有

$$\left(\max_{1 \leqslant i \leqslant m} \|L_i(\mathbf{x})\| \right)^m \left(\max_{1 \leqslant j \leqslant n} |x_j| \right)^n \geqslant \gamma. \qquad (1.5.5)$$

证 (i) 首先考虑l次多项式

$$P(x) = (x-2)(x-4) \cdots (x-2l) - 2.$$

由Eisenstein判别法则,$P(x)$(在$\mathbb{Q}$)上不可约.又因为

$$P(1) + 2 = (-1)^l \cdot 1 \cdot 3 \cdots (2l-1),$$
$$P(3) + 2 = 1 \cdot (-1)^{l-1} \cdot 1 \cdot 3 \cdots (2l-3),$$
$$P(5) + 2 = 3 \cdot 1 \cdot (-1)^{l-2} \cdot 1 \cdot 3 \cdots (2l-5),$$

等等,是符号正负相间并且绝对值大于2的奇数,可见

$$P(1), P(3), P(5), \cdots, P(l+1)$$

的符号也是正负相间,因而$P(x)=0$有l个不同的实根.它们形成实l次共轭代数整数组$\varphi_1, \varphi_2, \cdots, \varphi_l$.

(ii) 令$l = m + n(> 1)$.作l个线性型

$$Q_k(\mathbf{x}, \mathbf{y}) = \sum_{i=1}^{m} \varphi_k^{i-1} y_i + \sum_{j=1}^{n} \varphi_k^{m+j-1} x_j \quad (k = 1, 2, \cdots, l),$$
$$(1.5.6)$$

其中 $(\mathbf{x}, \mathbf{y}) = (x_1, \cdots, x_n, y_1, \cdots, y_m)$. 当 $(\mathbf{x}, \mathbf{y}) \in \mathbb{Z}^{m+n}$非零时, $Q_k(\mathbf{x}, \mathbf{y})(1 \leqslant k \leqslant l)$是$l$个共轭代数整数,所以其范数是非零(有理)整数,即得

$$\prod_{k=1}^{l} |Q_k(\mathbf{x}, \mathbf{y})| \geqslant 1. \qquad (1.5.7)$$

(iii)   解未知数为$\xi_1, \cdots, \xi_m$的线性方程组

$$\sum_{i=1}^{m} \varphi_k^{i-1} \xi_i = -\sum_{j=1}^{n} \varphi_k^{m+j-1} x_j \quad (k = 1, 2, \cdots, m).$$

方程组的系数行列式是$\varphi_1, \cdots, \varphi_k$的Vandermonde行列式,不为零(因$\varphi_k$两两互异), 所以解出

$$\xi_i = L_i(\mathbf{x}) \quad (i = 1, 2, \cdots, m),$$

其中$L_i(\mathbf{x})$是$\mathbf{x} = (x_1, \cdots, x_n)$的实系数线性型.于是

$$\sum_{j=1}^{n} \varphi_k^{m+j-1} x_j = -\sum_{i=1}^{m} \varphi_k^{i-1} \xi_i = -\sum_{i=1}^{m} \varphi_k^{i-1} L_i(\mathbf{x}).$$

由此及式(1.5.6)可知:当$k = 1, 2, \cdots, m$,

$$Q_k(\mathbf{x}, \mathbf{y}) = \sum_{i=1}^{m} \varphi_k^{i-1} \big(y_i - L_i(\mathbf{x})\big);$$

而当$k = m + 1, \cdots, m + n + 1$,

$$\begin{aligned} Q_k(\mathbf{x}, \mathbf{y}) &= \sum_{i=1}^{m} \varphi_k^{i-1} \big(y_i - L_i(\mathbf{x})\big) + \\ &\quad \sum_{i=1}^{m} \varphi_k^{i-1} L_i(\mathbf{x}) + \sum_{j=1}^{n} \varphi_k^{m+j-1} x_j \\ &= \sum_{i=1}^{m} \varphi_k^{i-1} \big(y_i - L_i(\mathbf{x})\big) + \sum_{j=1}^{n} \omega_{kj} x_j, \end{aligned}$$

其中ω_{kj}是只与$\varphi_k(1 \leqslant k \leqslant l)$有关的常数.

(iv) 最后,对于非零的$\mathbf{x} \in \mathbb{Z}^n$,令

$$X = \max_{1 \leqslant j \leqslant n} |x_j|, \ \ C = \max_{1 \leqslant i \leqslant m} \|L_i(\mathbf{x})\|,$$

则$C < 1 \leqslant X$,并且存在整数$y_1, y_2, \cdots, y_m$,使得

$$\|L_i(\mathbf{x})\| = |L_i(\mathbf{x}) - y_i| \ \ \ (i = 1, 2, \cdots, m).$$

由步骤(iii)中得到的$Q_k(\mathbf{x}, \mathbf{y})$的表达式推出

$$|Q_k(\mathbf{x}, \mathbf{y})| \leqslant \gamma_1 C \ \ \ (k = 1, 2, \cdots, m),$$

以及

$$|Q_k(\mathbf{x}, \mathbf{y})| \leqslant \gamma_2 C + \gamma_3 X \leqslant \gamma_4 X \ \ \ (k = 1, 2, \cdots, m),$$

其中常数$\gamma_1, \cdots, \gamma_4$只与$\varphi_k(1 \leqslant k \leqslant l)$有关. 由此以及不等式(1.5.7)推出

$$1 \leqslant \prod_{k=1}^{l} |Q_k(\mathbf{x}, \mathbf{y})| \leqslant \gamma_1^m \gamma_4^n C^m X^n.$$

取$\gamma = \gamma_1^{-m} \gamma_4^{-n}$,立得不等式(1.5.5). $\qquad\square$

注 由定理1.5.4的推论2知可取 $\gamma_{1,1} = 1/2$. 由 Hurwitz定理, $\gamma_{1,1}$可改进为$1/\sqrt{5}$,并且是最优的(即不可减小).由定理1.5.4, 对于一般情形,存在最优的常数$\gamma_{m,n}$,但目前尚不知道其值.

关于实数的联立有理逼近的其他一些结果,还可参见[34,71,87]等.

第2章 Kronecker逼近定理

第1章只涉及变量的齐次线性型,例如$q\theta$或$L(\mathbf{x}) = \sum_{i=1}^{n}\theta_i x_i$.需求整数$q > 0$或非零整点$\mathbf{x}$使得$\|q\theta\|$或$\|L(\mathbf{x})\|$尽可能小. 本章研究非齐次式$q\theta - \alpha$或更一般的$L(\mathbf{x}) - \alpha$,需求整数$q$或非零整点使得$\|q\theta - \alpha\|$或$\|L(\mathbf{x}) - \alpha\|$尽可能小,称为实数的非齐次(有理)逼近问题.它与齐次逼近问题有一些本质性的差别.例如,对于$\|q\theta\|$只需考虑正整数变量q,而对于$\|q\theta - \alpha\|$,一般需考虑变量q取正值、负值和零. 又如,可以证明,存在实数θ和α, 使得不等式组$\|q\theta - \alpha\| < Q^{-1}, |q| < Q$对无穷多个$Q$无整数解$q$. 这与定理1.1.1全然不同.至于联立情形,则有一些新的考虑.如果对于给定的实数θ_i, α_i以及任何充分小$\varepsilon > 0$,需求整数q,使得同时有

$$\|q\theta_i - \alpha_i\| < \varepsilon \quad (i = 1, 2, \cdots, n);$$

又设存在不全为零的整数组$u_1, u_2, \cdots, u_n$,使得$u_1\theta_1 + u_2\theta_2 + \cdots + u_n\theta_n$为整数,那么将有

$$\|u_1\alpha_1 + u_2\alpha_2 + \cdots + u_n\alpha_n\| < (|u_1| + |u_2| + \cdots + |u_n|)\varepsilon.$$

于是应当$\|u_1\alpha_1 + u_2\alpha_2 + \cdots + u_n\alpha_n\| = 0$,从而$u_1\alpha_1 + u_2\alpha_2 + \cdots + u_n\alpha_n \in \mathbb{Z}$.这导致一般形式的Kronecker逼近定理.

当然,对于某些特殊的θ(如θ是有理数),非齐次问题可以转化为齐次问题. 我们还将看到与齐次情形关于$q\|q\theta\| < 1/\sqrt{5}$的解数的命题类似的非齐次结果(即

定理2.1.3).但就总体而言,非齐次问题要比齐次问题复杂或困难.

非齐次逼近的重要结果之一是Kronecker逼近定理,这是本章的主题.在第一节中我们比较详细地讨论一维情形的基本结果,并给出一个简单应用例子.第二节给出多维情形的定性结果,包括一般形式和常见推论,定理的证明是纯代数的,比较复杂.第三节给出一般形式的定量结果,证明基于数的几何的经典结果,并由定量结果推出定性结果.限于篇幅,没有涉及它们的应用.

2.1 一 维 情 形

§2.1.1 一维Kronecker逼近定理

这个定理的一个常见叙述形式如下:

定理 2.1.1 设α是给定的无理数,β是任意实数,那么对于任何$N > 0$存在整数$q > N$和整数p满足不等式

$$|q\alpha - p - \beta| < \frac{3}{q}.$$

证 由定理1.1.1,存在互素整数p', q',其中$q' > 2N$,满足不等式

$$|q'\alpha - p'| < \frac{1}{q'}. \tag{2.1.1}$$

因为$q'\beta$必落在某个长度为1的区间$[a, a + 1]$(其中a为整数)中,所以存在整数Q, 满足

$$|q'\beta - Q| \leqslant \frac{1}{2}. \tag{2.1.2}$$

又因为 p', q' 互素,所以(依 Euclid 算法)存在整数 u_0, v_0 使得 $v_0 p' - u_0 q' = 1$,从而对于任意整数 t 有 $(q't + v_0 Q)p' - (p't + u_0 Q)q' = Q$.选取整数 t 满足 $-1/2 - v_0 Q/q' \leqslant t \leqslant 1/2 - v_0 Q/q'$,即知存在整数 u, v 使得 Q 可以表示为

$$Q = vp' - uq',$$

其中 $|v| \leqslant q'/2$.注意

$$q'(v\alpha - u - \beta) = v(q'\alpha - p') - (q'\beta - Q),$$

由式 (2.1.1) 和 (2.1.2) 可得

$$
\begin{aligned}
|q'(v\alpha - u - \beta)| \quad &< \quad |v||q'\alpha - p'| + |q'\beta - Q| \\
&< \quad \frac{1}{2}q' \cdot \frac{1}{q'} + \frac{1}{2} = 1. \qquad (2.1.3)
\end{aligned}
$$

记 $q = q' + v$, $p = p' + u$,则有

$$N < \frac{1}{2}q' \leqslant q \leqslant \frac{3}{2}q'. \qquad (2.1.4)$$

最后,从 (2.1.1),(2.1.3) 及 (2.1.4) 诸式推出

$$
\begin{aligned}
|q\alpha - p - \beta| \quad &\leqslant \quad |v\alpha - u - \beta| + |q'\alpha - p'| \\
&< \quad \frac{1}{q'} + \frac{1}{q'} = \frac{2}{q'} \leqslant \frac{3}{q}. \qquad \square
\end{aligned}
$$

　　注　在定理 2.1.1 中令 N 取一列无穷递增的值 $N_1 < N_2 < \cdots$,我们可得无穷递增的正整数列 $q_j(j \geqslant 1)$ 及无穷整数列 p_j 满足

$$|q_j\alpha - p_j - \beta| < \frac{3}{q_j} \quad (j \geqslant 1),$$

从而

$$\left|\alpha - \frac{p_j}{q_j} - \frac{\beta}{q_j}\right| < \frac{3}{q_j^2}, \quad \frac{p_j}{q_j} \to \alpha \quad (j \to \infty)$$

因此,在定理2.1.1中,可以认为当N(或q)足够大时p与α同号.

我们给出这个结果的一个简单应用;

例 1.1.1 设$\xi > 1$是给定实数,在小数点后依次写出所有正整数$[\xi], [\xi^2], [\xi^3], \cdots$,得到无限十进小数

$$\eta = 0.[\xi][\xi^2][\xi^3] \cdots [\xi^n] \cdots,$$

那么η是无理数.

证 先设$\lg \xi = a/b$是有理数,此处a, b是互素正整数,那么$\xi = 10^{a/b}, \xi^b = 10^a, \xi^{lb} = 10^{la}$(这里$l$是正整数),因此

$$[\xi^{lb}] = [10^{la}] = 10^{la} = 10 \cdots 0 \quad (la\text{个}0).$$

因为l可以任意大,所以η的十进表示中含有任意长的全由0组成的数字段, 从而是无理数.

次设$\lg \xi$是无理数.设$k > 1$是一个取定的整数,记$b = 10^k$.在定理2.1.1中取$\alpha = \lg \xi, \beta = (\lg(b+1) + \lg b)/2$,以及$N > 6/(\lg(b+1) - \lg b)$.那么存在正整数$q = q(k)$及整数$p = p(k)$满足

$$\left|q \lg \xi - p - \frac{\lg(b+1) + \lg b}{2}\right| < \frac{\lg(b+1) - \lg b}{2}.$$

设N足够大,我们可以认为$p > 0$(见定理2.1.1的注).由上式可得

$$10^{k+p} < \xi^n < 10^{k+p} + 10^p,$$
$$10^{k+p} \leqslant [\xi^n] < 10^{k+p} + 10^p.$$

由此可知$[\xi^n]$的十进表示中,最高数位的数字是1, 其后紧接k个0.因为k可以任意大,所以η是无理数.　　□

§2.1.2　一维Kronecker逼近定理的改进

定理2.1.1中的不等式可写成

$$|q|\|q\alpha - \beta\| < 3,$$

Minkowski将不等式右边的常数改进为1/4(定理2.1.2),并且这个常数是最优的(定理2.1.3).

定理 2.1.2　设α是无理数,β是实数,但不等于$m\alpha + n\,(m, n \in \mathbb{Z})$,则存在无穷多个整数$q$满足不等式

$$|q|\|q\alpha - \beta\| < \frac{1}{4}.$$

注　若$\beta = m\alpha + n\,(m, n \in \mathbb{Z})$,则$\|q\alpha - \beta\| = \|(q - m)\alpha\|$,从而化为齐次问题.

上述定理的证明需要下面两个辅助引理.

引理 2.1.1　设$\theta, \phi, \psi, \omega \in \mathbb{R}, M > 0$是给定常数.若

$$|\theta\omega - \phi\psi| \leqslant \frac{1}{2}M, \ |\psi\omega| \leqslant M, \quad \psi > 0, \quad (2.1.5)$$

则存在$u \in \mathbb{Z}$,满足不等式组

$$|\theta + \psi u||\phi + \omega u| \leqslant \frac{1}{4}M, \ |\theta + \psi u| < \psi. \quad (2.1.6)$$

证 (i) 不妨认为

$$\phi \geqslant 0, \ -\psi \leqslant \theta < 0. \quad (2.1.7)$$

因为若$\phi < 0$,则分别用$-\phi, -\omega$代替ϕ, ω,式(2.1.5)不变.若$-\psi \leqslant \theta < 0$不成立,则由$\psi > 0$可知存在整数$u_0$满足

$$-1 - \frac{\theta}{\psi} \leqslant u_0 < -\frac{\theta}{\psi},$$

从而$-\psi \leqslant \theta + u_0\psi < 0$.于是进而分别用$\theta + u_0\psi, \phi + u_0\omega$代替$\theta, \phi$,则式(2.1.5)不变,而不等式组(2.1.6)可改写为

$$|(\theta + u_0\psi) + \psi(u - u_0)||(\phi + u_0\omega) + \omega(u - u_0)|$$
$$\leqslant \frac{1}{4}M,$$
$$|(\theta + u_0\psi) + \psi(u - u_0)| < \psi.$$

于是若证明了$u' = u - u_0$的存在性即得u的存在性.

(ii) 如果$\theta = -\psi$,那么显然$u = 1$满足不等式组(2.1.6).因此我们可以假设

$$-\psi < \theta < 0, \ \phi \geqslant 0. \quad (2.1.8)$$

于是$|\theta| < \psi, |\theta + \psi| < \psi$.这表明$u = 0, 1$都满足不等式组(2.1.6)中的第二式;从而只需证明$u = 0, 1$中至少有一个满足不等式组(2.1.6)中的第一式,即

$$|\theta + \psi u||\phi + \omega u| \leqslant \frac{1}{4}M. \quad (2.1.9)$$

74

(iii) 现在在假设(2.1.7)和(2.1.8)之下证明 $u = 0$ 或 1 满足不等式(2.1.9). 首先,如果 $\phi + \omega \leqslant 0$,那么由算术–几何平均不等式得到

$$16|\theta\phi||(\theta + \psi)(\phi + \omega)|$$
$$= \quad (4|\theta||\theta + \psi|) \cdot (4|\phi||\phi + \omega|)$$
$$\leqslant \quad (|\theta| + |\theta + \psi|)^2 \cdot (|\phi| + |\phi + \omega|)^2.$$

因为由式(2.1.8)可知

$$|\theta| + |\theta + \psi| = -\theta + (\theta + \psi) = \psi,$$
$$|\phi| + |\phi + \omega| = \phi - (\phi + \omega) = -\omega,$$

所以(应用条件(2.1.5))

$$16|\theta\phi||(\theta + \psi)(\phi + \omega)| \leqslant \psi^2\omega^2 \leqslant M^2.$$

于是

$$\min\{|\theta\phi|, |(\theta + \psi)(\phi + \omega)|\} \leqslant \frac{1}{4}M.$$

其次,如果 $\phi + \omega > 0$,那么由式(2.1.8)可知 $\theta(\phi + \omega) < 0, \phi(\theta + \psi) \geqslant 0$,所以

$$2(|\theta\phi||(\theta + \psi)(\phi + \omega)|)^{1/2}$$
$$\leqslant \quad (|\phi(\theta + \psi)| + |\theta(\phi + \omega)|$$
$$= \quad |\phi(\theta + \psi) - \theta(\phi + \omega)|$$
$$= \quad |\phi\psi - \theta\omega|.$$

于是(注意条件(2.1.5))也有

$$\min\{|\theta\phi|, |(\theta + \psi)(\phi + \omega)|\} \leqslant \frac{1}{4}M.$$

合起来可知,不等式(2.1.9)当$u = 0$或$u = 1$时总有一个能成立. $\qquad\qquad\qquad\qquad\qquad$ □

引理 2.1.2 设

$$L_i = L_i(x,y) = \lambda_i x + \mu_i y \quad (i = 1, 2)$$

是两个实系数线性形型,$\Delta = \lambda_1 \mu_2 - \lambda_2 \mu_1 \neq 0$.

(a) 对于任何实数ρ_1, ρ_2,存在整数组(x,y)满足

$$|L_1(x,y) + \rho_1||L_2(x,y) + \rho_2| \leqslant \frac{1}{4}|\Delta|,$$

并且常数$1/4$是最优的(即不能换成更小的正数).

(b) 如果还设 μ_1/λ_1 是无理数,则对任何实数ρ_1, ρ_2和任意给定的$\varepsilon > 0$,存在整数组(x,y)满足不等式组

$$|L_1(x,y)+\rho_1||L_2(x,y)+\rho_2| \leqslant \frac{1}{4}|\Delta|, |L_1(x,y)+\rho_1| < \varepsilon.$$
$$(2.1.10)$$

证 首先证明(b).

(i) 由 Minkowski 线性型定理,存在非零整点(x_0, y_0)满足不等式组

$$|\lambda_1 x_0 + \mu_1 y_0| < \varepsilon, \ |\lambda_2 x_0 + \mu_2 y_0| \leqslant \varepsilon^{-1}|\Delta|. \quad (2.1.11)$$

不妨认为x_0, y_0互素(不然可用$x_0/d, y_0/d$代替它们,此处d是它们的最大公约数).又因为λ_1/μ_1是无理数,所以$\lambda_1 x_0 + \mu_1 y_0 \neq 0$.必要时以$-x_0, -y_0$代替$x_0, y_0$,可将式(2.1.11)写成

$$0 < \lambda_1 x_0 + \mu_1 y_0 < \varepsilon, \ |\lambda_2 x_0 + \mu_2 y_0| \leqslant \varepsilon^{-1}|\Delta|.$$
$$(2.1.12)$$

(ii)　因为 x_0, y_0 互素,所以存在整数 x_1, y_1 满足 $x_0 y_1 - x_1 y_0 = 1$.作变换

$$(x, y) = (x', y') \begin{pmatrix} x_0 & y_0 \\ x_1 & y_1 \end{pmatrix}, \qquad (2.1.13)$$

则有

$$
\begin{aligned}
& \big(L_1(x, y), L_2(x, y) \big) \\
= \ & (x, y) \begin{pmatrix} \lambda_1 & \lambda_2 \\ \mu_1 & \mu_1 \end{pmatrix} \\
= \ & (x', y') \begin{pmatrix} x_0 & y_0 \\ x_1 & y_1 \end{pmatrix} \begin{pmatrix} \lambda_1 & \lambda_2 \\ \mu_1 & \mu_1 \end{pmatrix} \\
= \ & (x', y') \begin{pmatrix} \lambda_1' & \lambda_2' \\ \mu_1' & \mu_1' \end{pmatrix} \\
= \ & \big(L_1'(x', y'), L_2'(x', y') \big), \qquad (2.1.14)
\end{aligned}
$$

其中已令

$$\begin{pmatrix} \lambda_1' & \lambda_2' \\ \mu_1' & \mu_1' \end{pmatrix} = \begin{pmatrix} x_0 & y_0 \\ x_1 & y_1 \end{pmatrix} \begin{pmatrix} \lambda_1 & \lambda_2 \\ \mu_1 & \mu_1 \end{pmatrix}, \qquad (2.1.15)$$

以及

$$L_i'(x', y') = \lambda_i' x' + \mu_i' y' \quad (i = 1, 2),$$

并且还有

$$\begin{vmatrix} \lambda_1' & \lambda_2' \\ \mu_1' & \mu_1' \end{vmatrix} = \begin{vmatrix} \lambda_1 & \lambda_2 \\ \mu_1 & \mu_1 \end{vmatrix} = \Delta.$$

由式(2.1.12)和(2.1.15)得到

$$0 < \lambda_1' < \varepsilon, \quad |\lambda_2'| \leqslant \varepsilon^{-1}|\Delta|. \qquad (2.1.16)$$

依式(2.1.14),不等式组(2.1.10)等价于

$$|L_1'(x',y') + \rho_1||L_2'(x',y') + \rho_2| \leqslant \frac{1}{4}|\Delta|,$$
$$|L_1'(x',y') + \rho_1| < \varepsilon. \qquad (2.1.17)$$

因此我们只需证明存在整数组 (x', y') 满足不等式组 (2.1.17).

(iii) 设整数y'由下式定义:

$$\left| \frac{\rho_1 \lambda_2' - \rho_2 \lambda_1'}{\Delta} - y' \right| = \left\| \frac{\rho_1 \lambda_2' - \rho_2 \lambda_1'}{\Delta} \right\| \leqslant \frac{1}{2}.$$

在引理2.1.1中取

$$\theta = \mu_1' y' + \rho_1, \ \phi = \mu_2' y' + \rho_2, \ \psi = \lambda_1', \ \omega = \lambda_2',$$

那么直接验证,并依y'的定义,可知

$$|\theta\omega - \psi\phi| = |\rho_1 \lambda_2' - \rho_2 \lambda_1' - \Delta y'| \leqslant \frac{1}{2}|\Delta|.$$

又由式(2.1.16)得到$|\psi\omega| = |\lambda_1'\lambda_2'| < |\Delta|$,以及$\psi > 0$. 因此引理2.1.1的各项条件在此都成立,于是存在整数u(记作x')满足

$$|(\mu_1' y' + \rho_1) + \lambda_1' x'||(\mu_2' y' + \rho_2) + \lambda_2' x'| \leqslant \frac{1}{4}|\Delta|,$$

以及(注意(2.1.16)的第一式)

$$|(\mu_1' y' + \rho_1) + \lambda_1' x'| \leqslant \lambda_1' < \varepsilon,$$

从而引理的(b)得证.

现在证明(a).由Minkowski线性型定理,存在非零整点(x_0, y_0)满足不等式组

$$|\lambda_1 x_0 + \mu_1 y_0| \leqslant |\Delta|^{1/2}, \quad |\lambda_2 x_0 + \mu_2 y_0| \leqslant |\Delta|^{1/2}.$$

不可能同时$\lambda_1 x_0 + \mu_1 y_0 = 0$, $\lambda_2 x_0 + \mu_2 y_0 = 0$, 因为不然此方程组只有零解.又因为不等式右边都是$|\Delta|^{1/2}$,所以不妨设

$$0 < |\lambda_1 x_0 + \mu_1 y_0| \leqslant |\Delta|^{1/2},$$

于是,必要时用$-x_0, -y_0$代替x_0, y_0,我们有

$$0 < \lambda_1 x_0 + \mu_1 y_0 \leqslant |\Delta|^{1/2}, \ |\lambda_2 x_0 + \mu_2 y_0| \leqslant |\Delta|^{1/2}.$$

以此来代替式(2.1.12),即可类似于(b)的证明得到整数组(x, y)的存在性.又因为对于所有整数x, y都有

$$\left| x + \frac{1}{2} \right| \left| y + \frac{1}{2} \right| \geqslant \frac{1}{4},$$

因此常数1/4是最优的. □

注 本引理(a)是下列一般性猜想(称作Minkowski猜想)的特殊情形:设

$$L_i(\mathbf{x}) = \sum_{j=1}^{n} \theta_{ij} x_j + \rho_i \quad (i = 1, 2, \cdots, n),$$

是n个n变元$\mathbf{x} = (x_1, x_2, \cdots, x_n)$的实系数非齐次线性型,其系数行列式$\Delta = \det(\theta_{ij}) \neq 0$.那么对于任何实数$\rho_1, \rho_2, \cdots, \rho_n$, 存在$\mathbf{x} \in \mathbb{Z}^n$满足不等式

$$\prod_{i=1}^{n} |L_i(\mathbf{x})| \leqslant \frac{|\Delta|}{2^n}.$$

与此有关的一些结果可参见文献[15,49].最新结果可见 L.Kathuria 和 M.Raka 的论文 (Proc. Indian Acad. Sci.(Math.Sci.),**126 : 4**,2016,501-548).

定理2.1.2之证　在引理2.1.2中取

$$L_1(x,y) + \rho_1 = \alpha x - y - \beta, \ L_2(x,y) + \rho_2 = x,$$

则$|\Delta| = 1.$于是存在整数$x = q, y = p$满足

$$|q||q\alpha - p - \beta| \leqslant \frac{1}{4}, \ |q\alpha - p - \beta| < \varepsilon. \quad (2.1.18)$$

依定理假设,对于任何整数$p, q, \beta \neq q\alpha - p$,因此当$\varepsilon \to 0$时,得到无穷多组整数$(p, q)$满足式(2.1.18).

我们来证明,在这无穷多组(p, q)中至多有一组使得(2.1.18)中的第一式成为等式.假定有两个不相等的整数组(p, q)和(p', q'),满足

$$|q||q\alpha - p - \beta| = \frac{1}{4}, \ |q'||q'\alpha - p' - \beta| = \frac{1}{4},$$

则有

$$q\alpha - p - \beta = \pm\frac{1}{4q}, \ q'\alpha - p' - \beta = \pm\frac{1}{4q'}.$$

如果$q = q'$,那么将上而式相减可推出$p - p' = 0$,或者$\pm 1/(2q)$.因为p, p'都是整数,所以不可能. 如果$q \neq q'$,那么类似地得到$(q - q')\alpha$是有理数,与定理假设矛盾.于是有无穷多组整数(p, q)满足不等式$|q|\|q\alpha - \beta\| < 1/4.$　□

定理2.1.3　对于任意给定的$\varepsilon > 0$,存在无理数α和实数$\beta \neq m\alpha + n \, (m, n \in \mathbb{Z})$使得

$$|q|\|q\alpha - \beta\| > \frac{1}{4} - \varepsilon \quad (\forall q \neq 0), \quad (2.1.19)$$

80

并且
$$\lim_{|q|\to\infty}|q|\|q\alpha-\beta\|=\frac{1}{4}. \qquad (2.1.20)$$

证明 （i） 我们应用连分数构造适合要求的α和β. 取
$$\alpha\in(0,1),\ \beta=\frac{1}{2}(1-\alpha).$$
于是有连分数展开
$$\alpha=[0;a_1,a_2,\cdots],$$

其中$a_n(n\geqslant1)$是严格单调增加的正整数列,将在下文附加其他性质. 设p_n/q_n是α的渐进分数,则
$$\left|\frac{q_{n+1}\alpha-p_{n+1}}{q_n\alpha-p_n}\right|=\theta_{n+1}=[0;a_{n+1},a_{n+2},\cdots]\leqslant\frac{1}{a_{n+1}}. \qquad (2.1.21)$$
并且当$n\geqslant1$时,
$$\frac{q_n}{q_{n+1}}=\varphi_n=[0,a_n,a_{n-1},\cdots,a_1]\leqslant\frac{1}{a_n}. \qquad (2.1.22)$$
于是(见引理1.2.3)
$$\begin{aligned}|q_n(q_n\alpha-p_n)| &= (a_n+\varphi_{n-1}+\theta_{n+1})^{-1}\\ &= (a_n+O(1))^{-1}, \qquad (2.1.23)\end{aligned}$$

以及
$$|q_{n+1}(q_n\alpha-p_n)|=(1+\theta_{n+1}\varphi_n)^{-1}=1+O(a_n^{-1}a_{n+1}^{-1}), \qquad (2.1.24)$$
其中O中常数与α,β,n以及下文中的p,q无关(下同).

81

(ii) 我们只需考虑适合下式的整数 $q \neq 0$ 和 p:

$$1 \geqslant 4|q||q\alpha - p - \beta| = |2q||(2q+1)\alpha - (2p+1)|. \tag{2.1.25}$$

因若不然,则式(2.1.19)自然成立.

首先取 $a_1 \geqslant 4$. 若对于 $q \neq 0$ 有 $|2q+1| < a_1^{1/2}$, 则由 $|\alpha| < a_1^{-1}$ 可知

$$|(2q+1)\alpha| < a_1^{1/2} a_1^{-1} = a_1^{-1/2},$$

从而

$$|2q||(2q+1)\alpha - (2p+1)| > 2(1 - a_1^{-1/2}) \geqslant 1,$$

这与式(2.1.25)矛盾.因此(注意 $q_1 = 1$)

$$|2q+1| \geqslant a_1^{1/2} = a_1^{1/2} q_1.$$

又由 a_n 的取法可知 $a_n^{1/2} q_n$ 严格单调增加,从而存在整数 $n \geqslant 1$ 使得

$$a_n^{1/2} q_n \leqslant |2q+1| < a_{n+1}^{1/2} q_{n+1}. \tag{2.1.26}$$

注意 $|(2q+1)/(2q)| < 2$, 我们由式(2.1.23)(2.1.25)和(2.1.26)推出

$$\frac{|(2q+1)\alpha - (2p+1)|}{|q_n\alpha - p_n|} \leqslant \frac{|2q+1|}{2q} \cdot \frac{q_n}{|2q+1|} \cdot$$
$$\frac{1}{|q_n(q_n\alpha - p_n)|} = O(a_n^{1/2}). \tag{2.1.27}$$

(iii) 因为 $|p_{n+1}q_n - p_nq_{n+1}| = 1$, 所以存在整数 u, v 满足

$$p_nu + p_{n+1}v = 2p+1, \quad q_nu + q_{n+1}v = 2q+1, \tag{2.1.28}$$

82

并且可解出

$$u = (2p+1)q_{n+1} - (2q+1)p_{n+1}.$$

由此及式(2.1.26)和(2.1.27)推出

$$
\begin{aligned}
|u| &= |(2q+1)(q_{n+1}\alpha - p_{n+1}) - \\
&\quad q_{n+1}\big((2q+1)\alpha - (2p+1)\big)| \\
&= O(a_{n+1}^{1/2}q_{n+1}|q_{n+1}\alpha - p_{n+1}|) + \\
&\quad O(a_n^{1/2}q_{n+1}|q_n\alpha - p_n|),
\end{aligned}
$$

进而由式(2.1.23)和(2.1.24)可得

$$|u| = O(a_{n+1}^{1/2}a_{n+1}^{-1}) + O\big(a_n^{1/2}(1+a_n^{-1}a_{n+1}^{-1})\big) = O(a_n^{1/2}).$$

由此并应用式(2.1.28)(2.1.26)和(2.1.22)可知

$$
\begin{aligned}
v &= \frac{2q+1}{q_{n+1}} - \frac{q_n}{q_{n+1}}u \\
&= O(a_{n+1}^{1/2}) + O(a_n^{-1}a_n^{1/2}) \\
&= O(a_{n+1}^{1/2}).
\end{aligned}
$$

类似地得到

$$\frac{2q+1}{q_{n+1}} = v + \frac{q_n}{q_{n+1}}u = v + O(a_n^{-1/2}); \quad (2.1.29)$$

以及$\big($注意式(2.1.28)和(2.1.21)$\big)$

$$
\begin{aligned}
&\frac{(2q+1)\alpha - (2p+1)}{q_n\alpha - p_n} \\
&= \frac{(uq_n + vq_{n+1})\alpha - (up_n + vp_{n+1})}{q_n\alpha - p_n} \\
&= u + \frac{q_{n+1}\alpha - p_{n+1}}{q_n\alpha - p_n} \cdot v \\
&= u + O(a_{n+1}^{-1/2}). \quad (2.1.30)
\end{aligned}
$$

(vi) 现在取一切a_n为偶数. 由定理1.2.2用数学归纳法可证, 或者所有q_n, p_{n+1} 都是奇数而所有p_n, q_{n+1} 都是偶数, 或者所有q_n, p_{n+1} 都是偶数而所有p_n, q_{n+1} 都是奇数. 因此由式(2.1.28)推出u, v都是奇数, 从而$uv \neq 0$. 于是由式(2.1.29)和(2.1.30)得到

$$
\begin{aligned}
& \frac{|2q+1||(2q+1)\alpha - (2p+1)|}{q_{n+1}|q_n\alpha - p_n|} \\
= {} & |v + O(a_n^{-1/2})||u + O(a_{n+1}^{-1/2})| \\
\geqslant {} & \left(1 - O(a_n^{-1/2})\right)\left(1 - O(a_{n+1}^{-1/2})\right) \\
\geqslant {} & 1 - O(a_n^{-1/2}) - O(a_{n+1}^{-1/2}) \qquad (2.1.31)
\end{aligned}
$$

(当n充分大时, 不等式右边是正数). 又由式(2.1.26)可知

$$
\left|\frac{2q}{2q+1}\right| = \left|1 - \frac{1}{2q+1}\right| \geqslant 1 - O(q_n^{-1}a_n^{-1/2}).
$$

由此及式(2.1.24)和(2.1.31)推出

$$
\begin{aligned}
& 4|q(q\alpha - p - \beta| \\
= {} & \left|\frac{2q}{2q+1}\right|\left|\frac{(2q+1)\big((2q+1)\alpha - (2p+1)\big)}{q_{n+1}(q_n\alpha - p_n)}\right| \cdot \\
& |q_{n+1}(q_n\alpha - p_n)| \\
\geqslant {} & \left(1 - O(q_n^{-1}a_n^{-1/2})\right)\left(1 - O(a_n^{-1/2}) - O(a_{n+1}^{-1/2})\right) \cdot \\
& \left(1 + O(a_n^{-1}a_{n+1}^{-1})\right) \\
> {} & 1 - O(a_n^{-1/2}) - O(a_{n+1}^{-1/2}) > 1 - O(a_n^{-1/2}).
\end{aligned}
$$
$$(2.1.32)$$

因为a_n严格单调增加, 所以对于任何给定的$\varepsilon > 0$, 存在$n_0 = n_0(\varepsilon)$, 使当$n \geqslant n_0$时$O(a_n^{-1/2}) < 4\varepsilon$, 从而

$$
|q(q\alpha - p - \beta| > \frac{1}{4} - \varepsilon.
$$

即式(2.1.19)得证.

(v) 由式(2.1.26)可知当$|q| \to \infty$时,$n \to \infty$,于是由式(2.1.32)得到

$$\varliminf_{|q| \to \infty} |q(q\alpha - p - \beta| \geqslant \frac{1}{4}.$$

由此和定理2.1.2结合,立得式(2.1.20). □

§2.1.3 反向结果

定理 2.1.4 设$\varphi(q)$是整数变量q的正函数,$\varphi(q) \to \infty \, (q \to \infty)$,则存在实数$\alpha$和无理数$\beta$, 使对于无穷多个正整数$Q$,不等式组

$$\|q\alpha - \beta\| < \varphi(Q), \; |q| \leqslant Q$$

没有整数解q.

证 我们取$\beta = 1/2$,然后构造无理数α满足定理的要求.

(i) 归纳地定义正整数$Q_n, u_n, v_n \, (n \geqslant 1)$.首先任意取定正整数$Q_1$, 并取正整数$u_1, v_1$满足

$$\frac{u_1}{v_1} = \frac{1}{3}, 2 \nmid v_1. \tag{2.1.33}$$

设$Q_m, u_m, v_m \, (m \leqslant n)$已经定义,则取$Q_{n+1}$为满足下列条件的任意正整数:

$$\varphi(Q_{n+1}) < \frac{1}{4v_n} \, (n \geqslant 1); \; Q_{n+1} > 2Q_n \, (n \geqslant 2) \tag{2.1.34}$$

(不要求$Q_2 > 2Q_1$),由于$\varphi(q)$的性质,Q_{n+1}总是可以取得的;然后取u_{n+1}, v_{n+1}为满足下列不等式的任意正整数:

$$0 < \left| \frac{u_{n+1}}{v_{n+1}} - \frac{u_n}{v_n} \right| < \frac{1}{8v_n Q_{n+1}}, 2 \nmid v_{n+1}, v_{n+1} > 2v_n.$$
$$(2.1.35)$$

(ii)　由式(2.1.34)和(2.1.35)可得:对于任何$k > 0$,

$$\left| \frac{u_{n+k}}{v_{n+k}} - \frac{u_n}{v_n} \right|$$
$$\leqslant \sum_{j=1}^{k} \left| \frac{u_{n+j}}{v_{n+j}} - \frac{u_{n+j-1}}{v_{n+j-1}} \right|$$
$$< \sum_{j=1}^{k} \frac{1}{8v_{n+j-1} Q_{n+j}}$$
$$< \frac{1}{8v_n Q_{n+1}} \left(1 + \frac{1}{2^2} + \frac{1}{2^4} + \cdots + \frac{1}{2^{2(k-1)}} \right)$$
$$\rightarrow 0 \quad (n, k \rightarrow \infty).$$

因此依Cauchy收敛准则,数列u_n/v_n收敛,我们记

$$\alpha = \lim_{n \to \infty} \frac{u_n}{v_n} = \sum_{n=1}^{\infty} \left(\frac{u_{n+1}}{v_{n+1}} - \frac{u_n}{v_n} \right) + \frac{u_1}{v_1}. \quad (2.1.36)$$

(iii)　现在证明α是无理数.为此注意

$$\frac{u_n}{v_n} = \frac{u_1}{v_1} + \sum_{j=1}^{n-1} \left(\frac{u_{j+1}}{v_{j+1}} - \frac{u_j}{v_j} \right),$$

那么由u_n,v_n的取法,由式(2.1.36)可知,

$$
\begin{aligned}
0 \;<\; & \left|\alpha - \frac{u_n}{v_n}\right| = \left|\alpha - \sum_{j=1}^{n-1}\left(\frac{u_{j+1}}{v_{j+1}} - \frac{u_j}{v_j}\right) - \frac{u_1}{v_1}\right| \\
=\;& \left|\sum_{j=1}^{\infty}\left(\frac{u_{n+j}}{v_{n+j}} - \frac{u_{n+j-1}}{v_{n+j-1}}\right)\right| \\
<\;& \sum_{j=1}^{\infty}\frac{1}{8v_{n+j-1}Q_{n+j}} \\
<\;& \frac{1}{8v_nQ_{n+1}}\left(1 + \frac{1}{2^2} + \frac{1}{2^4} + \cdots\right) \\
<\;& \frac{1}{4v_nQ_{n+1}}.
\end{aligned}
$$

$$(2.1.37)$$

如果$\alpha = a/b$,其中a,b是互素整数,那么由上式得到

$$1 < |av_n - bu_n| < \frac{b}{4Q_{n+1}} \to 0 \quad (n \to \infty),$$

此不可能.

(iv) 因为v_n是奇数,所以

$$
\begin{aligned}
\frac{1}{2} \;=\;& \left\|qu_n - \frac{v_n}{2}\right\| \\
=\;& \left\|v_n\left(q\cdot\frac{u_n}{v_n} - \frac{1}{2}\right)\right\| \\
\leqslant\;& v_n\left\|q\cdot\frac{u_n}{v_n} - \frac{1}{2}\right\|,
\end{aligned}
$$

所以

$$\left\|q\cdot\frac{u_n}{v_n} - \frac{1}{2}\right\| \geqslant \frac{1}{2v_n}. \qquad (2.1.38)$$

又由式(2.1.37)可知,对于整数q,
$$\left| q\left(\alpha - \frac{u_n}{v_n} \right) \right| < \frac{|q|}{4v_n Q_{n+1}},$$
当$|q| \leqslant Q_{n+1}$时,上式右边小于$1/2$,从而
$$\left\| q\left(\alpha - \frac{u_n}{v_n} \right) \right\| = \left| q\left(\alpha - \frac{u_n}{v_n} \right) \right| < \frac{|q|}{4v_n Q_{n+1}}.$$
$$(2.1.39)$$
于是,若$|q| \leqslant Q_{n+1}$,依式(2.1.38)(2.1.39)和(2.1.34),我们就有
$$
\begin{aligned}
\| q\alpha - \beta \| &= \left\| q\alpha - \frac{1}{2} \right\| \\
&\geqslant \left\| \frac{u_n}{v_n}q - \frac{1}{2} \right\| - \left\| q\left(\alpha - \frac{u_n}{v_n} \right) \right\| \\
&\geqslant \frac{1}{2v_n} - \frac{|q|}{4v_n Q_{n+1}} \geqslant \frac{1}{4v_n} > \varphi(Q_{n+1}).
\end{aligned}
$$
这表明不等式组
$$\| q\alpha - \beta \| < \varphi(Q_{n+1}), \quad |q| \leqslant Q_{n+1}$$
没有整数解q.可见正数列$Q_2, Q_3, \cdots$合乎要求.　　□

注 1°　在定理2.1.4中取$\varphi(q) = q^{-1}$,则存在无理数α和实数β,使得不等式组$\| q\alpha - \beta \| < Q^{-1}, |q| \leqslant Q^{-1}$无解.这与齐次逼近情形不同.

2°　如果$\alpha = m/n$是有理数,那么
$$\| q\alpha - \beta \| = \left\| \frac{mq - n\beta}{n} \right\| \geqslant \frac{1}{n}\left\| n \cdot \frac{mq - n\beta}{n} \right\| = \frac{\| n\beta \|}{n}.$$
若函数$\varphi(q) \to 0 \,(q \to \infty)$,则当$Q$充分大时,$\| n\beta \|/n > \varphi(Q)$,从而当$Q$充分大时,对于任何实数$\beta$不等式组$\| q\alpha - \beta \| < \varphi(Q), |q| \leqslant Q$无整数解$q$.

3° 我们可以构造无理数β使得满足定理2.1.4的要求. 取u_n/v_n同上面的证明,并取u'_n/v'_n满足

$$v'_n = 2v_n, \quad u'_n \neq u_n, 2u_n \quad (n \geqslant 1),$$

以及

$$0 < \left| \frac{u'_{n+1}}{v'_{n+1}} - \frac{u'_n}{v'_n} \right| < \frac{1}{8v'_n Q_{n+1}}.$$

那么存在极限

$$\beta = \lim_{n \to \infty} \frac{u'_n}{v'_n},$$

并且α是无理数.还可类似地证明

$$\left| q \cdot \frac{u_n}{v_n} - \frac{u'_n}{v'_n} \right| \geqslant \frac{1}{2v_n},$$

$$\left| \frac{u'_n}{v'_n} - \beta \right| < \frac{1}{4v'_n Q_{n+1}} = \frac{1}{8v'_n Q_{n+1}}.$$

于是当$|q| \leqslant Q_{n+1}$时,

$$\begin{aligned}
\|q\alpha - \beta\| &\geqslant \left\| q \cdot \frac{u_n}{v_n} - \frac{u'_n}{v'_n} \right\| - \left\| \frac{u'_n}{v'_n} - \beta \right\| - \\
&\quad \left\| q \left(\alpha - \frac{u_n}{v_n} \right) \right\| \\
&\geqslant \frac{1}{2v_n} - \frac{1}{8v_n} - \frac{1}{4v_n} = \frac{1}{8v_n} > \varphi(Q_{n+1}).
\end{aligned}$$

因此,只需将(2.1.34)中的第一式代以$\varphi(Q_{n+1}) < 1/(8v_n)$ $(n \geqslant 1)$,即得$\|q\alpha - \beta\| \geqslant \varphi(Q_{n+1})$ $(n \geqslant 1)$.

下面是另一个反向结果.

定理 2.1.5 设$\varphi(q)$是整数变量q的正函数,当$q \to +\infty$时, $\varphi(q)$单调趋于无穷,则存在无理数α和β, 使对

于无穷多个正整数Q,不等式组

$$\|q\alpha - \beta\| < \frac{1}{Q}, \ |q| \leqslant \varphi(Q) \qquad (2.1.40)$$

没有整数解q.

证 由定理1.1.2和例1.1.1(d)可知存在无理数α,使得有无穷多个有理数a/b(其中a,b是互素整数,$b > 0$)满足不等式

$$\left|\alpha - \frac{a}{b}\right| < \frac{1}{b^3\varphi(b^3)}. \qquad (2.1.41)$$

取$\beta = (\sqrt{5}-1)/2$,令$Q = b^3$.我们断言:α, β, Q使不等式组(2.1.40)无解. 设不然,则存在整数p,q满足

$$|q\alpha - p - \beta| < \frac{1}{b^3}, \ |q| \leqslant \varphi(b^3). \qquad (2.1.42)$$

因为

$$q\left(\alpha - \frac{a}{b}\right) + \frac{aq}{b} - p - \beta = q\alpha - p - \beta,$$

所以由式(2.1.41)和(2.1.42)得到

$$\begin{aligned}
\left|\beta - \frac{aq-bp}{b}\right| &\leqslant |q\alpha - p - \beta| + \left|q\left(\alpha - \frac{a}{b}\right)\right| \\
&< \frac{1}{b^3} + \varphi(b^3) \cdot \frac{1}{b^3\varphi(b^3)} = \frac{2}{b^3}.
\end{aligned}$$

因为a/b有无穷多个不同值,所以$(aq-bp)/b$也有无穷多个不同的值,这与定理1.4.1矛盾. □

2.2 多维情形

§2.2.1 多维Kronecker逼近定理

这个定理的一般叙述形式如下:

定理 2.2.1 设$L_i(\mathbf{x}) = L_i(x_1, x_2, \cdots, x_n)(i = 1, 2, \cdots, m)$是$m$个$n$变元$\mathbf{x} = (x_1, x_2, \cdots, x_n) \in \mathbb{R}^n$的实系数齐次线性型. 那么下列两个关于实向量 $\boldsymbol{\beta} = (\beta_1, \beta_2, \cdots, \beta_m)$的命题等价:

命题A. 对于任何 $\varepsilon > 0$, 存 在 整 向 量 $\mathbf{a} = (a_1, a_2, \cdots, a_n)$ 满足不等式

$$\|L_i(\mathbf{a}) - \beta_i\| < \varepsilon \quad (i = 1, 2, \cdots, m). \quad (2.2.1)$$

命题B. 如果$\mathbf{u} = (u_1, u_2, \cdots, u_m)$是任意整向量,使得 $u_1 L_1(\mathbf{x}) + u_2 L_2(\mathbf{x}) + \cdots + u_m L_m(\mathbf{x})$ 是$x_1, x_2, \cdots, x_n$的整系数线性型,那么

$$\mathbf{u} \cdot \boldsymbol{\beta} = u_1\beta_1 + u_2\beta_2 + \cdots + u_m\beta_m \in \mathbb{Z}. \quad (2.2.2)$$

下文将分别证明"命题A $\Rightarrow$ 命题B",以及"命题B $\Rightarrow$ 命题A", 后者要比前者复杂得多.

§2.2.2 命题A $\Rightarrow$ 命题B

设对于任何$\varepsilon > 0$,存在$\mathbf{a} = (a_1, a_2, \cdots, a_n) \in \mathbb{Z}^n$满足不等式(2.2.1),又设$\mathbf{u} = (u_1, u_2, \cdots, u_m) \in \mathbb{Z}^m$使$u_1 L_1(\mathbf{x}) + u_2 L_2(\mathbf{x}) + \cdots + u_m L_m(\mathbf{x})$是$x_1, x_2, \cdots,$

x_n的整系数线性型.那么

$$\|\mathbf{u} \cdot \boldsymbol{\beta}\| = \|u_1\beta_1 + u_2\beta_2 + \cdots + u_m\beta_m\|$$

$$= \|u_1\beta_1 + u_2\beta_2 + \cdots + u_m\beta_m -$$
$$\big(u_1 L_1(\mathbf{a}) + u_2 L_2(\mathbf{a}) + \cdots + u_m L_m(\mathbf{a})\big)\|$$

$$= \|u_1\big(\beta_1 - L_1(\mathbf{a})\big) + u_1\big(\beta_2 - L_2(\mathbf{a})\big) + \cdots +$$
$$u_m\big(\beta_m - L_m(\mathbf{a})\big)\|$$

$$< (|u_1| + |u_2| + \cdots + |u_m|)\varepsilon.$$

因为$\varepsilon > 0$可以任意接近0,所以$\|\mathbf{u}\cdot\boldsymbol{\beta}\| = 0$, 即式(2.2.2)
成立.

§2.2.3　命题B $\Rightarrow$ 命题A

$\mathbf{1^\circ}$　设U_1是所有使得$\sum\limits_{i=1}^{m} u_i L_i(\mathbf{x})$ 成为 $\mathbf{x} = (x_1,$ $x_2, \cdots, x_n)$的整系数线性型的向量$\mathbf{u} = (u_1, u_2, \cdots,$ $u_m) \in \mathbb{Z}^m$形成的集合.显然命题B可以表示为$\mathbf{u} \cdot \boldsymbol{\beta} \in$ $\mathbb{Z}\,(\forall \mathbf{u} \in U_1)$.因此我们只需证明下列的:

命题 I　若$\mathbf{u} \cdot \boldsymbol{\beta} \in \mathbb{Z}\,(\forall \mathbf{u} \in U_1)$,则对任何$\varepsilon > 0$,不等式组(2.2.1)有解$\mathbf{a} = (a_1, a_2, \cdots, a_n) \in \mathbb{Z}^n$.

我们将给出命题I的两个等价命题(II和III),最后证明其中一个,从而完成"命题B $\Rightarrow$命题A"的证明.

$\mathbf{2^\circ}$　为引进命题II,我们用Λ表示所有下列形式的向量$\mathbf{z} \in \mathbb{R}^m$形成的集合:

$$\mathbf{z} = (z_1, z_2, \cdots, z_m)$$
$$= \big(L_1(\mathbf{a}) - b_1, L_2(\mathbf{a}) - b_2, \cdots, L_m(\mathbf{a}) - b_m\big),$$

其中$\mathbf{a} = (a_1, a_2, \cdots, a_n) \in \mathbb{Z}^n, \mathbf{b} = (b_1, b_2, \cdots, b_m) \in \mathbb{Z}^m$.还设$U_2$是所有使得$\mathbf{u} \cdot \mathbf{z} \in \mathbb{Z} \, (\forall \mathbf{z} \in \Lambda)$的向量$\mathbf{u} = (u_1, u_2, \cdots, u_m) \in \mathbb{R}^m$形成的集合.

引理2.2.1 (a) Λ是一个模,并且$\mathbb{Z}^m \subseteq \Lambda$.

(b) 若$\mathbf{u} \in \mathbb{Z}^m$,则$\mathbf{u} \in U_1 \Leftrightarrow \mathbf{u} \cdot \mathbf{z} \in \mathbb{Z} \, (\forall \mathbf{z} \in \Lambda)$.

(c) 若$\mathbf{u} \in U_2$,则$\mathbf{u} \in \mathbb{Z}^m$.

(d) $U_1 = U_2$.

证 (a) (i) 按模的定义,只需验证:若

$$\mathbf{z} = (z_1, z_2, \cdots, z_m), \ \mathbf{z}' = (z_1', z_2', \cdots, z_m') \in \Lambda,$$

而λ, μ是任意整数,则$\lambda \mathbf{z} + \mu \mathbf{z}' \in \Lambda$. 事实上,此时对于每个$j$,有$z_j = L_j(\mathbf{a}) - b_j, z_j' = L_j(\mathbf{a}') - b_j'$, 其中$\mathbf{a}$和$\mathbf{a}' \in \mathbb{Z}^n, \mathbf{b} = (b_1, b_2, \cdots, b_m)$和$\mathbf{b}' = (b_1, b_2, \cdots, b_m) \in \mathbb{Z}^m$.于是

$$\begin{aligned} \lambda z_j + \mu z_j' &= \lambda \big(L_j(\mathbf{a}) - b_j\big) + \mu \big(L_j(\mathbf{a}') - b_j'\big) \\ &= L_j(\lambda \mathbf{a} + \mu \mathbf{a}') - (\lambda b_j + \mu b_j'), \end{aligned}$$

因为

$$\lambda \mathbf{a} + \mu \mathbf{a}' \in \mathbb{Z}^n,$$

且

$$\lambda \mathbf{b} + \mu \mathbf{b}' = (\lambda b_1 + \mu b_1', \lambda b_2 + \mu b_2', \cdots, \lambda b_m + \mu b_m') \in \mathbb{Z}^m,$$

所以

$$\lambda \mathbf{z} + \mu \mathbf{z}' = (\lambda z_1 + \mu z_1', \lambda z_2 + \mu z_2', \cdots, \lambda z_m + \mu z_m') \in \Lambda.$$

(ii) 若$\mathbf{z} = (z_1, z_2, \cdots, z_m) \in \mathbb{Z}^m$,则其分量$z_i$可以表示为$z_i = L_i(\mathbf{0}) - (-z_i)$,所以$\mathbf{z} \in \Lambda$,从而$\mathbb{Z}^m \subseteq \Lambda$.

(b) 设$\mathbf{u} \in \mathbb{Z}^m$.若$\mathbf{u} \in U_1$,则$\sum\limits_{i=1}^{m} u_i L_i(\mathbf{x})$ 是$\mathbf{x} = (x_1, x_2, \cdots, x_n)$的整系数线性型.因为任何$\mathbf{z} \in \Lambda$可以表示为

$$\mathbf{z} = \big(L_1(\mathbf{a}) - b_1, L_2(\mathbf{a}) - b_2, \cdots, L_m(\mathbf{a}) - b_m\big),$$

其中$\mathbf{a} \in \mathbb{Z}^n, \mathbf{b} = (b_1, b_2, \cdots, b_m) \in \mathbb{Z}^m$.因此$\sum\limits_{i=1}^{m} u_i b_i$是一个整数;并且$\sum\limits_{i=1}^{m} u_i L_i(\mathbf{a})$是$\mathbf{a}$的整系数线性型,因而也是一个整数.于是

$$\mathbf{u} \cdot \mathbf{z} = \sum_{i=1}^{m} u_i \big(L_i(\mathbf{a}) - b_i\big) = \sum_{i=1}^{m} u_i L_i(\mathbf{a}) - \sum_{i=1}^{m} u_i b_i \in \mathbb{Z}.$$

反之,设$\mathbf{u} \in \mathbb{Z}^m$,并且$\mathbf{u} \cdot \mathbf{z} \in \mathbb{Z}\,(\forall \mathbf{z} \in \Lambda)$.那么依$\Lambda$的定义,对于任何$\mathbf{a} \in \mathbb{Z}^n$和$\mathbf{b} \in \mathbb{Z}^m$,

$$\sum_{i=1}^{m} u_i \big(L_i(\mathbf{a}) - b_i\big) = \sum_{i=1}^{m} u_i L_i(\mathbf{a}) - \sum_{i=1}^{m} u_i b_i \in \mathbb{Z}.$$

由此并注意$\sum\limits_{i=1}^{m} u_i b_i \in \mathbb{Z}$,可知$\sum\limits_{i=1}^{m} u_i L_i(\mathbf{a}) \in \mathbb{Z}$. 特别,取$\mathbf{a}$为$n$维单位向量

$$\mathbf{e}_1 = (1, 0, \cdots, 0), \mathbf{e}_2 = (0, 1, 0, \cdots, 0), \cdots,$$

$$\mathbf{e}_n = (0, 0, \cdots, 0, 1),$$

则$\sum\limits_{i=1}^{m} u_i L_i(\mathbf{e}_j) \in \mathbb{Z}\,(j = 1, 2, \cdots, n)$.注意

$$\mathbf{x} = (x_1, x_2, \cdots, x_n) = \sum_{j=1}^{n} x_j \mathbf{e}_j,$$

可见 $\sum_{i=1}^{m} u_i L_i(\mathbf{x})$ 是 $\mathbf{x}$ 的整系数线性型.这表明 $\mathbf{u} \in U_1$.

(c) 设 $\mathbf{u} \in U_2$.依次取 $\mathbf{z}$ 为 m 维单位向量 $\mathbf{e}_j$ $(j = 1, 2, \cdots, m)$,由性质(a)可知 $\mathbf{e}_j \in \Lambda$, 所以依 U_2 的定义得到 $u_i = \mathbf{u} \cdot \mathbf{e}_i \in \mathbb{Z}$ $(i = 1, 2, \cdots, m)$,所以 $\mathbf{u} \in \mathbb{Z}^m$.

(d) 若 $\mathbf{u} \in U_2$,则 $\mathbf{u} \cdot \mathbf{z} \in \mathbb{Z}$ $(\forall \mathbf{z} \in \Lambda)$,并且由本引理(c)得知 $\mathbf{u} \in \mathbb{Z}^m$, 进而由本引理(b)($\Leftarrow$方向)推出 $\mathbf{u} \in U_1$.反之,若 $\mathbf{u} \in U_1$, 则由本引理(b)($\Rightarrow$方向)以及 U_2 的定义立知 $\mathbf{u} \in U_2$.因此 $U_1 = U_2$. $\qquad\square$

命题 II 若 $\mathbf{u} \cdot \boldsymbol{\beta} \in \mathbb{Z}$ $(\forall \mathbf{u} \in U_2)$,则对于任何 $\varepsilon > 0$,存在向量 $\mathbf{z}^{(\varepsilon)} = (z_1^{(\varepsilon)}, z_2^{(\varepsilon)}, \cdots, z_m^{(\varepsilon)}) \in \Lambda$,满足

$$|z_i^{(\varepsilon)} - \beta_i| < \varepsilon \quad (i = 1, 2, \cdots, m).$$

引理 2.2.2 命题I等价于命题II.

证 (i) 命题I $\Rightarrow$ 命题II.设命题I成立,并且命题II的条件在此成立,要推出命题II的结论.因为 $U_1 = U_2$ (见引理2.2.1(d)), 所以命题I的条件在此也成立,于是(依命题I)对于任何 $\varepsilon > 0$, 存在 $\mathbf{a} = (a_1, a_2, \cdots, a_n) \in \mathbb{Z}^n$ 满足不等式

$$\|L_i(\mathbf{a}) - \beta_i\| < \varepsilon \quad (i = 1, 2, \cdots, m),$$

将此不等式写为

$$|L_i(\mathbf{a}) - b_i - \beta_i| < \varepsilon \quad (i = 1, 2, \cdots, m),$$

其中 $\mathbf{b} = (b_1, b_2, \cdots, b_m) \in \mathbb{Z}^m$.令

$$\begin{aligned} \mathbf{z}^{(\varepsilon)} &= (z_1^{(\varepsilon)}, z_2^{(\varepsilon)}, \cdots, z_m^{(\varepsilon)}) \\ &= \big(L_1(\mathbf{a}) - b_1, L_2(\mathbf{a}) - b_2, \cdots, L_m(\mathbf{a}) - b_m\big), \end{aligned}$$

95

则$\mathbf{z}^{(\varepsilon)} \in \Lambda$,而且

$$|z_i^{(\varepsilon)} - \beta_i| < \varepsilon \quad (i = 1, 2, \cdots, m),$$

即知命题II的结论成立.

(ii) 命题II $\Rightarrow$ 命题I.设命题II成立,并且命题I的条件被满足,要推出命题I的结论.由$U_1 = U_2$可知命题II的条件在此也成立,于是(依命题II),对于任何$\varepsilon > 0$,存在$\mathbf{z}^{(\varepsilon)} = (z_1^{(\varepsilon)}, z_2^{(\varepsilon)}, \cdots, z_n^{(\varepsilon)}) \in \Lambda$满足不等式

$$|z_i^{(\varepsilon)} - \beta_i| < \varepsilon \quad (i = 1, 2, \cdots, m),$$

依Λ的定义,可将$\mathbf{z}^{(\varepsilon)}$表示为

$$\mathbf{z}^{(\varepsilon)} = \left(L_1(\mathbf{a}) - b_1, L_2(\mathbf{a}) - b_2, \cdots, L_m(\mathbf{a}) - b_m\right),$$

其中$\mathbf{a} \in \mathbb{Z}^n, \mathbf{b} = (b_1, b_2, \cdots, b_m) \in \mathbb{Z}^m$. 于是得知$\mathbf{a}$满足

$$\|L_i(\mathbf{a}) - \beta_i\| < \varepsilon \quad (i = 1, 2, \cdots, m),$$

这正是命题I的结论. $\qquad\qquad \Box$

3° 为引进命题III,需要下面的

引理 2.2.3 U_2是一个模,并且存在由$s(\leqslant m)$个向量$\mathbf{u}^{(t)} \in \mathbb{Z}^m\ (t = 1, 2, \cdots, s)$组成的基,具有下列性质:

(a) $\mathbf{u} \in U_2 \Leftrightarrow \mathbf{u} = \sum\limits_{t=1}^{s} v_t \mathbf{u}^{(t)}\ (v_t \in \mathbb{Z})$.

(b) $\mathbf{u}^{(t)} = (0, \cdots, 0, u_{tt}, u_{t,t+1}, \cdots, u_{tm})$,其中$u_{tt} \neq 0, u_{tr} \in \mathbb{Z}\ (t = 1, 2, \cdots, s; r = t, t+1, \cdots, m)$.

96

(c) 对于任何一组整数$\omega_1, \omega_2, \cdots, \omega_s$,方程组

$$\mathbf{u}^{(t)} \cdot \mathbf{z} = \omega_t \quad (t = 1, 2, \cdots, s) \qquad (2.2.3)$$

有解$\mathbf{z} \in \Lambda$.

证 容易按定义验证U_2是一个模.由模的基本性质,存在一组基

$$\mathbf{w}^{(t)} = (0, \cdots, 0, w_{tt}, w_{t,t+1}, \cdots, w_{tm}) \quad (t = 1, 2, \cdots, s),$$

其中$w_{tt} \neq 0, w_{tr} \in \mathbb{Z}\,(t = 1, 2, \cdots, s; r = t, t + 1, \cdots, m)$ (必要时应对$L_i(\mathbf{x})$重新编号),即这组基满足(a)和(b).

我们从基 $\mathbf{w}^{(j)}\,(j = 1, 2, \cdots, s)$出发,归纳地构造$U_2$的一组新基 $\mathbf{u}^{(j)}\,(j = 1, 2, \cdots, s)$,使得它保留性质(a)和(b).并且还构造一组向量$\mathbf{z}^{(1)}, \mathbf{z}^{(2)}, \cdots, \mathbf{z}^{(s)} \in \Lambda$,满足方程组

$$\mathbf{u}^{(t)} \cdot \mathbf{z}^{(r)} = \delta_{tr} \quad (t, r = 1, 2, \cdots, s),$$

此处δ_{tr}是Kronecker符号.显然此时$\mathbf{z} = \sum\limits_{t=1}^{s} \omega_t \mathbf{z}^{(t)}$就是方程(2.2.3)的解,从而也具备性质(c).

构造$\mathbf{u}^{(j)}$和$\mathbf{z}^{(j)}$的步骤如下:

(i) 令

$$D_s = \{d \,|\, d = \mathbf{w}^{(s)} \cdot \mathbf{z}, \mathbf{z} \in \Lambda\}.$$

由U_2的定义可知$D_s \subset \mathbb{Z}$.易见D_s是一个(一维)模,于是存在向量$\mathbf{z}^{(s)} \in \Lambda$使得$d_0 = \mathbf{w}^{(s)} \cdot \mathbf{z}^{(s)}$是其基; 特别,

d_0 整除 D 中任何数 . 于是 $\mathbf{w}^{(s)} \cdot \mathbf{z}/d_0 = d/d_0 \in \mathbb{Z}$ ($\forall \mathbf{z} \in \Lambda$). 因为$\mathbf{w}^{(t)}\,(t = 1, 2, \cdots, s)$具备性质(a),所以

$$\frac{1}{d_0}\mathbf{w}^{(s)} = \sum_{t=1}^{s} v_t \mathbf{w}^{(t)}.$$

依向量组$\mathbf{w}^{(t)}$的线性无关性可知$d_0 v_s = 1$,于是$d_0 = 1$.由此得到向量$\mathbf{z}^{(s)} \in \Lambda$满足

$$\mathbf{w}^{(s)} \cdot \mathbf{z}^{(s)} = 1. \qquad (2.2.4)$$

记$g_s = \mathbf{w}^{(s-1)} \cdot \mathbf{z}^{(s)}$,令$\widetilde{\mathbf{w}}^{(s-1)} = \mathbf{w}^{(s-1)} - g_s\mathbf{w}^{(s)}$,那么

$$\widetilde{\mathbf{w}}^{(s-1)} \cdot \mathbf{z}^{(s)} = \mathbf{w}^{(s-1)} \cdot \mathbf{z}^{(s)} - g_s \mathbf{w}^{(s)} \cdot \mathbf{z}^{(s)} = g_s - g_s = 0.$$
$$(2.2.5)$$

这表明在向量组$\mathbf{w}^{(t)}\,(t = 1, 2, \cdots, s)$中用$\widetilde{\mathbf{w}}^{(s-1)}$代替$\mathbf{w}^{(s-1)}$所得到的向量组 $\mathbf{w}^{(1)}, \cdots, \mathbf{w}^{(s-2)}, \widetilde{\mathbf{w}}^{(s-1)}$, $\mathbf{w}^{(s)}$仍然是U_2的一组满足(a)和(b)的基,并且还存在向量$\mathbf{z}^{(s)} \in \Lambda$满足式(2.2.4)和(2.2.5).

进而考虑集合

$$D_{s-1} = \{d \,|\, d = \widetilde{\mathbf{w}}^{(s-1)} \cdot \mathbf{z}, \mathbf{z} \in \Lambda\}.$$

那么类似于上述推理可知存在向量$\widetilde{\mathbf{z}}^{(s-1)} \in \Lambda$满足

$$\widetilde{\mathbf{w}}^{(s-1)} \cdot \widetilde{\mathbf{z}}^{(s-1)} = 1. \qquad (2.2.6)$$

记$h_s = \mathbf{w}^{(s)} \cdot \widetilde{\mathbf{z}}^{(s-1)}$,令$\mathbf{z}^{(s-1)} = \widetilde{\mathbf{z}}^{(s-1)} - h_s\mathbf{z}^{(s)}$,那么$\mathbf{z}^{(s-1)} \in \Lambda$,并且由式(2.2.4)、(2.2.5)和(2.2.6)可知

$$\begin{aligned}
\widetilde{\mathbf{w}}^{(s-1)} \cdot \mathbf{z}^{(s-1)} &= \widetilde{\mathbf{w}}^{(s-1)} \cdot \widetilde{\mathbf{z}}^{(s-1)} - h_s\widetilde{\mathbf{w}}^{(s-1)} \cdot \mathbf{z}^{(s)} \\
&= 1 - h_s \cdot 0 = 1, \qquad (2.2.7)
\end{aligned}$$

以及

$$\mathbf{w}^{(s)}\cdot\mathbf{z}^{(s-1)} = \widetilde{\mathbf{w}}^{(s)}\cdot\widetilde{\mathbf{z}}^{(s-1)} - h_s\mathbf{w}^{(s)}\cdot\mathbf{z}^{(s)} = h_s - h_s = 0.$$
$$(2.2.8)$$

这表明对于U_2的一组满足(a)和(b)的基$\mathbf{w}^{(1)}, \cdots, \mathbf{w}^{(s-2)}$, $\widetilde{\mathbf{w}}^{(s-1)}, \mathbf{w}^{(s)}$,我们构造了两个向量$\mathbf{z}^{(s)}, \mathbf{z}^{(s-1)} \in \Lambda$满足式(2.2.4)(2.2.5)(2.2.7)和(2.2.8).

(ii) 一般地,设对于某个$t\,(1 < t \leqslant s)$我们已经构造了向量

$$\mathbf{z}^{(s)}, \mathbf{z}^{(s-1)}, \cdots, \mathbf{z}^{(t)} \in \Lambda,$$

使得对于 U_2 的一组具有性质 (a) 和 (b) 的基 $\mathbf{w}^{(1)}$, $\mathbf{w}^{(2)}, \cdots, \mathbf{w}^{(s)}$(注意 , 其中某些 $\mathbf{w}^{(l)}$ 未必是最初的基 $\mathbf{w}^{(j)}\,(j = 1, 2, \cdots, s)$中的向量,而实际上是由相应的线性组合得到的向量$\widetilde{\mathbf{w}}^{(l)}$,只是在此仍然采用记号$\mathbf{w}^{(l)}$而已), 满足

$$\mathbf{w}^{(l)} \cdot \mathbf{z}^{(r)} = \delta_{lr} \quad (l, r = t, t+1, \cdots, s). \quad (2.2.9)$$

我们来构造满足要求的向量$\mathbf{z}^{(t-1)}$.为此记

$$g_l = g_l(t) = \mathbf{w}^{(t-1)}\mathbf{z}^{(l)} \quad (l = t, t+1, \cdots, s),$$

并令

$$\widetilde{\mathbf{w}}^{(t-1)} = \mathbf{w}^{(t-1)} - \sum_{l=t}^{s} g_l \mathbf{w}^{(l)}.$$

那么 $\mathbf{w}^{(1)}, \cdots, \mathbf{w}^{(t-2)}, \widetilde{\mathbf{w}}^{(t-1)}, \mathbf{w}^{(t)}, \cdots, \mathbf{w}^{(s)}$ 仍然组成U_2的满足(a)和(b)的一组基, 并且由式(2.2.9)可知

对于$r = t, t+1, \cdots, s$,有

$$\widetilde{\mathbf{w}}^{(t-1)} \cdot \mathbf{z}^{(r)} = \mathbf{w}^{(t-1)} \cdot \mathbf{z}^{(r)} - g_r \mathbf{w}^{(r)} \cdot \mathbf{z}^{(r)} -$$

$$\sum_{\substack{1 \leqslant l \leqslant s \\ l \neq r}} g_l \mathbf{w}^{(l)} \cdot \mathbf{z}^{(r)} = 0. \qquad (2.2.10)$$

进而考虑集合

$$D_{t-1} = \{d \,|\, d = \widetilde{\mathbf{w}}^{(t-1)} \cdot \mathbf{z}, \mathbf{z} \in \Lambda\}.$$

应用类似于步骤(i)的推理可知存在$\widetilde{\mathbf{z}}^{(t-1)} \in \Lambda$满足

$$\widetilde{\mathbf{w}}^{(t-1)} \cdot \widetilde{\mathbf{z}}^{(t-1)} = 1. \qquad (2.2.11)$$

记

$$h_l = h_l(t) = \mathbf{w}^{(l)} \cdot \widetilde{\mathbf{z}}^{(t-1)} \quad (l = t, t+1, \cdots, s),$$

令

$$\mathbf{z}^{(t-1)} = \widetilde{\mathbf{z}}^{(t-1)} - \sum_{l=t}^{s} h_l \mathbf{z}^{(l)},$$

则$\mathbf{z}^{(t-1)} \in \Lambda$,并且由式(2.2.9)–(2.2.11)得到

$$\mathbf{w}^{(r)} \cdot \mathbf{z}^{(t-1)} = 0 \quad (r = t, t+1, \cdots, s). \quad (2.2.12)$$

以及

$$\widetilde{\mathbf{w}}^{(t-1)} \cdot \mathbf{z}^{(t-1)} = 1. \qquad (2.2.13)$$

于是对于U_2的满足 (a) 和 (b) 的基 $\mathbf{w}^{(1)}, \cdots, \mathbf{w}^{(t-2)}$,$\widetilde{\mathbf{w}}^{(t-1)}, \mathbf{w}^{(t)}, \cdots, \mathbf{w}^{(s)}$,我们构造了向量$\mathbf{z}^{(s)}, \cdots, \mathbf{z}^{(t)}$,$\mathbf{z}^{(t-1)} \in \Lambda$,满足式(2.2.9)(2.2.10)(2.2.12)和(2.2.13).

(iii) 继续这个过程,最终得到U_2的一组基,记作$\mathbf{u}_1, \mathbf{u}_2, \cdots, \mathbf{u}_s$,具备所要求的性质(a),(b)和(c). □

依引理2.2.3,我们可将命题II中的条件$\mathbf{u} \cdot \boldsymbol{\beta} \in \mathbb{Z}$ $(\forall \mathbf{u} \in U_2)$减弱为$\mathbf{u}^{(t)} \cdot \boldsymbol{\beta} \in \mathbb{Z}$ $(t = 1, 2, \cdots, s)$.下面的命题III将此进一步减弱为

$$\mathbf{u}^{(t)} \cdot \boldsymbol{\beta} = 0 \quad (t = 1, 2, \cdots, s). \tag{2.2.14}$$

命题 III 如果$\boldsymbol{\beta} = (\beta_1, \beta_2, \cdots, \beta_m)$ 是任一满足式$(2.2.14)$的m维实向量$\big($此处$\mathbf{u}^{(t)}$ $(t = 1, 2, \cdots, s)$是引理2.2.3 所确定的U_2的一组基$\big)$,那么对于任何$\varepsilon > 0$,存在$\mathbf{z}^{(\varepsilon)} = (z_1^{(\varepsilon)}, z_2^{(\varepsilon)}, \cdots, z_m^{(\varepsilon)}) \in \Lambda$ 满足不等式组

$$|z_i^{(\varepsilon)} - \beta_i| < \varepsilon \quad (i = 1, 2, \cdots, m). \tag{2.2.15}$$

引理2.2.4 命题II等价于命题III.

证 (i) 命题II $\Rightarrow$命题III.因为$\mathbf{u}^{(t)}$ $(t = 1, 2, \cdots, s)$是U_2的基,所以命题III的条件$(2.2.14)$蕴含$\mathbf{u} \cdot \boldsymbol{\beta} = 0 \in \mathbb{Z}$ $(\forall \mathbf{u} \in U_2)$(即命题II的条件被满足).于是,若命题II成立,则存在$\mathbf{z}^{(\varepsilon)} = (z_1^{(\varepsilon)}, z_2^{(\varepsilon)}, \cdots, z_m^{(\varepsilon)}) \in \Lambda$满足不等式组$(2.2.15)$,从而命题III成立.

(ii) 命题III $\Rightarrow$命题II.设 $\boldsymbol{\beta} = (\beta_1, \beta_2, \cdots, \beta_m)$满足$\mathbf{u} \cdot \boldsymbol{\beta} \in \mathbb{Z}$ $(\forall \mathbf{u} \in U_2)$.定义$\omega_t = \mathbf{u}^{(t)} \cdot \boldsymbol{\beta}$ $(t = 1, 2, \cdots, s)$,则知所有 ω_t 都是整数.因为 $\mathbf{u}^{(t)}$ 具有引理2.2.3 性质(c),所以存在向量$\mathbf{z}' = (z_1', z_2', \cdots, z_m') \in \Lambda$满足方程组$\mathbf{u}^{(t)} \cdot \mathbf{z}' = \omega_t$ $(t = 1, 2, \cdots, s)$. 令$\boldsymbol{\beta}' = (\beta_1', \beta_2', \cdots, \beta_m') = \boldsymbol{\beta} - \mathbf{z}'$, 则有$\mathbf{u}^{(t)} \cdot \boldsymbol{\beta}' = 0$ $(t = $

$1, 2, \cdots, s)$.于是若命题 III 成立,则对于任何 $\varepsilon > 0$,存在 $\mathbf{z}'' = (z_1'', z_2'', \cdots, z_m'') \in \Lambda$ 满足不等式

$$|z_i'' - \beta_i'| < \varepsilon \quad (i = 1, 2, \cdots, m),$$

即

$$|z_i'' + z_i' - \beta_i'| < \varepsilon \quad (i = 1, 2, \cdots, m).$$

令 $\mathbf{z}^{(\varepsilon)} = \mathbf{z}' + \mathbf{z}'' \in \Lambda$,即知命题 II 的结论成立. $\square$

4°   由引理 2.2.4 可知 "命题 B $\Rightarrow$ 命题 A" 的证明归结为证明命题 III.或者说,证明了命题 III 即完成定理 2.2.1 的证明.我们首先给出一些辅助引理.

引理 2.2.5   设 $\varepsilon > 0$,则集合

$$\Lambda_\varepsilon = \{\mathbf{z} = (z_1, z_2, \cdots, z_m) \,|\, \mathbf{z} \in \Lambda, \max_{1 \leqslant i \leqslant m} |z_i| < \varepsilon\}$$

非空.

证   依定理 1.4.3,对任何 $Q > 1$,存在非零整点 $\mathbf{a} = (a_1, a_2, \cdots, a_n)$ 满足不等式

$$\|L_i(\mathbf{a})\| \leqslant \frac{1}{Q} \quad (i = 1, 2, \cdots, m),$$
$$|a_j| < Q^{m/n} \quad (j = 1, 2, \cdots, n).$$

当 n 充分大可使得 $1/Q < \varepsilon$.记 $\|L_i(\mathbf{a})\| = |L_i(\mathbf{a}) - b_i|$,(其中 $b_i \in \mathbb{Z}$),以及 $\mathbf{b} = (b_1, b_2, \cdots, b_m)$,则得到 m 维向量

$$
\begin{aligned}
\mathbf{z} &= (z_1, z_2, \cdots, z_m) \\
&= \big(L_1(\mathbf{a}) - b_1, L_2(\mathbf{a}) - b_2, \cdots, L_m(\mathbf{a}) - b_m\big),
\end{aligned}
$$

依 Λ 的定义, $\mathbf{z} \in \Lambda$, 并且 $|z_i| < \varepsilon \, (i = 1, 2, \cdots, m)$. 因此 $\mathbf{z} \in \Lambda_\varepsilon$. $\qquad\qquad\qquad\qquad\qquad\qquad\square$

引理 2.2.6 存在 $\varepsilon_0 > 0$, 使得对于任何 $\mathbf{z} \in \Lambda_{\varepsilon_0}$,

$$\mathbf{u}^{(t)} \cdot \mathbf{z} = 0 \quad (t = 1, 2, \cdots, s).$$

证 取 $\varepsilon_0 < \min\limits_{1 \leqslant t \leqslant s} (|u_{tt}| + |u_{t,t+1}| + \cdots + |u_{tm}|)^{-1}$, 则对任何 $\mathbf{z} \in \Lambda_{\varepsilon_0}$,

$$
\begin{aligned}
|\mathbf{u}^{(t)} \cdot \mathbf{z}| &\leqslant \max_{1 \leqslant i \leqslant m} |z_i| \cdot (|u_{tt}| + |u_{t,t+1}| + \cdots + |u_{tm}|) \\
&\leqslant \varepsilon_0 (|u_{tt}| + |u_{t,t+1}| + \cdots + |u_{tm}|) \\
&< 1 \quad (t = 1, 2, \cdots, s).
\end{aligned}
$$

因为 $\mathbf{u}^{(t)} \cdot \mathbf{z}$ 是整数, 所以 $\mathbf{u}^{(t)} \cdot \mathbf{z} = 0 \, (t = 1, 2, \cdots, s)$. $\qquad\qquad\qquad\qquad\qquad\qquad\square$

引理 2.2.7 若存在 $\varepsilon > 0$ 以及 $\boldsymbol{\lambda} = (\lambda_1, \lambda_2, \cdots, \lambda_m) \in \mathbb{R}^m$, 满足

$$\boldsymbol{\lambda} \cdot \mathbf{z} = 0 \quad (\forall \mathbf{z} \in \Lambda_\varepsilon), \qquad (2.2.16)$$

则

$$\boldsymbol{\lambda} = \nu_1 \mathbf{u}^{(1)} + \nu_2 \mathbf{u}^{(2)} + \cdots + \nu_s \mathbf{u}^{(s)}, \nu_i \in \mathbb{R} (i = 1, 2, \cdots, s). \qquad (2.2.17)$$

证 (i) 对于实数 $\lambda_1, \lambda_2, \cdots, \lambda_m$, 存在 $l (\leqslant m)$ 个在 $\mathbb{Q}$ 上线性无关的实数 $\mu_1, \mu_2, \cdots, \mu_l$, 使得每个 λ_i 可以通过它们线性表示, 即

$$\lambda_i = t_{i1}\mu_1 + t_{i2}\mu_2 + \cdots + t_{il}\mu_l \quad (i = 1, 2, \cdots, m),$$

其中诸系数 $t_{ik} \in \mathbb{Q}$(可对 m 用数学归纳法证明这个事实).记 $\mathbf{t}_k = (t_{1k}, t_{2k}, \cdots, t_{mk})\,(k = 1, 2, \cdots, l)$.那么 $\mathbf{t}_k \in \mathbb{Q}^m$,并且

$$\boldsymbol{\lambda} = \mu_1 \mathbf{t}_1 + \mu_2 \mathbf{t}_2 + \cdots + \mu_l \mathbf{t}_l. \qquad (2.2.18)$$

(ii) 首先证明:类似于 $\boldsymbol{\lambda}$ 满足条件(2.2.16),每个向量 $\mathbf{t}_k \in \mathbb{Q}^m$ 满足

$$\mathbf{t}_k \cdot \mathbf{z} = 0 \quad (\forall \mathbf{z} \in \Lambda_\varepsilon; k = 1, 2, \cdots, l). \qquad (2.2.19)$$

事实上,任取非零向量 $\mathbf{z} \in \Lambda_\varepsilon$,以及 $\varepsilon_1 \in (0, \varepsilon)$. 由定理1.4.1可知存在整数 $\omega \neq 0$ 以及 $\mathbf{t} = (t_1, t_2, \cdots, t_m) \in \mathbb{Z}^m$,满足

$$\max_{1 \leqslant i \leqslant m} |\omega z_i - t_i| < \varepsilon_1 (< \varepsilon). \qquad (2.2.20)$$

因为 Λ 是一个模,并且 $\mathbb{Z}^m \subseteq \Lambda$(见引理2.2.1),所以 $\omega \mathbf{z} - \mathbf{t} \in \Lambda$,并且由式(2.2.20)得知 $\omega \mathbf{z} - \mathbf{t} \in \Lambda_\varepsilon$. 在式(2.2.16)中用 $\omega \mathbf{z} - \mathbf{t}$ 代 $\mathbf{z}$,便得 $\boldsymbol{\lambda} \cdot (\omega \mathbf{z} - \mathbf{t}) = 0$. 由此及式(2.2.16)可推出 $\boldsymbol{\lambda} \cdot \mathbf{t} = 0$,进而由式(2.2.18)得到

$$\mu_1(\mathbf{t}_1 \cdot \mathbf{t}) + \mu_2(\mathbf{t}_2 \cdot \mathbf{t}) + \cdots + \mu_l(\mathbf{t}_l \cdot \mathbf{t}) = \boldsymbol{\lambda} \cdot \mathbf{t} = 0.$$

因为 $\mu_1, \mu_2, \cdots, \mu_l$ 在 $\mathbb{Q}$ 上线性无关,并且所有的 $\mathbf{t}_k \cdot \mathbf{t} \in \mathbb{Q}$,所以

$$\mathbf{t}_k \cdot \mathbf{t} = 0 \quad (k = 1, 2, \cdots, l). \qquad (2.2.21)$$

因为 $|\omega| \geqslant 1$,所以由式(2.2.20)和(2.2.21)推出当 $\varepsilon_1 \to$

0时,

$$\begin{aligned} |\mathbf{t}_k \cdot \mathbf{z}|E &\leqslant |\omega||\mathbf{t}_k \cdot \mathbf{z}| = |\omega \mathbf{t}_k \cdot \mathbf{z} - \mathbf{t}_k \cdot \mathbf{t}| \\ &= |\mathbf{t}_k \cdot (\omega \mathbf{z} - \mathbf{t})| < \varepsilon_1 \sum_{i=1}^{m} |t_{ik}| \to 0, \end{aligned}$$

从而得到式(2.2.19).

(iii) 现在证明:每个$\mathbf{t}_k \, (k = 1, 2, \cdots, l)$都可表示为

$$\mathbf{t}_k = \gamma_{k1}\mathbf{u}^{(1)} + \gamma_{k2}\mathbf{u}^{(2)} + \cdots + \gamma_{ks}\mathbf{u}^{(s)},$$

$$\gamma_{ki} \in \mathbb{Q} \quad (i = 1, 2, \cdots, s) \tag{2.2.22}$$

的形式.由此及式(2.2.18),我们即可得到式(2.2.17).在下面的证明中,式(2.2.19)起着(2.2.16)的作用,但用加强了的条件$\mathbf{t}_k \in \mathbb{Q}^m$代替题设条件$\boldsymbol{\lambda} \in \mathbb{R}^m$.

任取$\mathbf{y} = (y_1, y_2, \cdots, y_m) \in \Lambda$,于是

$$y_i = L_i(\mathbf{a}) - b_i \quad (i = 1, 2, \cdots, m), \tag{2.2.23}$$

其中$\mathbf{a} \in \mathbb{Z}^n, \mathbf{b} = (b_1, b_2, \cdots, b_m) \in \mathbb{Z}^m$. 类似于步骤(ii)的推理可知,存在整数$\sigma > 0$和$\mathbf{c} = (c_1, c_2, \cdots, c_m) \in \mathbb{Z}^m$满足

$$|\sigma y_i - c_i| < \varepsilon \quad (i = 1, 2, \cdots, m),$$

并且进而可推出$\sigma \mathbf{y} - \mathbf{c} \in \Lambda_\varepsilon$.在式(2.2.19)中用$\sigma \mathbf{y} - \mathbf{c}$代$\mathbf{z}$得到$\mathbf{t}_k \cdot (\sigma \mathbf{y} - \mathbf{c}) = 0$,从而$\mathbf{t}_k \cdot \mathbf{y} = \sigma^{-1}\mathbf{t}_k \cdot \mathbf{c} \in \mathbb{Q}$,即

$$\mathbf{t}_k \cdot \mathbf{y} = \sum_{i=1}^{m} t_{ik}\big(L_i(\mathbf{a}) - b_i\big) \in \mathbb{Q}. \tag{2.2.24}$$

由 $\mathbf{t}_k \in \mathbb{Q}^m$,可知式(2.2.24)关于所有$b_i$都有有理系数;特别分别取

$$\mathbf{y} = \big(L_1(\mathbf{e}_j) - 0, L_1(\mathbf{e}_j) - 0, \cdots, L_m(\mathbf{e}_j) - 0\big) \in \Lambda$$

$$(j = 1, 2, \cdots, n),$$

即在式(2.2.23)中分别取$\mathbf{a} = \mathbf{e}_j$(第$j$个$n$维单位向量,$j = 1, 2, \cdots, n$)以及$\mathbf{b} = \mathbf{0}$,可知式(2.2.24)关于所有$a_j$也都有有理系数.于是存在正整数$q_k$使得

$$q_k(\mathbf{t}_k \cdot \mathbf{y}) = \sum_{i=1}^{m} (q_k t_{ik})\big(L_i(\mathbf{a}) - b_i\big)$$

关于所有a_i和b_j都有整系数.由此即知

$$(q\mathbf{t}_k) \cdot \mathbf{y} \in \mathbb{Z} \quad (\forall \mathbf{y} \in \Lambda),$$

这表明$q_k \mathbf{t}_k \in U_2$.于是依引理2.2.3(a),

$$q_k \mathbf{t}_k = p_{k1}\mathbf{u}^{(1)} + p_{k2}\mathbf{u}^{(2)} + \cdots + p_{ks}\mathbf{u}^{(s)},$$

令$\gamma_{ki} = p_{ki}/q_k \ (i = 1, 2, \cdots, s)$,即得式(2.2.22). □

引理 2.2.8 对于任何$\varepsilon > 0, \Lambda_\varepsilon$中存在$m - s$个在$\mathbb{R}$上线性无关的向量$\mathbf{z}^{(1)}, \mathbf{z}^{(2)}, \cdots, \mathbf{z}^{(m-s)}$.

证 (i) 因为Λ_ε非空(见引理2.2.5),所以$m-s \geqslant 1$.若$m - s = 1$ (即$s = m - 1$),则$m - s = 1$,结论显然成立,因此不妨认为$s < m - 1$.

(ii) 首先任取非零向量$\mathbf{z}^{(1)} \in \Lambda_\varepsilon$.我们考虑以$\boldsymbol{\lambda} \in \mathbb{R}^m$为变元的方程

$$\boldsymbol{\lambda} \cdot \mathbf{z}^{(1)} = 0.$$

106

其解空间 L 的维数是 $m-1$,而向量 $\mathbf{u}^{(1)}, \cdots, \mathbf{u}^{(s)}$ 张成的子空间 Γ_s 的维数 $s < m-1$,所以存在向量 $\boldsymbol{\lambda}_1 \in L \setminus \Gamma_s$,从而

$$\boldsymbol{\lambda}_1 \cdot \mathbf{z}^{(1)} = 0, \qquad (2.2.25)$$

并且 $\boldsymbol{\lambda}_1$ 不可能表示为 $\mathbf{u}^{(1)}, \cdots, \mathbf{u}^{(s)}$ 的实系数线性组合. 于是依引理 2.2.7,式 (2.2.16)(其中 $\boldsymbol{\lambda}$ 换成 $\boldsymbol{\lambda}_1$) 不可能成立,即知存在向量 $\mathbf{z}^{(2)} \in \Lambda_\varepsilon$ 满足

$$\boldsymbol{\lambda}_1 \cdot \mathbf{z}^{(2)} \neq 0. \qquad (2.2.26)$$

若 $\mathbf{z}^{(1)}, \mathbf{z}^{(2)}$ 存在线性关系

$$c_1 \mathbf{z}^{(1)} + c_2 \mathbf{z}^{(2)} = \mathbf{0}, \ c_1, c_2 \in \mathbb{R}, \qquad (2.2.27)$$

则有

$$c_1 \boldsymbol{\lambda}_1 \cdot \mathbf{z}^{(1)} + c_2 \boldsymbol{\lambda}_1 \cdot \mathbf{z}^{(2)} = \mathbf{0}, \qquad (2.2.28)$$

由此及式 (2.2.25) 和 (2.2.6) 推出 $c_2 = 0$;进而由式 (2.2.28) 并注意 $\mathbf{z}^{(1)}$ 非零,可知 $c_1 = 0$.因此 $\mathbf{z}^{(1)}, \mathbf{z}^{(2)}$ 在 $\mathbb{R}$ 上线性无关.

(iii) 若 $s < m-2$,则继续考虑以 $\boldsymbol{\lambda} \in \mathbb{R}^m$ 为变元的方程组

$$\boldsymbol{\lambda} \cdot \mathbf{z}^{(1)} = 0, \ \boldsymbol{\lambda} \cdot \mathbf{z}^{(2)} = 0.$$

类似于步骤 (ii) 的推理可知存在向量 $\boldsymbol{\lambda}_2 \notin \Gamma_s$,以及 $\mathbf{z}^{(3)} \in \Lambda_\varepsilon$,满足

$$\boldsymbol{\lambda}_2 \cdot \mathbf{z}^{(1)} = 0, \ \boldsymbol{\lambda}_2 \cdot \mathbf{z}^{(2)} = 0, \ \boldsymbol{\lambda}_2 \cdot \mathbf{z}^{(3)} \neq 0;$$

107

并且$\mathbf{z}^{(1)}, \mathbf{z}^{(2)}, \mathbf{z}^{(3)}$一起形成一个$\mathbb{R}$上的线性无关组.

这个过程重复进行了有限次后,逐步定义出$\mathbb{R}$上的线性无关向量组$\mathbf{z}^{(1)}, \mathbf{z}^{(2)}, \cdots, \mathbf{z}^{(q)} \in \Lambda_{\varepsilon}$,并且$m - q = s + 1$.那么考虑方程组

$$\boldsymbol{\lambda} \cdot \mathbf{z}^{(t)} = 0 \quad (t = 1, 2, \cdots, q),$$

其解空间的维数等于$m - q > s$,所以得到向量$\boldsymbol{\lambda}_q \notin \Gamma_s$,以及$\mathbf{z}^{(q+1)} \in \Lambda_{\varepsilon}$,满足

$$\boldsymbol{\lambda}_q \cdot \mathbf{z}^{(t)} = 0 \quad (t = 1, 2, \cdots, q), \quad \boldsymbol{\lambda}_q \cdot \mathbf{z}^{(q+1)} \neq 0;$$

并且$\mathbf{z}^{(1)}, \cdots, \mathbf{z}^{(q)}, \mathbf{z}^{(q+1)}$一起形成一个$\mathbb{R}$上的线性无关组.此时若考虑方程组

$$\boldsymbol{\lambda} \cdot \mathbf{z}^{(t)} = 0 \quad (t = 1, 2, \cdots, q+1),$$

则其解空间的维数等于$m - (q + 1) = s$,所以过程终止.于是我们得到Λ_{ε}中$q + 1 = m - s$个$\mathbb{R}$上的线性无关向量组$\mathbf{z}^{(1)}, \mathbf{z}^{(2)}, \cdots, \mathbf{z}^{(m-s)}$. $\qquad\square$

5° **命题III的证明** 定义集合

$$\mathscr{L} = \{\boldsymbol{\beta} \,|\, \boldsymbol{\beta} \in \mathbb{R}^m, \mathbf{u}^{(t)} \cdot \boldsymbol{\beta} = 0 \ (t = 1, 2, \cdots, s)\}.$$

那么容易验证$\mathscr{L}$是$\mathbb{R}^m$的子空间.对于引理2.2.6中确定的$\varepsilon_0 > 0$以及任何给定的$\varepsilon > 0$,取

$$\varepsilon_1 = \min\left\{\frac{2\varepsilon}{m}, \varepsilon_0\right\}. \tag{2.2.29}$$

依引理2.2.7,存在$\mathbb{R}$上线性无关的向量

$$\mathbf{z}^{(1)}, \mathbf{z}^{(2)}, \cdots, \mathbf{z}^{(m-s)} \in \Lambda_{\varepsilon_1} \subseteq \Lambda_{\varepsilon_0} \subseteq \Lambda. \tag{2.2.30}$$

因为由ε_0的定义(见引理2.2.6)可知

$$\mathbf{u}^{(t)} \cdot \mathbf{z}^{(k)} = 0 \quad (t = 12, 2, \cdots, s; \ k = 1, 2, \cdots, m-s),$$

所以向量组(2.2.29)属于子空间$\mathscr{L}$.注意$\mathscr{L}$的维数等于它的定义方程

$$\mathbf{u}^{(t)} \cdot \boldsymbol{\beta} = 0 \quad (t = 1, 2, \cdots, s)$$

的解空间的维数,即$m-s$;而向量组(2.2.30)在$\mathbb{R}$上线性无关,因而构成$\mathscr{L}$的一组基.于是任何$\boldsymbol{\beta} \in \mathscr{L}$可表示为

$$\boldsymbol{\beta} = \gamma_1 \mathbf{z}^{(1)} + \gamma_2 \mathbf{z}^{(2)} + \cdots + \gamma_{m-s} \mathbf{z}^{(m-s)}, \quad (2.2.31)$$

其中$\gamma_k \in \mathbb{R} \ (k = 1, 2, \cdots, m-s)$. 显然可取整数 c_1, $c_2, \cdots, c_{m-s}$满足

$$|\gamma_k - c_k| \leqslant \frac{1}{2} \quad (k = 1, 2, \cdots, m-s). \quad (2.2.32)$$

定义向量

$$\mathbf{z}^{(\varepsilon)} = c_1 \mathbf{z}^{(1)} + c_2 \mathbf{z}^{(2)} + \cdots + c_{m-s} \mathbf{z}^{(m-s)}. \quad (2.2.33)$$

因为Λ是一个模,所以由式(2.2.30)可知$\mathbf{z}^{(\varepsilon)} \in \Lambda$. 此外,由式(2.2.29)和(2.2.32)可知向量

$$\begin{aligned} \boldsymbol{\beta} - \mathbf{z}^{(\varepsilon)} &= (\gamma_1 - c_1)\mathbf{z}^{(1)} + (\gamma_2 - c_2)\mathbf{z}^{(2)} + \cdots + \\ &\quad (\gamma_{m-s} - c_{m-s})\mathbf{z}^{(m-s)} \end{aligned}$$

的第$i \ (i = 1, 2, \cdots, m)$个分量的绝对值不超过

$$\begin{aligned} &|\gamma_1 - c_1||z_i^{(1)}| + |\gamma_2 - c_2||z_i^{(2)}| + \cdots + \\ &|\gamma_{m-s} - c_{m-s}||z_i^{(m-s)}| < \frac{1}{2} \cdot (m-s)\varepsilon_1 < \\ &\frac{m\varepsilon_1}{2} < \varepsilon \end{aligned}$$

109

(其中$z_i^{(k)}$是向量$\mathbf{z}^{(k)}$的第i个分量), 因此$\mathbf{z}^{(\varepsilon)}$满足不等式组(2.2.15).于是命题III得证, 从而完成定理2.2.1的证明.

注 在§2.3.2中,我们将给出定理2.2.1的一个相当简单的证明(基于经典的数的几何的结果).

§2.2.4 多维Kronecker逼近定理的一些推论

推论1 设对于m维实向量$\boldsymbol{\beta} = (\beta_1, \beta_2, \cdots, \beta_m)$(定理2.1.1中)命题B成立,则对于任何$\varepsilon > 0$,存在正整数$Q = Q(\varepsilon)$,使得存在$\mathbf{a} = (a_1, a_2, \cdots, a_n) \in \mathbb{Z}^n$满足不等式组

$$\|L_i(\mathbf{a})-\beta_i\| < \varepsilon \ (i = 1, 2, \cdots, m), \quad \max_{1 \leqslant j \leqslant n} |a_j| \leqslant Q.$$

证1 (i) 不妨设$\beta_i \in [0, 1)$(不然可用$\{\beta_i\}$代替β_i,不影响推论的条件和结论).下文沿用§2.2.2–5°中的记号. 还要注意:对于向量$\boldsymbol{\beta}$命题B成立,等价于$\boldsymbol{\beta}$具有性质$\mathbf{u} \cdot \boldsymbol{\beta} \in \mathbb{Z} \, (\forall \mathbf{u} \in U_1)$.

(ii) 如果$\boldsymbol{\beta} \in \mathscr{L}$,那么式(2.2.31)成立.将它看作以$\gamma_1, \gamma_2, \cdots, \gamma_{m-s}$为未知数的方程组,由向量组(2.2.30)在$\mathbb{R}$上的线性无关性可知方程组系数矩阵的秩等于$m-s$,因而可解出$\gamma_1, \gamma_2, \cdots, \gamma_{m-s}$. 因为诸$\beta_i \in [0, 1)$,所以$|\gamma_k|$有界(界值只与$\varepsilon$有关).于是满足不等式组(2.2.32)的整数组$(c_1, c_2, \cdots, c_{m-s})$个数有限,从而式(2.2.33)定义的不等式组(2.2.15)的解 $\mathbf{z}^{(\varepsilon)}$个数也有限.注意这些$\mathbf{z}^{(\varepsilon)} \in \Lambda$, 依$\Lambda$的定义,$\mathbf{z}^{(\varepsilon)}$的每个分量可表示为

$$L_i(\mathbf{a}) - b_i \quad (\mathbf{a} \in \mathbb{Z}^n, \ (b_1, b_2, \cdots, b_m) \in \mathbb{Z}^m),$$

于是出现在这些表示式中的向量**a**的个数也有限.因此可取所有这些**a**的各个分量的绝对值的最大者作为$Q(\varepsilon)$.

(iii) 如果$\boldsymbol{\beta} \notin \mathscr{L}$,那么

$$\omega_t = \mathbf{u}^{(t)} \cdot \boldsymbol{\beta} \neq 0 \quad (t = 1, 2, \cdots, s). \qquad (2.2.34)$$

因为$\mathbf{u}^{(t)} \in U_2 = U_1$(见引理2.2.1),所以由关于$\boldsymbol{\beta}$的假设可知所有$\omega_t$都是整数.于是依引理2.2.3(c),存在$\mathbf{z}' \in \Lambda$使得

$$\mathbf{u}^{(t)} \cdot \mathbf{z}' = \omega_t \quad (t = 1, 2, \cdots, s). \qquad (2.2.35)$$

令$\boldsymbol{\beta}' = \boldsymbol{\beta} - \mathbf{z}'$,那么$\mathbf{u}^{(t)} \cdot \boldsymbol{\beta}' = 0 \, (t = 1, 2, \cdots, s)$,于是$\boldsymbol{\beta}' \in \mathscr{L}$,从而归结为步骤(ii)考虑的情形.但需补充:因为诸$\beta_i \in [0, 1)$,所以$\mathbf{u}^{(t)} \cdot \boldsymbol{\beta}$有界, 从而由式(2.2.34)定义的整数组$(\omega_1, \omega_2, \cdots, \omega_s)$个数有限;进而可知满足方程(2.2.35)的向量$\mathbf{z}'$个数有限,于是$\boldsymbol{\beta}'$个数也有限. 这保证了在现在情形$Q(\varepsilon)$的存在性.

证2 因为对于向量$\boldsymbol{\beta}$,定理2.1.1中命题B成立,依该定理可知命题A也成立,于是对于任何$\varepsilon > 0$,存在向量$\mathbf{a} = (a_1, a_2, \cdots, a_n) \in \mathbb{Z}^n$ 满足不等式

$$\|L_i(\mathbf{a}) - \beta_i\| < \varepsilon \quad (i = 1, 2, \cdots, m). \qquad (2.2.36)$$

若满足此不等式的向量**a**的个数有限,那么可取这些**a**的所有分量绝对值的最大值作为所要的整数$Q(\varepsilon)$.若不然,则有无穷多个**a**使不等式(2.2.36)成立.设

$$\|L_i(\mathbf{a}) - \beta_i\| = |L_i(\mathbf{a}) - y_i - \beta_i|,$$

111

其中$y_i = y_i(\mathbf{a}) \in \mathbb{Z}$.不妨认为所有$\beta_i \in [0, 1)$.那么有无穷多个$\mathbf{a}$使得

$$L_i(\mathbf{a}) - y_i(\mathbf{a}) - \varepsilon < \beta_i < L_i(\mathbf{a}) - y_i(\mathbf{a}) + \varepsilon \quad (i = 1, 2, \cdots, m).$$

这表明m维正方体$[0, 1)^m$被无穷多个下列形式的m维长方体

$$\begin{aligned}
&\left(L_1(\mathbf{a}) - y_1(\mathbf{a}) - \varepsilon, L_1(\mathbf{a}) - y_1(\mathbf{a}) + \varepsilon\right) \times \\
&\left(L_2(\mathbf{a}) - y_2(\mathbf{a}) - \varepsilon, L_2(\mathbf{a}) - y_2(\mathbf{a}) + \varepsilon\right) \times \cdots \times \\
&\left(L_m(\mathbf{a}) - y_m - \varepsilon, L_m(\mathbf{a}) - y_m + \varepsilon\right) \quad (m\text{重乘积})
\end{aligned}$$

覆盖.依 Hane–Borel 引理,其中存在有限个上述形式的m维长方体也覆盖$[0, 1)^m$.于是有有限多个 $\mathbf{a} \in \mathbb{Z}^n$ 使(2.2.36)成立,从而也可确定整数$Q(\varepsilon)$. $\qquad\square$

推论 2 如果$\alpha_1, \alpha_2, \cdots, \alpha_m$和$\beta_1, \beta_2, \cdots, \beta_m$是两组实数,并且$1, \alpha_1, \alpha_2, \cdots, \alpha_m$在$\mathbb{Q}$上线性无关,那么对于任何$\varepsilon > 0$,不等式

$$\|q\alpha_i - \beta_i\| < \varepsilon \quad (i = 1, 2, \cdots, m)$$

有整数解q.

证 在推论1中取$n = 1, \mathbf{x} = (x_1)$(记作$x$),以及线性型

$$L_i(\mathbf{x}) = \alpha_i x \quad (i = 1, 2, \cdots, m).$$

若$\mathbf{u} = (u_1, u_2, \cdots, u_m) \in \mathbb{Z}^m$,则

$$u_1 L_1(\mathbf{x}) + u_2 L_2(\mathbf{x}) + \cdots + u_m L_m(\mathbf{x}) =$$

$$(u_1\alpha_1 + u_2\alpha_2 + \cdots + u_m\alpha_m)x,$$

因为$1, \alpha_1, \alpha_2, \cdots, \alpha_m$在$\mathbb{Q}$上线性无关,所以若$x$的系数$u_1\alpha_1 + u_2\alpha_2 + \cdots + u_m\alpha_m \in \mathbb{Z}$,则必$u_1 = u_2 = \cdots = u_m = 0$,即$\mathbf{u} = \mathbf{0}$,从而集合$U_1 = \{\mathbf{0}\}$. 因此$\boldsymbol{\beta}$具有性质$\mathbf{u} \cdot \boldsymbol{\beta} \in \mathbb{Z}\,(\forall \mathbf{u} \in U_1)$.依推论1,存在$q \in \mathbb{Z}$满足不等式组$\|q\alpha_i - \beta_i\| < \varepsilon\,(i = 1, 2, \cdots, m)$(它还满足的另一个条件$|q| < Q(\varepsilon)$在此实际无意义,因为$Q(\varepsilon)$在此是不可计算的). $\qquad\qquad\square$

注1° 我们给出

命题 A_1. 对于任何$\varepsilon > 0$,存在正整数$Q = Q(\varepsilon)$,使得存在$\mathbf{a} = (a_1, a_2, \cdots, a_n) \in \mathbb{Z}^n$满足不等式

$$\|L_i(\mathbf{a}) - \beta_i\| < \varepsilon\ (i = 1, 2, \cdots, m), \quad \max_{1 \leqslant j \leqslant n} |a_j| \leqslant Q.$$

显然命题$\mathrm{A}_1 \Rightarrow$命题A,由定理2.2.1可知命题A $\Rightarrow$命题B,又由定理2.2.1 的推论1得知命题B $\Rightarrow$命题A_1,因此命题$\mathrm{A}_1 \Leftrightarrow$命题B.

2° 推论2的一些变体和不同证法,可见[18]和[51]等.进一步的结果可参见[44].

2.3 Kronecker逼近定理的定量形式

§2.3.1 定量形式

设 $m, n \geqslant 1$, $\mathbf{x} = (x_1, x_2, \cdots, x_n)$, $\mathbf{u} = (u_1, u_2, \cdots, u_m)$, $\theta_{ij} \in \mathbb{R}\,(i = 1, 2, \cdots, m; j = 1, 2, \cdots, n)$.

若给定m个n变元$\mathbf{x}$的线性型

$$L_i(\mathbf{x}) = \sum_{j=1}^{n} \theta_{ij} x_j \quad (i = 1, 2, \cdots, m),$$

则将n个m变元$\mathbf{u} = (u_1, u_2, \cdots, u_m)$的线性型

$$M_j(\mathbf{u}) = \sum_{i=1}^{m} \theta_{ij} u_i \quad (j = 1, 2, \cdots, n)$$

称为$L_i(i = 1, 2, \cdots, m)$的转置系.

定量Kronecker逼近定理的一个一般叙述形式如下:

定理2.3.1 设线性型系$L_i(\mathbf{x}), M_j(\mathbf{u})$如上, 并且给定实数$C > 0, X > 1$及实向量$\boldsymbol{\beta} = (\beta_1, \beta_2, \cdots, \beta_m)$. 那么:

(a) 若存在$\mathbf{a} = (a_1, a_2, \cdots, a_n) \in \mathbb{Z}^n$满足不等式组

$$\|L_i(\mathbf{a}) - \beta_i\| \leqslant C, \ (i = 1, 2, \cdots, m); \ \max_{1 \leqslant j \leqslant n} |a_j| \leqslant X,$$
$$(2.3.1)$$

则对任何$\mathbf{u} = (u_1, u_2, \cdots, u_m) \in \mathbb{Z}^m$有

$$\|\mathbf{u} \cdot \boldsymbol{\beta}\| \leqslant (m+n) \max\{X \max_{1 \leqslant j \leqslant n} \|M_j(\mathbf{u})\|, C \max_{1 \leqslant i \leqslant m} |u_i|\}.$$
$$(2.3.2)$$

(b) 若对任何$\mathbf{u} = (u_1, u_2, \cdots, u_m) \in \mathbb{Z}^m$有

$$\|\mathbf{u} \cdot \boldsymbol{\beta}\| \leqslant \frac{2^{m-1}}{(m+n)!^2} \max\{X \max_{1 \leqslant j \leqslant n} \|M_j(\mathbf{u})\|, C \max_{1 \leqslant i \leqslant m} |u_i|\}.$$
$$(2.3.3)$$

114

则存在$\mathbf{a} = (a_1, a_2, \cdots, a_n) \in \mathbb{Z}^n$满足不等式组(2.3.1).

定理2.3.1是下列一般性结果的推论.

定理 2.3.2 设$f_k(\mathbf{z})$和$g_k(\mathbf{w})\,(k = 1, 2, \cdots, l)$分别是变元$\mathbf{z} = (z_1, z_2, \cdots, z_l)$和$\mathbf{w} = (w_1, w_2, \cdots, w_l)$的线性型, 并且

$$\sum_{k=1}^{l} f_k(\mathbf{z}) g_k(\mathbf{w}) = \sum_{k=1}^{l} z_k w_k. \qquad (2.3.4)$$

还设$\boldsymbol{\alpha} = (\alpha_1, \alpha_2, \cdots, \alpha_l)$是任意给定的实向量,那么

(a) 若存在某个向量$\mathbf{b} \in \mathbb{Z}^l$满足不等式组

$$|f_k(\mathbf{b}) - \alpha_k| \leqslant 1 \quad (k = 1, 2, \cdots, l), \qquad (2.3.5)$$

则对任何$\mathbf{w} \in \mathbb{Z}^l$有

$$\left\| \sum_{k=1}^{l} g_k(\mathbf{w}) \alpha_k \right\| \leqslant l \max_{1 \leqslant k \leqslant l} |g_k(\mathbf{w})|. \qquad (2.3.6)$$

(b) 若对任何$\mathbf{w} \in \mathbb{Z}^l$有

$$\left\| \sum_{k=1}^{l} g_k(\mathbf{w}) \alpha_k \right\| \leqslant \frac{2^{l-1}}{l!^2} \max_{1 \leqslant k \leqslant l} |g_k(\mathbf{w})|, \qquad (2.3.7)$$

则存在某个向量$\mathbf{b} \in \mathbb{Z}^l$满足不等式组(2.3.5).

证 (a) 因为$\mathbf{w}$和$\mathbf{b}$是整向量,所以由式(2.3.4)可知

$$\sum_{k=1}^{l} f_k(\mathbf{b}) g_k(\mathbf{w}) = \sum_{k=1}^{l} b_k w_k \in \mathbb{Z}.$$

115

由此及式(2.3.5)推出

$$\left\|\sum_{k=1}^{l} g_k(\mathbf{w})\alpha_k\right\| = \left\|\sum_{k=1}^{l} g_k(\mathbf{w})\alpha_k - \sum_{k=1}^{l} f_k(\mathbf{b})g_k(\mathbf{w})\right\|$$

$$= \left\|\sum_{k=1}^{l} g_k(\mathbf{w})\big(\alpha_k - f_k(\mathbf{b})\big)\right\|$$

$$\leqslant \sum_{k=1}^{l} \left\|g_k(\mathbf{w})\big(\alpha_k - f_k(\mathbf{b})\big)\right\|,$$

因为

$$\left|g_k(\mathbf{w})\big(\alpha_k - f_k(\mathbf{b})\big)\right| = |g_k(\mathbf{w})||\alpha_k - f_k(\mathbf{b})| \leqslant |g_k(\mathbf{w})|,$$

所以

$$\left\|g_k(\mathbf{w})\big(\alpha_k - f_k(\mathbf{b})\big)\right\| = \left\|\left|g_k(\mathbf{w})\big(\alpha_k - f_k(\mathbf{b})\big)\right|\right\| \leqslant |g_k(\mathbf{w})|,$$

从而

$$\left\|\sum_{k=1}^{l} g_k(\mathbf{w})\alpha_k\right\| \leqslant \sum_{k=1}^{l} |g_k(\mathbf{w})| \leqslant l \max_{1\leqslant k\leqslant l} |g_k(\mathbf{w})|,$$

于是式(2.3.5)得证.

(b) (i) 在此证明中若不加说明,则出现的向量理解为行向量. 设$\mathbf{F}$是l阶方阵,其第k行由线性型

$$f_k(\mathbf{z}) = \varphi_{k1}z_1 + \varphi_{k2}z_2 + \cdots + \varphi_{kl}z_l$$

的系数组成:$(\varphi_{k1}, \varphi_{k2}, \cdots, \varphi_{kl})$. $\mathbf{G}$是l阶方阵,其第k行由线性型

$$g_k(\mathbf{w}) = \gamma_{k1}w_1 + \gamma_{k2}w_2 + \cdots + \gamma_{kl}w_l$$

116

的系数组成:$(\gamma_{k1}, \gamma_{k2}, \cdots, \gamma_{kl})$.于是

$$\mathbf{Fz}' = \big(f_1(\mathbf{z}), f_2(\mathbf{z}), \cdots, f_l(\mathbf{z})\big)',$$
$$\mathbf{wG}' = \big(g_1(\mathbf{w}), g_2(\mathbf{w}), \cdots, g_l(\mathbf{w})\big),$$

其中$'$表示转置.据此可将式(2.3.4)改写为矩阵等式

$$\mathbf{wG}'\mathbf{Fz}' = \mathbf{wIz}',$$

其中$\mathbf{I}$是l阶单位方阵.因为变元$\mathbf{w}$和$\mathbf{z}$可任意取值,所以 $\mathbf{G}'\mathbf{F} = \mathbf{I}$,特别可知$\mathbf{F}, \mathbf{G}$可逆.

(ii) 将Mahler定理(附录§4,定理4)应用于由不等式

$$\max_{1 \leqslant k \leqslant l} |g_k(\mathbf{w})| \leqslant 1$$

定义的区域$\mathscr{R}$,其距离函数是

$$F(\mathbf{w}) = \max_{1 \leqslant k \leqslant l} \left| \sum_{j=1}^{l} \gamma_{kj} w_j \right|.$$

容易算出$\mathscr{R}$的体积等于$2^l/|\det(\mathbf{G})|$.于是存在l个l维整向量

$$\mathbf{w}^{(k)} = (w_{k1}, w_{k2}, \cdots, w_{kl}) \quad (k = 1, 2, \cdots, l)$$

满足

$$\max_{1 \leqslant j \leqslant l} |g_j(\mathbf{w}^{(k)})| = \mu_k, \quad \prod_{k=1}^{l} \mu_k \leqslant 2^{1-l} l! |\det(\mathbf{G})|,$$
$$(2.3.8)$$

其中μ_k是$\mathscr{R}$的第k个相继极小.令$\mathbf{W}$是l阶方阵,其第k行是$\mathbf{w}^{(k)}$,那么依Mahler定理,$|\det(\mathbf{W})| = 1$. 此外还可算出$\mathbf{WG}'$的第k行是

$$\left(g_1(\mathbf{w}^{(k)}), g_2(\mathbf{w}^{(k)}), \cdots, g_l(\mathbf{w}^{(k)})\right), \qquad (2.3.9)$$

所以$\mathbf{WG}'\boldsymbol{\alpha}'$是一个$l$维列向量

$$\left(\sum_{j=1}^{l}\alpha_j g_j(\mathbf{w}^{(1)}), \sum_{j=1}^{l}\alpha_j g_j(\mathbf{w}^{(2)}), \cdots, \sum_{j=1}^{l}\alpha_j g_j(\mathbf{w}^{(l)})\right)'.$$

由式(2.3.7)和(2.3.8),可记

$$\sum_{j=1}^{l}\alpha_j g_j(\mathbf{w}^{(k)}) = a_k + \delta_k \quad (k = 1, 2, \cdots, l),$$

其中a_k是某个整数,而δ_k满足

$$|\delta_k| \leqslant \frac{2^{l-1}}{l!^2}\max_{1\leqslant j\leqslant l}|g_j(\mathbf{w}^{(k)})| = \frac{2^{l-1}\mu_k}{l!^2}. \quad (2.3.10)$$

记$\mathbf{a} = (a_1, a_2, \cdots, a_l)' \in \mathbb{Z}^l, \boldsymbol{\delta} = (\delta_1, \delta_2, \cdots, \delta_l)'$(列向量),则有

$$\mathbf{WG}'\boldsymbol{\alpha}' = \mathbf{a} + \boldsymbol{\delta}.$$

两边乘以$\mathbf{G}'^{-1}\mathbf{W}^{-1}$,得到(注意$\mathbf{G}'^{-1} = \mathbf{F}$)

$$\boldsymbol{\alpha}' = \mathbf{G}'^{-1}\mathbf{W}^{-1}\mathbf{a} + \mathbf{G}'^{-1}\mathbf{W}^{-1}\boldsymbol{\delta} = \mathbf{Fb} + \boldsymbol{\sigma}, \quad (2.3.11)$$

其中已令(列向量)

$$\mathbf{b} = \mathbf{W}^{-1}\mathbf{a}, \ \boldsymbol{\sigma} = (\sigma_1, \sigma_2, \cdots, \sigma_l)' = \mathbf{G}'^{-1}\mathbf{W}^{-1}\boldsymbol{\delta}.$$
$$(2.3.12)$$

因为 $|\det(\mathbf{W})| = 1, \mathbf{a} \in \mathbb{Z}^l$,所以 $\mathbf{b} \in \mathbb{Z}^l$. 又由 $(2.3.12)$ 的第二式可知 $\mathbf{W}\mathbf{G}'\boldsymbol{\sigma} = \boldsymbol{\delta}$, 由此解出

$$\sigma_j = \frac{\Delta_j}{\det(\mathbf{W}\mathbf{G}')} = \pm\frac{\Delta_j}{\det(\mathbf{G})},$$

其中双重号适当选取,而 Δ_j 是将 $\mathbf{W}\mathbf{G}'$ 的第 j 列换为 $\boldsymbol{\delta}$ 所得到的矩阵的行列式.因为 Δ_j 的展开式含 $l!$ 项, 每项是 l 个数之积,其中一个是 $\boldsymbol{\delta}$ 的某个分量 δ_k,满足估值 $(2.3.10)$;其余的数都是矩阵 $\mathbf{W}\mathbf{G}'$ 的某些元素,由式 $(2.3.9)$ 可知它们都等于某个 $g_j(\mathbf{w}^{(i)})$(其中 $i \neq k$),从而满足 $(2.3.8)$ 中的第一式.于是展开式中此项的绝对值不超过

$$\frac{2^{l-1}\mu_k}{l!^2} \cdot \prod_{\substack{1 \leqslant i \leqslant l \\ i \neq k}} \mu_i = \frac{2^{l-1}}{l!^2}\prod_{i=1}^{l}\mu_i,$$

从而

$$|\Delta_j| \leqslant l! \cdot \frac{2^{l-1}}{l!^2}\prod_{i=1}^{l}\mu_i = \frac{2^{l-1}}{l!}\prod_{i=1}^{l}\mu_i.$$

由此及 $(2.3.8)$ 中第二式推出

$$|\sigma_j| \leqslant \frac{2^{l-1}}{l!|\det(\mathbf{G})|}\prod_{i=1}^{l}\mu_i \leqslant 1. \qquad (2.3.13)$$

最后,注意

$$\mathbf{F}\mathbf{b} = \big(f_1(\mathbf{b}), f_2(\mathbf{b}), \cdots, f_l(\mathbf{b})\big)',$$

我们由式 $(2.3.11)$ 和 $(2.3.13)$ 得到 $(2.3.5)$. $\qquad \square$

定理2.3.1的证明　在定理2.3.2中取

$$\mathbf{z} = (\mathbf{x}, \mathbf{y}) = (x_1, \cdots, x_n, y_1, \cdots, y_m),$$
$$\mathbf{w} = (\mathbf{v}, \mathbf{u}) = (v_1, \cdots, v_n, u_1, \cdots, u_m),$$

以及(记$l = m + n$)

$$f_k(\mathbf{z}) = \begin{cases} C^{-1}\big(L_k(\mathbf{x}) + y_k\big) & (k \leqslant m), \\ X^{-1}x_{k-m} & (m < k \leqslant l), \end{cases}$$

$$g_k(\mathbf{w}) = \begin{cases} Cu_k & (k \leqslant m), \\ X\big(v_{k-m} - M_{k-m}(\mathbf{u})\big) & (m < k \leqslant l). \end{cases}$$

还取 $\boldsymbol{\alpha} = (C^{-1}\boldsymbol{\beta}, \mathbf{0})$(此处 $\mathbf{0}$ 是n维零向量).那么条件
(2.3.4)成立.依定理2.3.2,不等式组(2.3.5)有解⇒不等式
(2.3.6) 成立,在此即为:不等式组 (2.3.1) 有解⇒不等式
(2.3.2)成立,于是(a)得证.类似地, 不等式(2.3.7)成立⇒
不等式组(2.3.5)有解,在此就是:不等式(2.3.3)成立⇒不
等式组(2.3.1)有解.于是(b)得证.   □

推论 如果$\alpha_1, \alpha_2, \cdots, \alpha_m$和$\beta_1, \beta_2, \cdots, \beta_m$是两
组实数 , 对于任何满足 $\max\limits_{1 \leqslant i \leqslant m} |u_i| \leqslant U$ 的整数组 $(u_1,$
$u_2, \cdots, u_m), \sum\limits_{i=1}^{m} u_i\beta_i$都是整数, 那么不等式组

$$\|q\alpha_i - \beta_i\| \leqslant \frac{(m+1)!^2}{2^m U} \quad (i = 1, 2, \cdots, m)$$

有整数解q.

证 (i) 在定理2.3.1(b)中取$n = 1, m \geqslant 1$,以
及 $\mathbf{x} = (x_1)$(记作x), $\mathbf{u} = (u_1, u_2, \cdots, u_m), \boldsymbol{\beta} = (\beta_1,$
$\beta_2, \cdots, \beta_m)$. 于是

$$L_i(x) = \alpha_i x \ (i = 1, 2, \cdots, m),$$

$$M(\mathbf{u}) = \alpha_1 u_1 + \alpha_2 u_2 + \cdots + \alpha_m u_m.]$$

还取

$$C = \frac{(m+1)!^2}{2^m U}.$$

120

(ii) 对于任意$\mathbf{u} \in \mathbb{Z}^m$,若满足$\max\limits_{1 \leqslant i \leqslant m} |u_i| \leqslant U$则$\mathbf{u} \cdot \boldsymbol{\beta} \in \mathbb{Z}$,条件(2.3.3)成立.不然, 则$\mathbf{u}$至少有一个分量大于$U$,从而$\max\limits_{1 \leqslant i \leqslant m} |u_i| > U$.于是式(2.3.3)的右边大于

$$\frac{2^{m-1}}{(m+1)!^2} \cdot C \cdot U = \frac{2^{m-1}}{(m+1)!^2} \cdot \frac{(m+1)!^2}{2^m U} \cdot U = \frac{1}{2}.$$

因为$\|\mathbf{u} \cdot \boldsymbol{\beta}\| \leqslant 1/2$,所以条件(2.3.3)也成立.于是由定理2.3.1(b)得到推论中的结论. □

注 用不同的方法,文献[120]证明了:在上述推论的条件下,存在整数q满足

$$\sum_{i=1}^m \|q\alpha_i - \beta_i\|^2 \leqslant \frac{m\pi^2}{16(U+1)^2},$$

因此$\max\limits_{1 \leqslant i \leqslant m} \|q\alpha_i - \beta_i\| \leqslant \sqrt{m}\pi/\big(4(U+1)\big)$.

§2.3.2 定量形式⇒定性形式

现在从定理2.3.1推出定理2.2.1.因为在§2.2.2中已经证明了定理2.2.1中"命题A ⇒命题B",所以在此仅需应用定理2.3.1证明定理2.2.1中"命题B ⇒命题A".

首先注意,因为

$$\sum_{i=1}^m u_i L_i(\mathbf{x}) = \sum_{j=1}^n x_j M_j(\mathbf{u}),$$

所以(定理2.2.1中)命题B中的条件"整向量 $\mathbf{u} = (u_1, u_2, \cdots, u_m)$使得$u_1 L_1(\mathbf{x}) + u_2 L_2(\mathbf{x}) + \cdots + u_m L_m(\mathbf{x})$是$x_1, x_2, \cdots, x_n$的整系数线性型",等价于"整向量$\mathbf{u} = (u_1, u_2, \cdots, u_m)$ 使得$M_1(\mathbf{u}), M_2(\mathbf{u}), \cdots, M_n(\mathbf{u})$都是整数".于是"命题B ⇒命题A"等价于证明:

引理 2.3.1 如果对于任何使得$\|M_j(\mathbf{u})\|=0(j=1,2,\cdots,n)$的$\mathbf{u}\in\mathbb{Z}^m$都有$\|\mathbf{u}\cdot\boldsymbol{\beta}\|=0$,那么对于任何$\varepsilon>0$总存在$\mathbf{a}\in\mathbb{Z}^n$满足

$$\|L_i(\mathbf{a})-\beta_i\|\leqslant\varepsilon\quad(i=1,2,\cdots,m).\quad(2.3.14)$$

证 在定理2.3.1(b)中取$C=\varepsilon$.考虑任意一个$\mathbf{u}\in\mathbb{Z}^m$,若它满足条件$\|M_j(\mathbf{u})\|=0(j=1,2,\cdots,n)$,则(依本引理的假设)有$\|\mathbf{u}\cdot\boldsymbol{\beta}\|=0$,所以定理2.3.1(b)中的条件(2.3.3)被满足.若不然,则至少有一个j使得$\|M_j(\mathbf{u})\|\neq 0$,我们区分两种情形讨论.

情形1 设$\mathbf{u}\in\mathbb{Z}^m$满足

$$\max_{1\leqslant i\leqslant m}|u_i|\leqslant\frac{2^{1-m}(m+n)!^2}{2\varepsilon}.$$

这样的$\mathbf{u}$个数有限,将它们全体形成的集合记作S,那么

$$0<\max_{\mathbf{u}\in S}\max_{1\leqslant j\leqslant n}\|M_j(\mathbf{u})\|<\infty,$$

可取X充分大使得

$$\frac{2^{m-1}}{(m+n)!^2}\cdot X\max_{1\leqslant j\leqslant n}\|M_j(\mathbf{u})\|>\frac{1}{2}\quad(\forall\mathbf{u}\in S).$$

因为$\|\mathbf{u}\boldsymbol{\beta}\|\leqslant 1/2$,所以不等式(2.3.3)成立.

情形2 设$\mathbf{u}\in\mathbb{Z}^m$满足

$$\max_{1\leqslant i\leqslant m}|u_i|>\frac{2^{1-m}(m+n)!^2}{2\varepsilon}.$$

此时对于每个这样的$\mathbf{u}\in\mathbb{Z}^m$,式(2.3.3)右边不小于

$$\begin{aligned}\frac{2^{m-1}}{(m+n)!^2}\cdot C\max_{1\leqslant\kappa\leqslant n}|u_i|&\geqslant\frac{2^{m-1}}{(m+n)!^2}\cdot\varepsilon\frac{2^{1-m}(m+n)!^2}{2\varepsilon}\\&=\frac{1}{2},\end{aligned}$$

因此不等式(2.3.3)也成立.

总之,定理2.3.1(b)的条件在此被满足,所以存在$\mathbf{a}\in\mathbb{Z}^n$满足不等式组(2.3.1),当然也满足不等式组(2.3.14).

$\square$

第3章 转换定理

本章研究不同类型的逼近问题之间的内部联系,即由一类逼近问题的解的某种信息得出另一类与之相关的逼近问题的解的一些信息.这种结果通常称作转换定理,包括齐次逼近问题间的转换定理, 以及齐次逼近问题与非齐次逼近问题间的转换定理,重点是前者.第一节给出Mahler线性型转换定理和某些变体,以及它们的一些重要应用,如Khintchine转换原理.第二节引进线性型系的转置系的概念,应用Mahler线性型转换定理,建立一些关于线性型系与其转置系间的转换定理.第三节给出齐次逼近问题与非齐次逼近问题间的转换定理和应用.本章主要应用数的几何方法,不涉及建立转换定理的解析方法.

3.1 Mahler线性型转换定理

§3.1.1 Mahler线性型转换定理

对于$n \geqslant 2$,记实变元$\mathbf{x} = (x_1, x_2, \cdots, x_n), \mathbf{y} = (y_1, y_2, \cdots, y_n)$.

定理 3.1.1 设$n \geqslant 2$,

$$f_i(\mathbf{x}) = \sum_{j=1}^{n} a_{ij}x_j, g_i(\mathbf{x}) = \sum_{j=1}^{n} b_{ij}x_j \quad (i = 1, 2, \cdots, n)$$

是$2n$个实系数线性型,$g_i(i = 1, 2, \cdots, n)$的系数行列式$d = \det(b_{ij}) \neq 0$, 并且双线性型

$$\Phi(\mathbf{x}, \mathbf{y}) = \sum_{i=1}^{n} f_i(\mathbf{x})g_i(\mathbf{y}) = \sum_{1 \leqslant j,k \leqslant n} c_{jk}x_j y_k$$

124

的所有系数c_{jk}都是整数.还设$t_1, t_2, \cdots, t_n$是给定的一组正数,令

$$\lambda = (|d|t_1 \cdots t_n)^{1/(n-1)}.$$

那么,若不等式组

$$|f_1(\mathbf{x})| = t_1, \ |f_i(\mathbf{x})| \leqslant t_i \quad (i = 2, \cdots, n) \quad (3.1.1)$$

有非零解$\mathbf{x} \in \mathbb{Z}^n$,则不等式组

$$|g_1(\mathbf{y})| = (n-1) \cdot \frac{\lambda}{t_1}, \ |g_i(\mathbf{y})| \leqslant \frac{\lambda}{t_i} \quad (i = 2, \cdots, n) \tag{3.1.2}$$

有非零解$\mathbf{y} \in \mathbb{Z}^n$,

证 考虑关于$\mathbf{y}$的线性不等式组

$$|\Phi(\mathbf{x}, \mathbf{y})| < 1, \ |g_i(\mathbf{y})| \leqslant \frac{\lambda}{t_i} \quad (i = 2, \cdots, n), \tag{3.1.3}$$

其中$\mathbf{x} \in \mathbb{Z}^n$是不等式组(3.1.1)的非零解.由$\Phi(\mathbf{x}, \mathbf{y})$的定义可知

$$c_{jk} = \sum_{i=1}^{n} a_{ij}b_{ik},$$

并且

$$\Phi(\mathbf{x}, \mathbf{y}) = \sum_{k=1}^{n} \left(\sum_{i=1}^{n} f_i(\mathbf{x})b_{ik} \right) y_k.$$

因此以$\mathbf{y}$为变元的线性不等式组(3.1.3)的系数行列式是

$$\begin{vmatrix} \sum\limits_{i=1}^{n} f_i(\mathbf{x})b_{i1} & \cdots & \sum\limits_{i=1}^{n} f_i(\mathbf{x})b_{in} \\ b_{21} & \cdots & b_{2n} \\ \vdots & & \vdots \\ b_{n1} & \cdots & b_{nn} \end{vmatrix}$$

125

从第1行减去第k行的$f_k(\mathbf{x})$倍$(k = 2, \cdots, n)$,可知此行列式等于

$$\begin{vmatrix} f_1(\mathbf{x})b_{11} & \cdots & f_1(\mathbf{x})b_{1n} \\ b_{21} & \cdots & b_{2n} \\ \vdots & & \vdots \\ b_{n1} & \cdots & b_{nn} \end{vmatrix}$$

于是线性不等式组(3.1.3)的系数行列式的绝对值等于$|f_1(\mathbf{x})\det(b_{ij})| = |d||f_1(\mathbf{x})|$.因为

$$1 \cdot \prod_{i=2}^{n} \frac{\lambda}{t_i} = |d|t_1 = |d||f_1(\mathbf{x})|,$$

所以依Minkowski线性型定理,不等式组(3.1.3)有非零解$\mathbf{y} \in \mathbb{Z}^n$. 特别,由式(3.1.3)的第一式可知非零整向量$\mathbf{x}, \mathbf{y}$满足不等式

$$|\Phi(\mathbf{x}, \mathbf{y})| < 1.$$

因为$\Phi(\mathbf{x}, \mathbf{y})$所有系数$c_{jk}$都是整数,所以$|\Phi(\mathbf{x}, \mathbf{y})|$ 是一个小于1的整数,从而$\Phi(\mathbf{x}, \mathbf{y}) = 0$.由此解出

$$f_1(\mathbf{x})g_1(\mathbf{x}) = -\sum_{i=2}^{n} f_i(\mathbf{x})g_i(\mathbf{x}). \tag{3.1.4}$$

由此及式(3.1.1)和(3.1.3)推出

$$|g_1(\mathbf{y})| \leqslant \frac{1}{|f_1(\mathbf{x})|} \sum_{i=2}^{n} |f_i(\mathbf{x})||g_i(\mathbf{x})| \leqslant \frac{(n-1)\lambda}{t_1}.$$

于是(注意式(3.1.3))$\mathbf{y} \in \mathbb{Z}^n$满足不等式组(3.1.2). $\square$

注 定理3.1.1是K.Mahler([77])的原始结果,要求不等式组(3.1.2)中有一个是等式.

§3.1.2　Mahler线性型转换定理的变体

下面是Mahler线性型转换定理的一个变体,有时更便于应用.

定理 3.1.2 设$n \geqslant 2$,

$$f_i(\mathbf{x}) = \sum_{j=1}^n a_{ij}x_j, g_i(\mathbf{x}) = \sum_{j=1}^n b_{ij}x_j \quad (i = 1, 2, \cdots, n)$$

是$2n$个实系数线性型,f_i和$g_i(i = 1, 2, \cdots, n)$的系数行列式$\det(a_{ij})$和$d = \det(b_{ij})$都不为零,并且双线性型

$$\Phi(\mathbf{x}, \mathbf{y}) = \sum_{i=1}^n f_i(\mathbf{x})g_i(\mathbf{y}) = \sum_{1 \leqslant j, k \leqslant n} c_{jk}x_j y_k$$

的所有系数c_{jk}都是整数.还设$t_1, t_2, \cdots, t_n$是给定正数,令

$$\lambda = (|d|t_1 \cdots t_n)^{1/(n-1)}.$$

那么,若不等式组

$$|f_i(\mathbf{x})| \leqslant t_i \quad (i = 1, 2, \cdots, n)$$

有非零解$\mathbf{x} \in \mathbb{Z}^n$,则不等式组

$$|g_i(\mathbf{y})| \leqslant (n-1) \cdot \frac{\lambda}{t_i} \quad (i = 1, 2, \cdots, n)$$

有非零解$\mathbf{y} \in \mathbb{Z}^n$.

我们先给出下列两个引理.

127

引理 3.1.1　设$f_i, g_i, d, t_1, \cdots, t_n, \lambda$同定理3.1.2. 那么,若不等式组

$$|f_i(\mathbf{x})| \leqslant t_i \quad (i = 2, \cdots, n) \tag{3.1.5}$$

有非零解$\mathbf{x} \in \mathbb{Z}^n$,则不等式组

$$|g_i(\mathbf{y})| \leqslant \lambda \cdot \max_{1 \leqslant k \leqslant n} \sum_{\substack{1 \leqslant i \leqslant n \\ i \neq k}} \frac{1}{t_i} \quad (i = 1, 2, \cdots, n) \tag{3.1.6}$$

有非零解$\mathbf{y} \in \mathbb{Z}^n$.

证　只需将定理3.1.1的证明稍加修改即可.因为$\det(a_{ij}) \neq 0$,所以线性方程组$f_i(\mathbf{x}) = 0 \, (i = 1, 2, \cdots, n)$只有零解.因此,若不等式组(3.1.5)有非零解$\mathbf{x} \in \mathbb{Z}^n$, 则必$\max_{1 \leqslant i \leqslant n} |f_i(\mathbf{x})| \neq 0$.不妨认为

$$|f_1(\mathbf{x})| = \max_{1 \leqslant i \leqslant n} |f_i(\mathbf{x})| > 0. \tag{3.1.7}$$

考虑关于$\mathbf{y}$的线性不等式组(3.1.3),其中$\mathbf{x} \in \mathbb{Z}^n$是不等式组(3.1.4)的非零解.不等式组(3.1.3)的系数行列式的绝对值等于$|d||f_1(\mathbf{x})|$.因为

$$1 \cdot \prod_{i=2}^{n} \frac{\lambda}{t_i} = |d|t_1 \geqslant |d||f_1(\mathbf{x})|,$$

所以由Minkowski线性型定理,存在非零整向量$\mathbf{y}$满足不等式组(3.1.3).类似于定理3.1.1的证明可知式(3.1.4)成立.注意由式(3.1.7)可知

$$\frac{|f_i(\mathbf{x})|}{|f_1(\mathbf{x})|} \leqslant 1 \quad (i = 2, \cdots, n),$$

所以由式(3.1.4)和(3.1.3)推出

$$|g_1(\mathbf{y})| \leqslant \sum_{i=2}^{n} \frac{|f_i(\mathbf{x})|}{|f_1(\mathbf{x})|} |g_i(\mathbf{x})| \leqslant \lambda \sum_{i=2}^{n} \frac{1}{t_i}.$$

由此及(3.1.3)的第二式可知$\mathbf{y} \in \mathbb{Z}^n$满足不等式组

$$|g_1(\mathbf{y})| \leqslant \lambda \sum_{i=2}^{n} \frac{1}{t_i}, \ |g_i(\mathbf{y})| \leqslant \frac{\lambda}{t_i} \quad (i = 2, \cdots, n).$$

因为满足式(3.1.7)的可以是任何一个f_i,所以$\mathbf{y} \in \mathbb{Z}^n$满足不等式组(3.1.6). □

在引理1中取$t_1 = \cdots = t_n = t > 0$,可得:

引理 3.1.2 设f_i, g_i, d同定理3.1.2,$t > 0$是给定实数.那么,若不等式组

$$|f_i(\mathbf{x})| \leqslant t \quad (i = 1, 2, \cdots, n)$$

有非零解$\mathbf{x} \in \mathbb{Z}^n$,则不等式组

$$|g_i(\mathbf{y})| \leqslant (n-1) \cdot (t|d|)^{1/(n-1)} \quad (i = 1, 2, \cdots, n)$$

有非零解$\mathbf{y} \in \mathbb{Z}^n$.

定理3.1.2之证 将引理 3.1.2 应用于线性型系$t_i^{-1} f_i(\mathbf{x})$和$t_i g_i(\mathbf{x})$ $(i = 1, 2, \cdots, n)$,即得结论. □

注 1° 引理3.1.1可见[10].引理3.1.2也可用定理3.1.1的证法直接证明(见[31]),或由定理3.1.1推出(见[15]).

2° 设$n \geqslant 2$.给定一组n变元$\mathbf{x} = (x_1, x_2, \cdots, x_n)$的实系数线性型系

$$A_i(\mathbf{x}) = \sum_{j=1}^{n} a_{ij} x_j \quad (i = 1, 2, \cdots, n),$$

129

其系数行列式$d = \det(a_{ij}) \neq 0$.设矩阵(a_{ij})的逆矩阵是(b_{ij}),定义一组n变元$\mathbf{y} = (y_1, y_2, \cdots, y_n)$的实系数线性型系

$$B_j(\mathbf{y}) = \sum_{i=1}^{n} b_{ij} y_i \quad (j = 1, 2, \cdots, n).$$

我们将其中任何一组称为另一组的逆转置系.C.L.Siegel([103],还可见[15]))和A.O.Gelfond([47]) 应用解析方法得到下列的

定理3.1.3　设线性型系$A_i(\mathbf{x})$和$B_j(\mathbf{y})$如上. 还设$t_1, t_2, \cdots, t_n, \rho, \tau$是正实数,满足不等式

$$0 < \rho \leqslant \tau \leqslant \frac{1}{\pi} \left(\frac{4n}{4n+1} \right)^{2n} \sqrt{\frac{6}{4n+1}},$$

以及

$$t_1 t_2 \cdots t_n \geqslant \frac{\rho |d|}{\tau}.$$

那么,若存在非零整向量$\mathbf{x}$满足不等式组

$$|A_i(\mathbf{x})| \leqslant \frac{\rho}{t_i} \quad (i = 1, 2, \cdots, n),$$

则存在非零整向量$\mathbf{y}$满足不等式组

$$|B_j(\mathbf{y})| \leqslant t_j \quad (j = 1, 2, \cdots, n).$$

可以证明定理 3.1.3与引理 3.1.2本质上是等价的(见[122]).

130

§3.1.3 Khintchine转换原理

定理 3.1.4 (Khintchine转换原理) 设$\theta_1, \theta_2, \cdots,$
θ_n 是$n(\geqslant 1)$个任意给定的实数,还设ω_1是使不等式

$$\|u_1\theta_1 + u_2\theta_2 + \cdots + u_n\theta_n\| \leqslant (\max_{1\leqslant j\leqslant n}|u_j|)^{-n-\alpha}$$

有无穷多个非零整解$\mathbf{u} = (u_1, u_2, \cdots, u_n)$的实数$\alpha \geqslant$
0的上确界,ω_2是使不等式

$$\max_{1\leqslant i\leqslant n}\|x\theta_i\| \leqslant x^{-(1+\beta)/n}$$

有无穷多个非零整数解x的实数$\beta \geqslant 0$的上确界.那么

(a) 当ω_1和ω_2都有限时,

$$\omega_1 \geqslant \omega_2 \geqslant \frac{\omega_1}{n^2 + (n-1)\omega_1}.$$

(b) 当$\omega_1 = \infty$时,

$$\omega_2 \geqslant \frac{1}{n-1} \ (\text{若}n > 1); \quad \omega_2 = \infty \ (\text{若}n = 1).$$

(c) 当$\omega_2 = \infty$时,$\omega_1 = \infty$.

证 (a) 设ω_1和ω_2都有限.

(i) 设$\alpha \geqslant 0$,不等式组

$$\|u_1\theta_1 + u_2\theta_2 + \cdots + u_n\theta_n\| \leqslant (\max_{1\leqslant j\leqslant n}|u_j|)^{-n-\alpha}$$

有无穷多个非零整解$\mathbf{u} = (u_1, u_2, \cdots, u_n)$.记$\rho = |u_1\theta_1 + u_2\theta_2 + \cdots + u_n\theta_n - u_{n+1}| = \|u_1\theta_1 + u_2\theta_2 + \cdots + u_n\theta_n\|$.因为$\omega_1$有限,所以$\rho \neq 0$(因若不然,则$\|ku_1\theta_1 + ku_2\theta_2 + \cdots + ku_n\theta_n\| = 0$, 于是$k\mathbf{u} \ (k \in \mathbb{Z})$对任何$\alpha \geqslant$

131

0 给出上述不等式的无穷多个整解,从而$\omega_1 = \infty$).于是

$$0 < \rho < 1. \tag{3.1.8}$$

从而不等式组

$$0 < |u_1\theta_1 + u_2\theta_2 + \cdots + u_n\theta_n - u_{n+1}| \leqslant \sigma^{-(n+\alpha)},$$

$$\max_{1 \leqslant i \leqslant n} |u_i| = \sigma \tag{3.1.9}$$

有无穷多组整数解$(u_1, \cdots, u_n, u_{n+1})$.考虑以$(x_1, \cdots, x_n, x)$为变元的线性不等式组

$$|x_i - \theta_i x| \leqslant \rho^{1/n}, |u_1x_1 + u_2x_2 + \cdots + u_nx_n - u_{n+1}x| < 1. \tag{3.1.10}$$

不等式组的 系数 行列 式的绝对值 等于 $|\rho|$,因 此由 Minkowski线性型定理,存在一组非零整数解$(x_1, \cdots, x_n, x)$.于是(3.1.10)中最后一式的左边是整数,从而等于零,即知不全为零的整数组$(x_1, \cdots, x_n, x)$满足

$$|x_i - \theta_i x| \leqslant \rho^{1/n}, u_1x_1 + u_2x_2 + \cdots + u_nx_n - u_{n+1}x = 0. \tag{3.1.11}$$

由此及式(3.1.11)得到

$$\begin{aligned}
|\rho x| &= |(u_1\theta_1 + u_2\theta_2 + \cdots + u_n\theta_n - u_{n+1})x - \\
&\quad (u_1x_1 + u_2x_2 + \cdots + u_nx_n - u_{n+1}x)| \\
&= |(x_1 - \theta_1 x)u_1 + \cdots + (x_n - \theta_n x)u_n| \\
&\leqslant n\sigma\rho^{1/n}.
\end{aligned}$$

因为由式(3.1.9)有$\sigma \leqslant \rho^{-1/(n+\alpha)}$,所以

$$|x| \leqslant n\rho^{-1/(n+\alpha)} \cdot \rho^{1/n} \cdot \rho^{-1} = n\rho^{-(n^2+(n-1)\alpha)/(n^2+n\alpha)}. \tag{3.1.12}$$

132

若 $\beta \geqslant 0$ 满足不等式

$$\rho^{1/n} \leqslant \left(n\rho^{-(n^2+(n-1)\alpha)/(n^2+n\alpha)} \right)^{-(1+\beta)/n},$$

则由式(3.1.8)得到

$$\frac{n^2+(n-1)\alpha}{n^2+n\alpha} \cdot \frac{1+\beta}{n} - \frac{1}{n} < 0,$$

于是由式(3.1.11)和(3.1.12)可知:当

$$0 \leqslant \beta < \frac{\alpha}{n^2+(n-1)\alpha} \tag{3.1.13}$$

时,不等式

$$\max_{1 \leqslant i \leqslant n} \|x\theta_i\| \leqslant x^{-(1+\beta)/n} \tag{3.1.14}$$

有无穷多个非零整数解 x.注意不等式 (3.1.13)的右边,
当 $\alpha \geqslant 0$ 时是 α 的增函数, 所以当任何

$$0 \leqslant \beta < \frac{\omega_1}{n^2+(n-1)\omega_1}$$

时上述结论成立.如果

$$\omega_2 < \frac{\omega_1}{n^2+(n-1)\omega_1},$$

那么依刚才所证,对于任何 $\beta \in \left(\omega_2, \omega_1/(n^2+(n-1)\omega_1) \right)$, 不等式(3.1.14)将有无穷多个非零整数解 x.这
与 ω_2 的定义矛盾,因此

$$\omega_2 \geqslant \frac{\omega_1}{n^2+(n-1)\omega_1}.$$

(ii) 设 $\beta \geqslant 0$,使得有无穷多个整数 $x \neq 0$满足不
等式

$$\max_{1 \leqslant i \leqslant n} \|x\theta_i\| \leqslant x^{-(1+\beta)/n}. \tag{3.1.15}$$

133

记

$$\|x\theta_i\| = |x\theta_i - x_i| \quad (i = 1, 2, \cdots, n), \ \tau = |x|.$$

那么有无穷多组整数$(x_1, \cdots, x_n, x_{n+1})$满足线性不等式组

$$|x\theta_i - x_i| \leqslant \tau^{-(1+\beta)/n} \quad (i = 1, 2, \cdots, n), |x_{n+1}| = \tau.$$

在定理3.1.1中取线性型系$\big(\mathbf{x} = (x_1, \cdots, x_n, x_{n+1})\big)$

$$f_i(\mathbf{x}) = x_i - x_{n+1}\theta_i \quad (i = 1, 2, \cdots, n),$$

$$f_{n+1}(\mathbf{x}) = x_{n+1},$$

以及$\big(\mathbf{u} = (u_1, \cdots, u_n, u_{n+1})\big)$

$$g_i(\mathbf{u}) = u_i \quad (i = 1, 2, \cdots, n),$$

$$g_{n+1} = u_1\theta_1 + \cdots + u_n\theta_n - u_{n+1}.$$

那么容易验证在此满足该定理的各项条件,于是线性型不等式组

$$|u_j| \leqslant \tau^{1/n} \quad (j = 1, 2, \cdots, n),$$

$$|u_1\theta_1 + \cdots + u_n\theta_n - u_{n+1}| \leqslant n\tau^{-1-\beta/n}$$

有非零整解$(u_1, \cdots, u_n, u_{n+1})$.若$u_1 = \cdots = u_n = 0$,则当$\tau$充分大时$u_{n+1} = 0$.此不可能.因此$u_1, \cdots, u_n, u_{n+1}$不全为零.若$\alpha \geqslant 0$满足不等式

$$n\tau^{-1-\beta/n} > (\tau^{1/n})^{-(n+\alpha)},$$

则由$\tau \geqslant 1$得到$\alpha < \beta$.于是当

$$0 \leqslant \alpha < \omega_2$$

134

时,不等式

$$\|u_1\theta_1 + u_2\theta_2 + \cdots + u_n\theta_n\| \leqslant \left(\max_{1\leqslant j\leqslant n} |u_j|\right)^{-n-\alpha}$$

$$(3.1.16)$$

有无穷多组非零整解$\mathbf{u} = (u_1, u_2, \cdots, u_n)$.由此可类似于步骤(i)推出$\omega_1 \geqslant \omega_2$.

(b) 设$\omega_1 = \infty$.若$n > 1$,那么依(a)的证明步骤(i),对于任何$\alpha \geqslant 0$,只要β满足式(3.1.13),不等式组(3.1.14)就有无穷多个非零整数解x. 在式(3.1.13)中令$\alpha \to \infty$可知,当$\beta \in \left(0, 1/(n-1)\right)$时,不等式组(3.1.14)都有无穷多个非零整数解x.据此(用反证法)推出

$$\omega_2 \geqslant \frac{1}{n-1}.$$

若$n = 1$,则式(3.1.13)表明,对于任何$\beta \geqslant 0$,不等式组(3.1.14)都有无穷多个非零整数解x. 因此$\omega_2 = \infty$.或者:当$n = 1$时,定理中两个不等式相同,所以$\omega_2 = \omega_1 = \infty$.

(c) 设$\omega_2 = \infty$.由(a)的证明步骤(ii),对于任何使不等式(3.1.15)有无穷多非零整数解x 的$\beta \geqslant 0$,只要$\alpha < \beta$,不等式(3.1.16)就有无穷多组非零整解$\mathbf{u}$.因为$\beta \geqslant 0$可取任意大的值,所以对于任何$\alpha \geqslant 0$,不等式(3.1.16)都有无穷多组非零整解$\mathbf{u}$.因此$\omega_1 = \infty$. □

注 Khintchine转换原理([64,65])有多种证明,对此可参见[26,47,49]等. 也可以直接应用定理3.2.1证明(参见下面定理3.2.2的证明).

135

3.2 线性型及其转置系间的转换定理

§3.2.1 互为转置的线性型系的转换定理

设$m, n \geqslant 1$.对于m个n变元$\mathbf{x} = (x_1, x_2, \cdots, x_n)$的实系数线性型系

$$L_i(\mathbf{x}) = \sum_{j=1}^{n} \theta_{ij} x_j \quad (i = 1, 2, \cdots, m), \qquad (3.2.1)$$

以及n个m变元$\mathbf{y} = (y_1, y_2, \cdots, y_m)$的实系数线性型系

$$M_j(\mathbf{y}) = \sum_{i=1}^{m} \theta_{ij} u_i \quad (j = 1, 2, \cdots, n), \qquad (3.2.2)$$

我们将其中任何一组称为另一组的转置系(见§2.3.1). Khintchine转换原理中涉及两组特殊的互为转置的线性型系($m = 1, n \geqslant 1$).本节应用Mahler线性型转换定理给出两组互为转置的线性型间的一般性转换关系.

定理3.2.1 设C, X是满足$0 < C < 1 \leqslant X$的实数,线性型系$L_i(\mathbf{x})$ 和$M_j(\mathbf{y})$如式(3.2.1)和(3.2.2)给定.那么,若不等式组

$$\max_{1 \leqslant i \leqslant m} \|L_i(\mathbf{x})\| \leqslant C, \ \max_{1 \leqslant j \leqslant n} |x_j| \leqslant X, \qquad (3.2.3)$$

有非零整(向量)解$\mathbf{x}$,则有非零整向量$\mathbf{y}$满足不等式组

$$\max_{1 \leqslant j \leqslant n} \|M_j(\mathbf{y})\| \leqslant D, \ \max_{1 \leqslant i \leqslant m} |y_i| \leqslant U, \qquad (3.2.4)$$

其中

$$D = (m + n - 1) X^{(1-m)/(m+n-1)} C^{m/(m+n-1)},$$
$$U = (m + n - 1) X^{n/(m+n-1)} C^{(1-n)/(m+n-1)}.$$

136

证　引进新变元 $\mathbf{u} = (u_1, u_2, \cdots, u_m)$, $\mathbf{v} = (v_1, v_2, \cdots, v_n)$. 记 $\mathbf{w} = (\mathbf{x}, \mathbf{u})$, $\mathbf{z} = (\mathbf{y}, \mathbf{v})$. 定义线性型系

$$f_k(\mathbf{w}) = \begin{cases} C^{-1}\big(L_k(\mathbf{x}) + u_k\big) & (1 \leqslant k \leqslant m), \\ X^{-1}x_{k-m} & (m+1 \leqslant k \leqslant m+n); \end{cases}$$

$$g_k(\mathbf{z}) = \begin{cases} Cy_k & (1 \leqslant k \leqslant m), \\ X\big(-M_{k-m}(\mathbf{y}) + v_{k-m}\big) & (m+1 \leqslant k \leqslant m+n). \end{cases}$$

直接验证这两组线性型的系数行列式都不为零, 且 $g_k(\mathbf{z})$ $(1 \leqslant k \leqslant m+n)$ 的系数行列式 $d = C^m X^n$. 还有

$$\sum_{k=1}^{m+n} f_k(\mathbf{w})g_k(\mathbf{z})$$

$$= \sum_{k=1}^{m} C^{-1}\big(L_k(\mathbf{x}) + u_k\big) \cdot Cy_k + $$
$$\quad \sum_{k=m+1}^{m+n} X^{-1}x_{k-m} \cdot X\big(-M_{k-m}(\mathbf{y}) + v_{k-m}\big)$$

$$= \sum_{k=1}^{m} L_k(\mathbf{x})y_k + \sum_{k=1}^{m} u_k y_k - $$
$$\quad \sum_{k=m+1}^{m+n} M_{k-m}(\mathbf{y})x_{k-m} + \sum_{k=m+1}^{m+n} x_{k-m}v_{k-m}$$

$$= \sum_{k=1}^{m}\sum_{j=1}^{n} \theta_{kj}x_j y_k + \sum_{k=1}^{m} u_k y_k - $$
$$\quad \sum_{j=1}^{n}\sum_{k=1}^{m} \theta_{kj}y_k x_j + \sum_{j=1}^{n} x_j v_j$$

$$= \sum_{k=1}^{m} u_k y_k + \sum_{j=1}^{n} x_j v_j.$$

可见右边各加项都有整系数.于是f_k, g_k满足定理 3.1.2 的有关条件.又式(3.2.3)有非零整解$\mathbf{x}$等价于存在$m+n$维非零整向量$\mathbf{w} = (\mathbf{x}, \mathbf{u})$ (其中$\mathbf{x}$非零),满足

$$|L_i(\mathbf{x}) + y_i| \leqslant C \quad (i = 1, 2, \cdots, m),$$

$$|x_j| \leqslant X \quad (j = 1, 2, \cdots, n),$$

从而$\mathbf{w} = (\mathbf{x}, \mathbf{u})$满足不等式组

$$|f_k(\mathbf{w})| \leqslant 1 \quad (k = 1, 2, \cdots, m+n).$$

因此依定理3.1.2可知存在$m+n$维非零整向量$\mathbf{z} = (\mathbf{y}, \mathbf{v})$ 满足不等式组

$$|g_k(\mathbf{z})| \leqslant (m+n-1)(C^m X^n)^{1/(m+n-1)}$$

$$(k = 1, 2, \cdots, m+n).$$

这等价于$\mathbf{z} = (\mathbf{y}, \mathbf{v})$满足

$$|M_j(\mathbf{y}) + v_j| \leqslant D \quad (j = 1, 2, \cdots, n),$$

$$|y_i| \leqslant U \quad (i = 1, 2, \cdots, m).$$

我们需要证明$\mathbf{y}$非零.当$D < 1$时,若$\mathbf{y} = \mathbf{0}$,则由上式可知$|v_j| = |M_j(\mathbf{y}) + v_j| < D$从而推出所有$v_j = 0$,这与$\mathbf{z} = (\mathbf{y}, \mathbf{v})$ 非零矛盾.当$D \geqslant 1$时,由$0 < C < 1 \leqslant X$以及U的定义推出$U > 1$,因此正方体$[-U, U]^m$中总含有非零整向量,可任意选取其一,不仅满足$|y_i| \leqslant U \, (i = 1, 2, \cdots, m)$,并且因为$\|M_j(\mathbf{y})\| \leqslant 1/2$,而$D \geqslant 1$,从而$\|M_j(\mathbf{y})\| \leqslant D$自然成立.总之,确实存在非零整向量$\mathbf{y}$满足不等式组(3.2.4). $\qquad\square$

推论 存在常数$\gamma > 0$使得任何n维非零整向量$\mathbf{x}$满足不等式

$$(\max_{1 \leqslant i \leqslant m} \|L_i(\mathbf{x})\|)^m (\max_{1 \leqslant j \leqslant n} |x_j|)^n \geqslant \gamma, \qquad (3.2.5)$$

当且仅当存在常数$\delta > 0$使得任何m维非零整向量$\mathbf{y}$满足不等式

$$(\max_{1 \leqslant j \leqslant n} \|M_j(\mathbf{y})\|)^n (\max_{1 \leqslant i \leqslant m} |y_i|)^m \geqslant \delta. \qquad (3.2.6)$$

证 因为关于不等式$(3.2.5)$与$(3.2.6)$的表述形式是对称的,所以只需证明:常数 $\delta > 0$ 的存在性 $\Rightarrow$ 常数 $\gamma > 0$的存在性.

设存在常数$\delta > 0$使得任何m维非零整向量$\mathbf{y}$满足不等式$(3.2.6)$.对于任意给定的非零n维整向量$\mathbf{x}$,令

$$X = X(\mathbf{x}) = \max_{1 \leqslant j \leqslant n} |x_j|,$$

并取$C = C(\mathbf{x}) \in (0,1)$满足

$$C = C(\mathbf{x}) \geqslant \max_{1 \leqslant i \leqslant m} \|L_i(\mathbf{x})\|.$$

那么非零n维整向量$\mathbf{x}$是不等式组$(3.2.3)$的解,所以依定理3.2.1,存在m维非零整向量$\mathbf{y}$满足不等式$(3.2.4)$.又由常数$\delta > 0$的存在性,对于这个向量$\mathbf{y}$ 不等式$(3.2.6)$成立,从而

$$D^n U^m \geqslant \delta. \qquad (3.2.7)$$

139

按公式算出

$$D^n U^m = (m+n-1)^n X^{n(1-m)/(m+n-1)} \cdot$$
$$C^{mn/(m+n-1)}(m+n-1)^m X^{mn/(m+n-1)} \cdot$$
$$C^{m(1-n)/(m+n-1)}$$
$$= (m+n-1)^{m+n} X^{n/(m+n-1)} C^{m/(m+n-1)},$$

由此得到

$$X^n C^m = (m+n-1)^{-(m+n)(m+n-1)}(D^n U^m)^{m+n-1},$$

从而由不等式(3.2.7)推出

$$X^n C^m \geqslant (m+n-1)^{-(m+n)(m+n-1)}\delta^{m+n-1}.$$

此不等式右边是与$\mathbf{x}$无关的正常数.因为$\mathbf{x}$是任意非零n维整向量,所以将它记作γ.即具有所要的性质. $\square$

下面给出定理3.2.1的一个应用.

例3.2.1 设$\theta_1, \theta_2, \cdots, \theta_n$是$n+1$次实代数数域中的任意$n$个数,并且$1, \theta_1, \theta_2, \cdots, \theta_n$在$\mathbb{Q}$上线性无关,则存在常数$\gamma > 0$(仅与$\theta_1, \theta_2, \cdots, \theta_n$有关),使对于所有正整数$x$有

$$\max_{1\leqslant i\leqslant n}\|\theta_i x\| \geqslant \gamma x^{-1/n} \quad (i=1,2,\cdots,n).$$

证 依定理3.2.1的推论,只须证明存在常数$\delta > 0$,使得对于所有非零整向量$\mathbf{u} = (u_1, u_2, \cdots, u_n)$有

$$\|u_1\theta_1 + u_2\theta_2 + \cdots + u_n\theta_n\| \geqslant \delta(\max_{1\leqslant j\leqslant n}|u_j|)^{-n}.$$
$$\tag{3.2.8}$$

设 **u** 是任意一个非零整向量,则存在某个整数 v 使得

$$|u_1\theta_1 + u_2\theta_2 + \cdots + u_n\theta_n + v|$$
$$= \quad \|u_1\theta_1 + u_2\theta_2 + \cdots + u_n\theta_n\|$$
$$\leqslant \quad \frac{1}{2}. \tag{3.2.9}$$

还存在正整数 q(只与诸 θ_i 有关),使得 $q\theta_1, q\theta_2, \cdots, q\theta_n$ 都是代数整数.因为 $1, \theta_1, \theta_2, \cdots, \theta_n$ 在 $\mathbb{Q}$ 上线性无关,所以

$$\alpha = qu_1\theta_1 + qu_2\theta_2 + \cdots + qu_n\theta_n + qv$$

是非零代数整数.由式(3.2.9)可知,α 的任一共轭元

$$\alpha' = qu_1\theta_1' + qu_2\theta_2' + \cdots + qu_n\theta_n' + qv$$

有估值

$$|\alpha'| \leqslant |\alpha| + |\alpha' - \alpha|$$
$$\leqslant \quad \frac{1}{2}|q| + |qu_1(\theta_1 - \theta_1') +$$
$$qu_2(\theta_2 - \theta_1 2') + \cdots + qu_n(\theta_n - \theta_n')|$$
$$\leqslant \quad C \max_{1 \leqslant j \leqslant n} |u_j|,$$

其中常数 $C > 0$ 与诸 u_j 无关.由于 α 是非零代数整数,所以它与其 n 个共轭元之积 P_n 的乘积是非零(有理)整数,其绝对值不小于1,所以

$$1 \leqslant |\alpha||P_n| \leqslant |\alpha| \left(C \max_{1 \leqslant j \leqslant n} |u_j| \right)^n,$$

从而推出

$$|qu_1\theta_1 + qu_2\theta_2 + \cdots + qu_n\theta_n + qv| = |\alpha| \geqslant \left(C \max_{1 \leqslant j \leqslant n} |u_j| \right)^{-n}.$$

141

取$\delta = q^{-1}C^{-n}$(与诸u_j无关),并注意$\mathbf{u}$是任意非零整向量, 即得不等式(3.2.8). □

§3.2.2 Khintchine转换原理的一般形式

下面的定理3.2.2是Khintchine转换原理的一般形式(见[38]),在其中取$m = 1$,并且注意$\omega_1 = n\eta_1, \omega_2 = \eta_2$,即可由它推出定理3.1.4.

定理 3.2.2 设$m, n \geqslant 1$,给定变元$\mathbf{x} = (x_1, x_2, \cdots, x_n)$的实系数线性型系

$$L_i(\mathbf{x}) = \sum_{j=1}^{n} \theta_{ij} x_j \quad (i = 1, 2, \cdots, m),$$

以及它的转置系,即变元$\mathbf{y} = (y_1, y_2, \cdots, y_m)$的实系数线性型系

$$M_j(\mathbf{y}) = \sum_{i=1}^{m} \theta_{ij} u_i \quad (j = 1, 2, \cdots, n).$$

用η_1和η_2分别表示使不等式

$$\max_{1 \leqslant i \leqslant m} \|L_i(\mathbf{x})\| \leqslant (\max_{1 \leqslant j \leqslant n} |x_j|)^{-n(1+\eta)/m} \quad (3.2.10)$$

和

$$\max_{1 \leqslant j \leqslant m} \|M_j(\mathbf{y})\| \leqslant (\max_{1 \leqslant i \leqslant m} |y_i|)^{-m(1+\eta')/n} \quad (3.2.11)$$

有无穷多组非零整解$\mathbf{x}$和$\mathbf{y}$的$\eta \geqslant 0$和$\eta' \geqslant 0$的上确界,则

$$\eta_1 \geqslant \frac{\eta_2}{(m-1)\eta_2 + m + n - 1}, \quad (3.2.12)$$

142

$$\eta_2 \geqslant \frac{\eta_1}{(n-1)\eta_1 + m + n - 1}; \qquad (3.2.13)$$

特别,$\eta_1 = 0$当且仅当$\eta_2 = 0$.

证 由于不等式 (3.1.10)和 (3.2.11)以及不等式 (3.2.12)和(3.2.13)的叙述形式都是对称的,所以只证明不等式 (3.2.13).若 $\eta_1 = 0$, 则因 $\eta_2 \geqslant 0$, 从而不等式 (3.2.13)成立, 所以不妨认为$\eta_1 > 0$.还可认为$\eta_2 < \infty$(不然不等式(3.2.13)自然成立).

取η, η'满足不等式

$$0 < \eta < \eta_1, \ \eta' > \eta_2. \qquad (3.2.14)$$

那么不等式(3.2.10)有无穷多个非零整解$\mathbf{x} = (x_1, x_2, \cdots, x_n)$.令

$$X = \max_{1 \leqslant j \leqslant n} |x_j|, \ C = X^{n(1+\eta)/m},$$

则不等式组

$$\max_{1 \leqslant i \leqslant m} \|L_i(\mathbf{x})\| \leqslant C, \ \max_{1 \leqslant j \leqslant m} |x_j| \leqslant X$$

有非零整解$\mathbf{x}$.依定理3.1.4,不等式组

$$\max_{1 \leqslant j \leqslant n} \|M_j(\mathbf{y})\| \leqslant D, \ \max_{1 \leqslant i \leqslant m} |y_i| \leqslant U$$

有非零整解$\widetilde{\mathbf{y}} = (\widetilde{y}_1, \widetilde{y}_2, \cdots, \widetilde{y}_m)$,其中

$$\begin{aligned}
D &= (m+n-1)X^{(1-m)/(m+n-1)}C^{m/(m+n-1)} \\
&= (m+n-1)X^{-(1+n\eta/(m+n-1))}, \\
U &= (m+n-1)X^{n/(m+n-1)}C^{(1-n)/(m+n-1)} \\
&= (m+n-1)X^{(n/m)(1+(n-1)\eta/(m+n-1))}.
\end{aligned}$$

于是$\widetilde{\mathbf{y}}$满足不等式

$$(\max_{1\leqslant j\leqslant n}\|M_j(\widetilde{\mathbf{y}})\|)(\max_{1\leqslant i\leqslant m}|\widetilde{y_i}|)^{m(1+\eta')/n}$$
$$\leqslant DU^{m(1+\eta')/n}$$
$$= (m+n-1)^{1+m(1+\eta')/n}\cdot$$
$$X^{-\eta/(m+n-1)+(1+(n-1)\eta/(m+n-1))\eta'}. \quad (3.2.15)$$

此外,由(3.2.14)中第二式可知不等式(3.2.11)只可能有有限多个非零整解$\mathbf{y}$.将这有限多个非零整向量$\mathbf{y}$形成的集合记作S,则有

$$(\max_{1\leqslant j\leqslant n}\|M_j(\mathbf{y})\|)(\max_{1\leqslant i\leqslant m}|y_i|)^{m(1+\eta')/n}\leqslant 1 \quad (\mathbf{y}\in S),$$

$$(\max_{1\leqslant j\leqslant n}\|M_j(\mathbf{y})\|)(\max_{1\leqslant i\leqslant m}|y_i|)^{m(1+\eta')/n}>1 \quad (\mathbf{y}\in\mathbb{Z}^m\backslash S).$$

因为S是有限集,所以存在实数$\gamma>0$(与$\mathbf{x}$无关),使得对于所有非零整向量$\mathbf{y}$都有

$$(\max_{1\leqslant j\leqslant n}\|M_j(\mathbf{y})\|)(\max_{1\leqslant i\leqslant m}|y_i|)^{m(1+\eta')/n}>\gamma.$$
$$(3.2.16)$$

因为$\widetilde{\mathbf{y}}$同时满足不等式(3.2.15)和(3.2.16),所以

$$(m+n-1)^{1+m(1+\eta')/n}X^{-\eta/(m+n-1)+(1+(n-1)\eta/(m+n-1))\eta'}\geqslant\gamma.$$

式中X可以取任意大的正整数值,而γ是与X无关的常数,于是必然

$$-\frac{\eta}{m+n-1}+\left(1+\frac{(n-1)\eta}{m+n-1}\right)\eta'\geqslant 0.$$

由此得到

$$\eta'\geqslant\frac{\eta}{(n-1)\eta+m+n-1}.$$

144

因为η和η'可以分别任意接近η_2和η_2,所以得到不等式(3.2.13).

由不等式(3.2.12)和(3.2.13)立得$\eta_1 = 0 \Leftrightarrow \eta_2 = 0$. □

§3.2.3 线性型乘积的转换定理

对于实数x,令$\overline{x} = \max\{1, |x|\}$.对于$\mathbf{x} = (x_1, x_2, \cdots, x_n) \in \mathbb{R}^n$,记$|\mathbf{x}|_0 = \overline{x}_1 \overline{x}_2 \cdots \overline{x}_n$.

定理3.2.3 设$m, n \geqslant 1$,给定变元$\mathbf{x} = (x_1, x_2, \cdots, x_n)$的实系数线性型系

$$L_i(\mathbf{x}) = \sum_{j=1}^{n} \theta_{ij} x_j \quad (i = 1, 2, \cdots, m),$$

以及它的转置系,即变元$\mathbf{y} = (y_1, y_2, \cdots, y_m)$的实系数线性型系

$$M_j(\mathbf{y}) = \sum_{i=1}^{m} \theta_{ij} u_i \quad (j = 1, 2, \cdots, n).$$

还设$\alpha_0 = \alpha_0(m, n)$是使不等式

$$\prod_{i=1}^{m} \|L_i(\mathbf{x})\| \leqslant |\mathbf{x}|_0^{-1-\alpha} \tag{3.2.17}$$

有无穷多组非零整解$\mathbf{x}$的$\alpha \geqslant 0$的上确界,$\beta_0 = \beta_0(n, m)$是使不等式

$$\prod_{j=1}^{n} \|M_j(\mathbf{y})\| \leqslant |\mathbf{y}|_0^{-1-\beta} \tag{3.2.18}$$

有无穷多组非零整解$\mathbf{y}$的$\beta \geqslant 0$的上确界.那么

145

(a) 若$\alpha_0(m,n)$和$\beta_0(n,m)$均有界,则

$$\alpha_0(m,n) \geqslant \frac{\beta_0(n,m)}{(m-1)\beta_0(n,m)+m+n-1},$$
$$(3.2.19)$$
$$\beta_0(n,m) \geqslant \frac{\alpha_0(m,n)}{(n-1)\alpha_0(m,n)+m+n-1}.$$
$$(3.2.20)$$

(b) 若$\alpha_0(m,n)=\infty$,则

$$\frac{1}{n-1} \leqslant \beta_0(n,m) \leqslant \infty \ (\text{当}n>1\text{时}); \beta_0(1,m)=\infty.$$

(c) 若$\beta_0(n,m)=\infty$,则

$$\frac{1}{m-1} \leqslant \alpha_0(m,n) \leqslant \infty \ (\text{当}m>1\text{时}); \alpha_0(1,n)=\infty.$$

我们首先证明两个辅助结果.

引理 3.2.1 (a) 设每组数$1,\theta_{1j},\cdots,\theta_{mj}\,(j=1,2,\cdots,n)$都在$\mathbb{Q}$上线性无关.如果对于某个$\beta \geqslant 0$,不等式(3.2.18)有无穷多个整解$\mathbf{y}$,那么对于任何满足不等式

$$0 \leqslant \alpha < \frac{\beta}{(m-1)\beta+m+n-1} \qquad (3.2.21)$$

的α,不等式(3.2.17)也有无穷多个整解$\mathbf{x}$.

(b) 设每组数$1,\theta_{i1},\cdots,\theta_{in}\,(i=1,2,\cdots,m)$都在$\mathbb{Q}$上线性无关.如果对于某个$\alpha \geqslant 0$,不等式(3.2.17)有无穷多个整解$\mathbf{x}$,那么对于任何满足不等式

$$0 \leqslant \beta < \frac{\alpha}{(n-1)\alpha+m+n-1}$$

146

的β,不等式(3.2.18)也有无穷多个整解$\mathbf{y}$.

证 因为两个命题证法类似,所以我们只证命题(a).

对任意整数$m \geqslant 1$,将上述命题记为$P(n)$,我们对n用数学归纳法证明$P(n)$对任何正整数n成立.

(i) 先证命题$P(1)$成立.设$\beta \geqslant 0$,有无穷多个(非零)整向量$\mathbf{y} = (y_1, y_2, \cdots, y_m)$满足不等式

$$\|\theta_{11}y_1 + \theta_{21}y_2 + \cdots + \theta_{m1}y_m\| \leqslant |\mathbf{y}|_0^{-1-\beta} \quad (3.2.22)$$

将这些向量$\mathbf{y}$组成的集合记为S_1.对于每个$\mathbf{y} \in S_1$,存在整数y_{m+1}使得

$$\|\theta_{11}y_1 + \theta_{21}y_2 + \cdots + \theta_{m1}y_m\| =$$
$$|\theta_{11}y_1 + \theta_{21}y_2 + \cdots + \theta_{m1}y_m + y_{m+1}|,$$

从而式(3.2.22)表明变量$\mathbf{v} = (v_1, \cdots, v_m, v_{m+1})$的不等式组

$$|v_i| \leqslant \overline{y}_i \quad (i=1, 2, \cdots, m),$$
$$|\theta_{11}v_1 + \cdots + \theta_{m1}v_m + v_{m+1}| \leqslant |\mathbf{y}|_0^{-1-\beta}$$

有非零整解$\mathbf{v} = (y_1, \cdots, y_m, y_{m+1})$.注意

$$\sum_{i=1}^{m} v_i(-\theta_{i1}x_1 + x_{i+1}) +$$
$$(\theta_{11}v_1 + \cdots + \theta_{m1}v_m + v_{m+1})x_1$$
$$= x_1 v_{m+1} + x_2 v_1 + \cdots + x_{m+1}v_m,$$

依定理3.1.2可知,存在非零整向量$\mathbf{x}$满足不等式组

$$|\theta_{i1}x_1 - x_{i+1}| \leqslant m|\mathbf{y}|_0^{-\beta/m}\overline{y}_i^{-1} \quad (i = 1, 2, \cdots, m),$$
$$|x_1| \leqslant m|\mathbf{y}|_0^{1+\beta-\beta/m}. \quad (3.2.23)$$

147

我们证明:当$|\mathbf{y}|_0$ $(\mathbf{y} \in S_1)$充分大时,$x_1 \neq 0$.因若不然,则由(3.2.23)中前m式得到$x_2 = \cdots = x_m = 0$,从而$\mathbf{x} = \mathbf{0}$,此不可能.因此$|x_1| \geqslant 1$,从而$\overline{x}_1 = |x_1|$.于是由(3.2.23)中最后一式得到

$$\overline{x}_1 \leqslant m|\mathbf{y}|_0^{1+\beta-\beta/m}.$$

由此及(3.2.23)中前m式推出

$$\prod_{i=1}^{m} \|\theta_{i1}x_1\| \overline{x}_1^{1+\alpha} \leqslant m^{m+1+\alpha}|\mathbf{y}|_0^{-\beta/m+\alpha(1+\beta-\beta/m)}.$$

由式(3.2.21)(其中$n = 1$)可知

$$0 \leqslant \alpha < \frac{\beta}{(m-1)\beta + m},$$

因此

$$-\frac{\beta}{m} + \alpha\left(1 + \beta - \frac{\beta}{m}\right) < 0,$$

从而当$|\mathbf{y}|_0$ $(\mathbf{y} \in S_1)$充分大时

$$\prod_{i=1}^{m} \|\theta_{i1}x_1\| \overline{x}_1^{1+\alpha} \leqslant 1.$$

最后,若当$\mathbf{y}$遍历S_1时,不等式组(3.2.23)只有有限多个非零整解,那么其中必有某个非零整向量$\widetilde{\mathbf{x}} = (\widetilde{x}_1, \cdots, \widetilde{x}_m, \widetilde{x}_{m+1})$,对于无穷多个$\mathbf{y} \in S$满足不等式组(3.2.23),从而由其中前$m$个不等式(取$|\mathbf{y}|_0$ 充分大)推出

$$\theta_{i1}\widetilde{x}_1 - \widetilde{x}_{i+1} = 0 \quad (i = 1, 2, \cdots, m),$$

这与$1, \theta_{11}, \cdots, \theta_{m1}$在$\mathbb{Q}$上线性无关的假设矛盾.因此命题$P(1)$成立.

(ii) 现在设 $n > 1$,并且命题 $P(k)(k < n)$ 成立,要证命题 $P(n)$ 也成立.设 $\beta \geqslant 0$ 使不等式(3.2.18)有无穷多个(非零)整解 $\mathbf{y}$,它们形成的集合记为 S_n. 还设 α 满足不等式(3.2.21).我们区分两种情形讨论.

情形 1 存在无穷子集 $S'_n \subseteq S_n$,使得当 $\mathbf{y} \in S'_n$ 时,

$$\prod_{j=2}^{n} \|M_j(\mathbf{y})\| \geqslant \frac{1}{m+n-1} |\mathbf{y}|_0^{-1-(m+n-2)\beta/(m+n-1)}.$$

$$(3.2.24)$$

记 $\mathbf{z} = (z_1, z_2, \cdots, z_m)$ 以及 $\|M_j(\mathbf{y})\| = |M_j(\mathbf{y}) - y_{m+j}|$ $(j = 1, 2, \cdots, n)$,其中 y_{m+j} 是整数.那么对于每个 $\mathbf{y} \in S'_n$,以 $(z_1, \cdots, z_m, z_{m+1}, \cdots, z_{m+n})$ 为变量的不等式组

$$|-M_j(\mathbf{z}) + z_{m+j}| \leqslant \|M_j(\mathbf{y})\| \quad (j = 1, 2, \cdots, n),$$
$$|z_i| \leqslant \overline{y}_i \quad (i = 1, 2, \cdots, m)$$

有非零整解 $(\mathbf{y}, y_{m+1}, \cdots, y_{m+n})$. 因为 $1, \theta_{1j}, \cdots, \theta_{mj}$ $(j = 1, 2, \cdots, n)$ 在 $\mathbb{Q}$ 上线性无关, 所以 $\|M_j(\mathbf{y})\| \neq 0$.于是由式(3.2.18)和(3.2.24)得到

$$\|M_1(\mathbf{y})\| \leqslant \left(\prod_{j=2}^{n} \|M_j(\mathbf{y})\| \right)^{-1} |\mathbf{y}|_0^{-1-\beta},$$

从而 $(\mathbf{y}, y_{m+1}, \cdots, y_{m+n})$ 满足不等式组

$$|-M_1(\mathbf{z}) + z_{m+1}| \leqslant \left(\prod_{j=2}^{n} \|M_j(\mathbf{y})\| \right)^{-1} |\mathbf{y}|_0^{-1-\beta},$$
$$|-M_j(\mathbf{z}) + z_{m+j}| \leqslant \|M_j(\mathbf{y})\| \quad (j = 2, \cdots, n),$$
$$|z_i| \leqslant \overline{y}_i \quad (i = 1, 2, \cdots, m)$$

应用定理3.1.2可知,以$(x_1,\cdots,x_m,x_{m+1},\cdots,x_{m+n})$为变量的不等式组

$$|x_1| \leqslant (m+n-1)\left(\prod_{j=2}^n \|M_j(\mathbf{y})\|\right) \cdot$$
$$|\mathbf{y}|_0^{1+\beta-\beta/(m+n-1)},$$
$$|x_j| \leqslant (m+n-1)\|M_j(\mathbf{y})\|^{-1}| \cdot$$
$$\mathbf{y}|_0^{-\beta/(m+n-1)} \quad (j=2,\cdots,n),$$
$$|L_i(\mathbf{x})+x_{n+i}| \leqslant (m+n-1)| \cdot$$
$$\mathbf{y}|_0^{-\beta/(m+n-1)}\overline{y_i}^{-1} \quad (i=1,2,\cdots,m)$$

也有非零整解.于是

$$\prod_{i=1}^m \|L_i(\mathbf{x})\|\|\mathbf{x}|_0^{1+\alpha} \leqslant$$
$$(m+n-1)^{m+(1+\alpha)n}| \cdot$$
$$\mathbf{y}|_0^{-\beta/(m+n-1)+\alpha(1+(m-1)\beta/(m+n-1))}.$$

因为α满足不等式(3.2.21),所以

$$-\frac{\beta}{m+n-1}+\alpha\left(1+\frac{(m-1)\beta}{m+n-1}\right) \leqslant 0,$$

于是对于每个$\mathbf{y} \in S'_n$,存在非零整向量$\mathbf{x}$满足

$$\prod_{i=1}^m \|L_i(\mathbf{x})\|\|\mathbf{x}|_0^{1+\alpha} \leqslant 1.$$

类似于$n=1$的情形可证,当$\mathbf{y}$遍历S'_n即得不等式(3.2.17)的无穷多个非零整解$\mathbf{x}$.于是命题$P(n)$成立.

情形 **2** 存在无穷子集 $S_n'' \subseteq S_n$,使得当 $\mathbf{y} \in S_n''$ 时,

$$\prod_{j=2}^{n} \|M_j(\mathbf{y})\| < \frac{1}{m+n-1} |\mathbf{y}|_0^{-1-(m+n-2)\beta/(m+n-1)}.$$

$$(3.2.25)$$

记

$$\beta' = \frac{m+n-2}{m+n-1}\beta,$$

那么

$$\begin{aligned} &\frac{\beta}{(m-1)\beta + m + n - 1} \\ = &\frac{\beta'}{(m-1)\beta' + m + n - 2} \\ = &\frac{\beta'}{(m-1)\beta' + m + (n-1) - 1}, \end{aligned}$$

从而不等式(3.2.21)可写成

$$0 \leqslant \alpha < \frac{\beta'}{(m-1)\beta' + m + (n-1) - 1}.$$

由式(3.2.25)可知,此时不等式

$$\prod_{j=2}^{n} \|M_j(\mathbf{y})\| < |\mathbf{y}|_0^{-1-\beta'}$$

有无穷多个整解 $\mathbf{y}$.显然关于 $\theta_{ij}(i=1,\cdots,m; j=2,\cdots, n)$的线性无关性条件成立 . 于是依归纳假设(即命题 $P(n-1)$)可知不等式

$$\prod_{i=1}^{m} \left\| \sum_{j=2}^{n} \theta_{ij} x_j \right\| \leqslant (\overline{x}_2 \cdots \overline{x}_n)^{-1-\alpha}$$

151

有无穷多个整解$(x_2, \cdots, x_n)$.于是,注意若令$x_1 = 0$,则

$$\sum_{j=2}^{n} \theta_{ij} x_j = \theta_{i1} x_1 + \sum_{j=2}^{n} \theta_{ij} x_j = \sum_{j=1}^{n} \theta_{ij} x_j,$$

从而不等式(3.2.17)有无穷多个整解$(0, x_2, \cdots, x_n)$,即命题$P(n)$成立.　　　　　　　　　　　　□

引理3.2.2　　若$s > 1$,实数$1, \theta_1, \cdots, \theta_s$在$\mathbb{Q}$上线性相关,则对于任何$\alpha \geqslant 0$,存在无穷多个整向量$\mathbf{x} = (x_1, \cdots, x_s)$使得

$$\|\theta_1 x_1 + \theta_2 x_2 + \cdots + \theta_s x_s\| \leqslant |\mathbf{x}|_0^{-1-\alpha}; \quad (3.2.26)$$

若还设$\theta_1, \cdots, \theta_s$中至少有一个无理数,则对于任何$\beta \in [0, 1/(s-1))$,存在无穷多个正整数$y$满足

$$\|\theta_1 y\| \|\theta_2 y\| \cdots \|\theta_s y\| \leqslant |y|^{-1-\beta}. \quad (3.2.27)$$

证　　(i)　　设实数$1, \theta_1, \cdots, \theta_s$在$\mathbb{Q}$上线性相关,则存在不全为零的整数$a_0, a_1, \cdots, a_s$使得

$$a_0 + a_1 \theta_1 + \cdots + a_s \theta_s = 0. \quad (3.2.28)$$

若$a_1 = a_2 = \cdots = a_s = 0$,则$a_0 = 0$,此不可能.因此非零整向量$\mathbf{x} = (a_1, a_2, \cdots, a_s)$满足式(3.2.26),而$k\mathbf{x}$ ($k \in \mathbb{Z}$)就是满足式(3.2.26)的无穷多个整向量.

(ii)　　现在还设$\theta_1, \cdots, \theta_s$中至少有一个无理数.因为$a_i(i = 1, \cdots, s)$不全为零,所以不妨认为式(3.2.28)中$a_s > 0$(不然可重新对诸$\theta_i$编号,并用$-1$乘式(3.2.28)

152

两边）．由Dirichlet联立逼近定理(定理1.5.1),对于任何整数 $t > 1$,存在整数 q 满足

$$\|\theta_i q\| \leqslant t^{-1} \quad (i = 1, \cdots, s-1), \ 1 \leqslant q < t^{s-1}.$$
$$(3.2.29)$$

令 $y = y(q) = a_s q, c = s \max_{1 \leqslant i \leqslant s} |a_i|$.那么

$$\|\theta_i y\| \leqslant a_s \|\theta_i q\| < ct^{-1} \quad (i = 1, \cdots, s-1),$$
$$(3.2.30)$$

并且由式(3.2.28)得到

$$
\begin{aligned}
\|\theta_s y\| &= \|a_s \theta_s q\| \\
&= \| - (a_0 + a_1 \theta_1 + \cdots + a_{s-1} \theta_{s-1})q\| \\
&\leqslant \sum_{i=1}^{s-1} \|a_i \theta_i q\| \\
&\leqslant \sum_{i=1}^{s-1} |a_i| \|\theta_i q\| \\
&< ct^{-1}.
\end{aligned}
\tag{3.2.31}
$$

于是对于任何 $\beta \in [0, 1/(s-1))$,当 t 充分大时,

$$
\begin{aligned}
\|\theta_1 y\| \|\theta_2 y\| \cdots \|\theta_s y\| y^{1+\beta} &\leqslant (ct^{-1})^s (ct^{s-1})^{1+\beta} \\
&< c^{n+2} t^{(s-1)\beta-1} < 1.
\end{aligned}
$$

注意当 t 遍历所有大于1的正整数时,若只有有限多个不同的整数 q 满足不等式(3.2.29),那么必有某个整数 q_0 对无穷多个整数 $t > 0$ 满足

$$\|q_0 \theta_i\| \leqslant t^{-1} \quad (i = 1, \cdots, s-1),$$

153

于是由式(3.2.30)和(3.2.31)可知,对无穷多个整数$t > 0$有

$$\|(a_s q_0)\theta_i\| \leqslant ct^{-1} \quad (i = 1, \cdots, s-1, s),$$

因此$\|(a_s q_0)\theta_i\| = 0 \, (i = 1, \cdots, s-1, s)$,从而所有$\theta_i$都是有理数,与假设矛盾. 于是我们得到无穷多个正整数y满足不等式(3.2.27). $\qquad\square$

定理3.2.3之证 我们区分四种情形讨论.

情形1 对于每个$i = 1, \cdots, m$,数$1, \theta_{i1}, \cdots, \theta_{in}$都在$\mathbb{Q}$上线性无关;并且对于每个$j = 1, \cdots, n$,数$1, \theta_{1j}, \cdots, \theta_{mj}$都在$\mathbb{Q}$上线性无关.于是所有$\theta_{ij} \notin \mathbb{Q}$.

(1-a) 如果α_0, β_0均有限,那么由β_0的定义可知对于任何$\beta \in [0, \beta_0)$不等式(3.2.18)有无穷多个整解$\mathbf{y}$.于是由引理3.2.1(a)可知:当不等式(3.2.21)成立时不等式(3.2.17)有无穷多个整解$\mathbf{x}$,所以由α_0的定义推出

$$\alpha_0 \geqslant \frac{\beta}{(m-1)\beta + m + n - 1}.$$

令$\beta \to \beta_0$,即得不等式(3.2.19).类似地(应用引理3.2.1(b))可证不等式(3.2.20).

(1-b) 如果$\beta_0(n, m) = \infty$,那么对于任意大的$\beta \geqslant 0$,不等式(3.2.18)有无穷多个整解$\mathbf{y}$.此时若$m > 1$,则由引理3.2.1(a)可知,对于任意大的$\beta \geqslant 0$,只要不等式(3.2.21)成立,不等式(3.2.17)就有无穷多个整解$\mathbf{x}$,因此总有

$$\alpha_0 \geqslant \frac{\beta}{(m-1)\beta + m + n - 1} \quad (\forall \beta \geqslant 0),$$

154

令 $\beta \to \infty$,即得

$$\alpha_0(m, n) \geqslant \frac{1}{m-1}.$$

若 $m = 1$,则仍然由引理3.2.1(a)可知,当 $0 \leqslant \alpha < \beta/n$ (这就是不等式(3.2.19),其中 $m = 1$)时,不等式(3.2.17)有无穷多个整解 $\mathbf{x}$.因为 β 可以任意大,所以 α 也可取任意大的值,所以 $\alpha_0(1, n) = \infty$.于是定理的结论(c)得证.

(1-c) 如果 $\alpha_0(n, m) = \infty$,那么类似于上述(b) (应用引理3.2.1(b))可证定理的结论(b).

情形 2 存在某个 $\theta_{ij} \in \mathbb{Q}$,例如 $\theta_{11} \in \mathbb{Q}$.

此时 n 维整向量 $\mathbf{x}_k = (k, 0, \cdots, 0)$ 使得

$$\|L_1(\mathbf{x}_k)\| = 0 \quad (k \in \mathbb{Z});$$

m 维整向量 $\mathbf{y}_k = (k, 0, \cdots, 0)$ 使得

$$\|M_1(\mathbf{y}_k)\| = 0 \quad (k \in \mathbb{Z}).$$

于是 $\alpha_0(m, n) = \infty, \beta_0(n, m) = \infty$.特别,$\alpha_0(1, n) = \infty, \beta_0(1, m) = \infty$.

情形 3 所有 $\theta_{ij} \notin \mathbb{Q}$,且对某个 $i \in \{1, \cdots, m\}$,数 $1, \theta_{i1}, \cdots, \theta_{in}$ 在 $\mathbb{Q}$ 上线性相关.

此时必然 $n > 1$.为确定起见,设 $1, \theta_{11}, \theta_{12}, \cdots, \theta_{1n}$ 在 $\mathbb{Q}$ 上线性相关.由引理3.2.2的式 (3.2.26) 可知,对于任何 $\alpha \geqslant 0$,都存在无穷多个整向量 $\mathbf{x} = (x_1, x_2, \cdots, x_n)$ 满足不等式

$$\|L_1(\mathbf{x})\| = \|\theta_{11}x_1 + \theta_{12}x_2 + \cdots + \theta_{1n}x_n\| \leqslant |\mathbf{x}|_0^{-1-\alpha},$$

155

从而

$$\prod_{i=1}^{m} \|L_i(\mathbf{x})\| \leqslant \|L_1(\mathbf{x})\| \leqslant |\mathbf{x}|_0^{-1-\alpha},$$

于是 $\alpha_0(m,n) = \infty$.

类似地,由引理3.2.2的式(3.2.27)可知,对于任何正数 $\beta < 1/(n-1)$, 存在无穷多个正整数 y 满足

$$\|\theta_{11}y\|\|\theta_{12}y\|\cdots\|\theta_{1n}y\| \leqslant |y|^{-1-\beta}.$$

令 $\mathbf{y} = (y, 0, \cdots, 0)$,可知

$$\prod_{j=1}^{n} \|M_j(\mathbf{y})\| \leqslant |\mathbf{y}|_0^{-1-\beta}$$

因此

$$\beta_0(n,m) \geqslant \frac{1}{n-1} \quad (n > 1).$$

情形 4 所有 $\theta_{ij} \notin \mathbb{Q}$,且对某个 $j \in \{1, \cdots, n\}$,数 $1, \theta_{1j}, \cdots, \theta_{mj}$ 在 $\mathbb{Q}$ 上线性相关.

此时必然 $m > 1$.由引理3.2.2可知

$$\beta_0(n,m) = \infty, \quad \alpha_0(m,n) \geqslant \frac{1}{m-1} \quad (m > 1).$$

注意上述四种情形覆盖了所有可能情形,并且情形1与情形 2,3,4 的总体互相排斥.因此 $\alpha_0(m,n)$ 和 $\beta_0(n,m)$ 同时有限,当且仅当情形1发生,于是得到定理的结论(a). 若 $\alpha_0(m,n) = \infty$,则出现于情形(1-c)、情形2和3,于是得到定理的结论(b).类似地,若 $\beta_0(n,m) =$

∞,则出现于情形(1-b)、情形2和4,于是得到定理的结论(c). □

对于定理3.2.3的特殊情形$m = 1$,记$\omega_1 = \alpha_0(1, n)$,$\omega_2 = \beta_0(n, 1)$,则得

推论1 设$n \geqslant 1, \theta_1, \theta_2, \cdots, \theta_n$是任意实数.令$\omega_1$是使不等式

$$\|x_1\theta_1 + x_2\theta_2 + \cdots + x_n\theta_n\|(\overline{x}_1\overline{x}_2\cdots\overline{x}_n)^{1+\varepsilon} < 1$$
$$(3.2.32)$$

有无穷多个整解$(x_1, x_2, \cdots, x_n)$的$\varepsilon \geqslant 0$的上确界, ω_2是使不等式

$$\|q\theta_1\|\|q\theta_2\|\cdots\|q\theta_n\|q^{1+\eta} < 1 \qquad (3.2.33)$$

有无穷多个整数解$q > 0$的$\eta \geqslant 0$的上确界.那么

(a) 若ω_1和ω_2均有限,则

$$n\omega_1 \geqslant \omega_2 \geqslant \frac{\omega_1}{(n-1)\omega_1 + n}.$$

(b) 若$\omega_1 = \infty$,则

$$\frac{1}{n-1} \leqslant \omega_2 \leqslant \infty \quad (\text{当}n > 1\text{时});$$

$$\omega_2 = \infty \quad (\text{当}n = 1\text{时}).$$

(c) 若$\omega_2 = \infty$,则$\omega_1 = \infty$.

推论2 下列两命题等价:

157

(A) 对于任何$\alpha > 0$,不等式(3.2.17)只有有限多个整解$\mathbf{x}$.

(B) 对于任何$\beta > 0$,不等式(3.2.18)只有有限多个整解$\mathbf{y}$.

证 由定理3.2.3(a)可知

$$\alpha_0(m,n) = 0 \Leftrightarrow \beta_0(n,m) = 0,$$

所以得到结论. □

推论3 下列两命题等价:

(A) 对于任何$\varepsilon > 0$,不等式(3.2.32)只有有限多个整解$\mathbf{x}$.

(B) 对于任何$\eta > 0$,不等式(3.2.33)只有有限多个整数解$q > 0$.

证 由推论1可知$\omega_1 = 0 \Leftrightarrow \omega_2 = 0$,所以得到结论,或者在推论2中令$m = 1$也可得到结论. □

注 定理3.2.3的证明是按文献[11]改写.推论3还有两个独立证明(但假定$1, \theta_1, \cdots, \theta_n$在$\mathbb{Q}$上线性无关),见[6,9,15],推论2的独立证明见[101].

3.3 齐次逼近与非齐次逼近间的转换定理

§3.3.1 Hlawka转换定理

下列E.Hlawka([56])的定理,是关于齐次逼近与非齐次逼近间的转换定理的一个基本结果.

定理 3.3.1 设 $f_1(\mathbf{z}), f_2(\mathbf{z}), \cdots, f_l(\mathbf{z})$ 是变元 $\mathbf{z} = (z_1, z_2, \cdots, z_l)$ 的齐次(实系数)线性型,其系数行列式 $d \neq 0$. 如果不等式

$$\max_{1 \leqslant k \leqslant l} |f_k(\mathbf{z})| < 1 \qquad (3.3.1)$$

没有非零整解(即唯一的整解是 $\mathbf{z} = \mathbf{0}$),那么对于任何给定的实向量 $\boldsymbol{\beta} = (\beta_1, \beta_2, \cdots, \beta_l)$,不等式

$$\max_{1 \leqslant k \leqslant l} |f_k(\mathbf{z}) - \beta_k| < \frac{1}{2}([d] + 1) \qquad (3.3.2)$$

总有整解 $\mathbf{z}$.

证 (i) 首先注意:若不等式(3.3.1)没有非零整解,则 $|d| \geqslant 1$. 因若不然,则 $|d| < 1$.依 Minkowski 线性型定理,存在非零整向量 $\mathbf{z}$ 满足

$$|f_1(\mathbf{z})| \leqslant |d|(< 1), \ |f_k(\mathbf{z})| < 1 \quad (k = 2, \cdots, l),$$

从而 $\max\limits_{1 \leqslant k \leqslant l} |f_k(\mathbf{z})| < \max\{1, |d|\} = 1$,与定理假设矛盾.

(ii) 因为 $d \neq 0$,所以依据线性方程组的性质,对于任何实向量 $\boldsymbol{\beta}$, 存在实向量 $\boldsymbol{\zeta} = (\zeta_1, \zeta_2, \cdots, \zeta_l)$ 满足

$$f_k(\boldsymbol{\zeta}) = \beta_k \quad (k = 1, 2, \cdots, l).$$

定义函数

$$F(\mathbf{z}) = \max_{1 \leqslant k \leqslant l} |f_k(\mathbf{z})|,$$

直接验证可知它具有下列性质

$$F(\lambda \mathbf{z}) = |\lambda| F(\mathbf{z}) \quad (\forall \lambda \in \mathbb{R}), \qquad (3.3.3)$$

以及

$$F(\mathbf{z}'+\mathbf{z}'') \leqslant F(\mathbf{z}')+F(\mathbf{z}'') \quad (\forall \mathbf{z}', \mathbf{z}'' \in \mathbb{R}^l), \quad (3.3.4)$$

并且不等式(3.3.2)可改写为

$$F(\mathbf{z}-\boldsymbol{\zeta}) < \frac{1}{2}([|d|]+1). \quad (3.3.5)$$

我们只需证明此不等式有整解$\mathbf{z}$.

(iii) 定义集合

$$\mathscr{S} = \{\mathbf{z} \in \mathbb{Z}^l \,|\, F(\mathbf{z}-\boldsymbol{\zeta}) \leqslant F(\boldsymbol{\zeta})\},$$

因为$\mathbf{0} \in \mathscr{S}$,所以$\mathscr{S}$非空.又因为区域

$$|f_k(\mathbf{z})| \leqslant F(\boldsymbol{\zeta})+|f_k(\boldsymbol{\zeta})| \quad (k=1,2,\cdots,l)$$

具有有限的体积,所以$\mathscr{S}$是有限集(只包含有限多个整点),于是存在$\mathbf{z}_0 \in \mathbb{Z}^l$使得

$$F(\mathbf{z}_0-\boldsymbol{\zeta}) = \min_{\mathbf{z} \in \mathscr{S}} F(\mathbf{z}-\boldsymbol{\zeta}).$$

因此$F(\mathbf{z}_0-\boldsymbol{\zeta}) \leqslant F(\boldsymbol{\zeta})$,并且当$\mathbf{z} \in \mathscr{S}$时,

$$F(\mathbf{z}-\boldsymbol{\zeta}) \geqslant F(\mathbf{z}_0-\boldsymbol{\zeta});$$

另一方面,当$\mathbf{z} \notin \mathscr{S}$时,

$$F(\mathbf{z}-\boldsymbol{\zeta}) > F(\boldsymbol{\zeta}) \geqslant F(\mathbf{z}_0-\boldsymbol{\zeta}).$$

因此对于所有$\mathbf{z} \in \mathbb{Z}^l$,都有

$$F(\mathbf{z}-\boldsymbol{\zeta}) \geqslant F(\mathbf{z}_0-\boldsymbol{\zeta}).$$

记$\boldsymbol{\zeta}^* = \boldsymbol{\zeta} - \mathbf{z}_0$,即知对于所有$\mathbf{z} \in \mathbb{Z}^l$,有$F(\mathbf{z} - \mathbf{z}_0 - \boldsymbol{\zeta}^*) \geqslant F(\boldsymbol{\zeta}^*)$. 因为当$\mathbf{z}$遍历$\mathbb{Z}^l$时,$\mathbf{z} - \mathbf{z}_0$也遍历$\mathbb{Z}^l$, 因此

$$F(\mathbf{z} - \boldsymbol{\zeta}^*) \geqslant F(\boldsymbol{\zeta}^*) \quad (\forall \mathbf{z} \in \mathbb{Z}^l). \tag{3.3.6}$$

(iv) 考虑变量$(\mathbf{z}, u)$的线性不等式组

$$F\left(\mathbf{z} - \frac{2u}{1 + [|d|]}\boldsymbol{\zeta}^*\right) < 1, \ |u| \leqslant |d|, \tag{3.3.7}$$

即

$$\left| f_k(\mathbf{z}) - \frac{2}{1 + [|d|]}f_k(\boldsymbol{\zeta}^*)u \right| < 1 \quad (k = 1, 2, \cdots, l),$$

$$|u| \leqslant |d|.$$

线性不等式组的系数行列式等于d,依Minkowski线性型定理,它有非零整解$(\widetilde{\mathbf{z}}, \widetilde{u})$.若$\widetilde{u} = 0$,则

$$|f_k(\widetilde{\mathbf{z}})| < 1 \quad (k = 1, 2, \cdots, l),$$

依定理假设推出$\widetilde{\mathbf{z}} = \mathbf{0}$,从而$(\widetilde{\mathbf{z}}, \widetilde{u}) = \mathbf{0}$,此不可能.因此$\widetilde{u} \neq 0$. 不妨认为

$$1 \leqslant \widetilde{u} \leqslant [|d|].$$

由式(3.3.7),并应用式(3.3.3)和(3.3.4)可知

$$\begin{aligned}
F(\widetilde{\mathbf{z}} - \boldsymbol{\zeta}^*) &\leqslant F\left(\widetilde{\mathbf{z}} - \frac{2\widetilde{u}}{1 + [|d|]}\boldsymbol{\zeta}^*\right) + F\left(\left(\frac{2\widetilde{u}}{1 + [|d|]} - 1\right)\boldsymbol{\zeta}^*\right) \\
&< 1 + \left| \frac{2\widetilde{u}}{1 + [|d|]} - 1 \right| F(\boldsymbol{\zeta}^*) \\
&= 1 + \left| \frac{2\widetilde{u} - [|d|] - 1}{1 + [|d|]} \right| F(\boldsymbol{\zeta}^*).
\end{aligned}$$

161

注意

$$|2\widetilde{u} - [|d|] - 1| = |([|d|] - \widetilde{u}) + (1 - \widetilde{u})|$$
$$\leqslant |[|d|] - \widetilde{u}| + |1 - \widetilde{u}| = [|d|] - 1,$$

我们得到

$$F(\widetilde{\mathbf{z}} - \boldsymbol{\zeta}^*) < 1 + \frac{[|d|] - 1}{[|d|] + 1}F(\boldsymbol{\zeta}^*).$$

由此及式(3.3.6)推出

$$F(\boldsymbol{\zeta}^*) < 1 + \frac{[|d|] - 1}{[|d|] + 1}F(\boldsymbol{\zeta}^*),$$

因此

$$F(\boldsymbol{\zeta}^*) < \frac{[|d|] + 1}{2},$$

可见$\mathbf{z}_0$是式(3.3.5)的一个整解. $\qquad\square$

注 1° 不等式(3.3.2)右边不能换为$|d|/2$.例如,取 $d > 1$以及

$$f_1(\mathbf{z}) = dz_1, \ f_k(\mathbf{z}) = z_k \quad (k \neq 1),$$
$$\boldsymbol{\beta} = \left(\frac{1}{2}, 0, \cdots, 0\right),$$

则$(\diamondsuit\mathbf{z} = (1, 0, \cdots, 0))$

$$\max_{1 \leqslant k \leqslant l} |f_k(\mathbf{z}) - \beta_k| \geqslant \frac{1}{2}d.$$

2° 定理3.3.1的逆命题也成立(称Birch定理),可 参见文献[15].

162

§3.3.2 应用

定理 3.3.2 设 $L_i(\mathbf{x})\,(i=1,2,\cdots,m)$ 是变元 $\mathbf{x}=(x_1,x_2,\cdots,x_n)$的齐次线性型,$C,X>0$是给定的实数.如果不等式组

$$\|L_i(\mathbf{x})\| < C \quad (i=1,2,\cdots,m),$$

$$|x_j| < X \quad (j=1,2,\cdots,n)$$

没有非零整解,那么对于任何给定的实向量

$$\boldsymbol{\alpha} = (\alpha_1, \alpha_2, \cdots \alpha_m),$$

不等式组

$$\|L_i(\mathbf{x}) - \alpha_i\| < C_1 \quad (i=1,2,\cdots,m),$$

$$|x_j| < X_1 \quad (j=1,2,\cdots,n)$$

总有整解$\mathbf{x}$,其中

$$C_1 = \frac{h+1}{2}C,\ X_1 = \frac{h+1}{2}X;\ h=[C^{-m}X^{-n}].$$

    证 记变量$\mathbf{z}=(\mathbf{x},\mathbf{y})=(x_1,\cdots,x_n,y_1,\cdots,y_m)$.在定理3.3.1中取$l=m+n$,以及线性型

$$f_k(\mathbf{x},\mathbf{y}) = \begin{cases} C^{-1}\big(L_k(\mathbf{x}) - y_k\big) & (1 \leqslant k \leqslant m), \\ X^{-1}x_{k-m} & (m < k \leqslant l). \end{cases}$$

系数行列式d的绝对值等于$C^{-m}X^{-n}$.又由定理的假设条件可知不等式组

$$\max_{1\leqslant k\leqslant l} |f_k(\mathbf{z})| < 1$$

163

的唯一整解为**0**.于是在定理3.3.1中取

$$\boldsymbol{\beta} = (C^{-1}\alpha_1, \cdots, C^{-1}\alpha_m, 0, \cdots, 0) \in \mathbb{Z}^l,$$

即得本定理的结论. □

推论 设$\gamma, X > 0$,对于齐次线性型$L_i(\mathbf{x})$,不等式组

$$\|L_i(\mathbf{x})\| < \gamma X^{-n/m} \quad (i = 1, 2, \cdots, m),$$

$$|x_j| < X \quad (j = 1, 2, \cdots, n)$$

没有非零整解$\mathbf{x}$,那么对于任何给定的实向量$\boldsymbol{\alpha} = (\alpha_1, \alpha_2, \cdots, \alpha_m)$,不等式组

$$\|L_i(\mathbf{x}) - \alpha_i\| < \tau\gamma X^{-n/m} = \delta X_1^{-n/m} \quad (i = 1, 2, \cdots, m),$$

$$|x_j| < \tau X = X_1 \quad (j = 1, 2, \cdots, n)$$

总有整解$\mathbf{x}$,其中$\delta = \gamma\tau^{(m+n)/m}, \quad \tau = ([\gamma^{-m}] + 1)/2$.

证 在定理3.3.2中取$C = \gamma X^{-n/m}$,按公式计算即得结论. □

由上述定理及推论可见,若齐次问题逼近得差,则相应的非齐次问题逼近得好.下面的定理3.3.3表明反过来说也是对的.总之,齐次问题与相应的非齐次问题两者不可能同时逼近得相当好.

定理3.3.3 设C_1, X_1是给定的正数,$L_i(\mathbf{x})$ $(i = 1, 2, \cdots, m)$ 是变元$\mathbf{x} = (x_1, x_2, \cdots, x_n)$的齐次线性型,$M_j(\mathbf{y})(j = 1, 2, \cdots, n)$ 是其转置系,其中$\mathbf{y} = (y_1,$

$y_2, \cdots, y_m)$. 如果对于任何给定的实向量 $\boldsymbol{\alpha} = (\alpha_1, \alpha_2, \cdots, \alpha_m)$, 不等式组

$$\|L_i(\mathbf{x}) - \alpha_i\| < C_1 \quad (i = 1, 2, \cdots, m),$$

$$|x_j| \leqslant X_1 \quad (j = 1, 2, \cdots, n) \tag{3.3.8}$$

总有整解$\mathbf{x}$,那么不等式组

$$\|M_j(\mathbf{y})\| \leqslant D \quad (j = 1, 2, \cdots, n),$$

$$|y_i| \leqslant U \quad (j = 1, 2, \cdots, m) \tag{3.3.9}$$

没有非零整解$\mathbf{y}$,并且不等式组

$$\|L_i(\mathbf{x})\| < C \quad (i = 1, 2, \cdots, m),$$

$$|x_j| < X \quad (j = 1, 2, \cdots, n) \tag{3.3.10}$$

也没有非零整解$\mathbf{x}$, 其中

$$D = (4nX_1)^{-1}, \ U = (4mC_1)^{-1},$$

并且C, X由下式确定:

$$D = (m + n - 1)X^{(1-m)/(m+n-1)}C^{m/(m+n-1)},$$
$$U = (m + n - 1)X^{n/(m+n-1)}C^{(1-n)/(m+n-1)}.$$

证 设不等式组(3.3.9)有非零整解$\mathbf{y}$.因为

$$\sum_{i=1}^{m} y_i L_i(\mathbf{x}) = \sum_{j=1}^{n} x_j M_j(\mathbf{y}),$$

165

所以

$$\left\|\sum_{i=1}^{m} y_i L_i(\mathbf{x})\right\| = \left\|\sum_{j=1}^{n} x_j M_j(\mathbf{y})\right\|. \qquad (3.3.11)$$

从而可取 $\boldsymbol{\alpha}$ 使得

$$\sum_{i=1}^{m} \alpha_i y_i = \frac{1}{2}.$$

于是由式(3.3.8)(3.3.9)和(3.3.11)得到

$$\begin{aligned}
\frac{1}{2} &= \left\|\sum_{i=1}^{m} \alpha_i y_i\right\| \\
&\leqslant \left\|\sum_{i=1}^{m} y_i\big(\alpha_i - L_i(\mathbf{x})\big)\right\| + \left\|\sum_{i=1}^{m} y_i L_i(\mathbf{x})\right\| \\
&< mUC_1 + \left\|\sum_{j=1}^{n} x_j M_j(\mathbf{y})\right\| \\
&< mUC_1 + nX_1 D = \frac{1}{4} + \frac{1}{4} = \frac{1}{2},
\end{aligned}$$

此不可能.因此不等式组(3.3.9)没有非零整解$\mathbf{y}$.再依据定理3.2.1,可知不等式组(3.3.10)也没有非零整解$\mathbf{x}$. □

推论 设$\gamma, X_1 > 0$,线性型$L_i(\mathbf{x})(i = 1, 2, \cdots, m)$和$M_j(\mathbf{y})(j = 1, 2, \cdots, n)$互为转置系. 如果对于任何实向量$\boldsymbol{\alpha} = (\alpha_1, \alpha_2, \cdots, \alpha_m)$,不等式组

$$\|L_i(\mathbf{x}) - \alpha_i\| < \gamma X_1^{-n/m} \quad (i = 1, 2, \cdots, m),$$

$$|x_j| < X_1 \quad (j = 1, 2, \cdots, n)$$

都有整解$\mathbf{x}$,那么不等式组

$$\|M_j(\mathbf{y})\| < \delta U^{-m/n} \quad (j = 1, 2, \cdots, n),$$

$$|y_i| < U \quad (i = 1, 2, \cdots, m)$$

没有非零整解$\mathbf{y}$,其中$U = (4m\gamma)^{-1}X_1^{n/m}$, 常数$\delta = (4n)^{-1}(4m\gamma)^{-m/n}$.

证 在定理3.3.3中取$C_1 = \gamma X_1^{-n/m}$,按公式计算即得结论. $\square$

综上所述,我们有:

定理3.3.4 设$m, n \geqslant 1$,实系数线性型$L_i(\mathbf{x})\,(i = 1, 2, \cdots, m)$和$M_j(\mathbf{y})\,(j = 1, 2, \cdots, n)$互为转置系.那么下列四个命题等价:

(a) 存在常数$\gamma_1 > 0$,使得不等式组

$$\|L_i(\mathbf{x})\| \leqslant \gamma_1 X^{-n/m} \quad (i = 1, 2, \cdots, m),$$

$$|x_j| \leqslant X \quad (j = 1, 2, \cdots, n)$$

当$X \geqslant 1$时无非零整解$\mathbf{x}$.

(b) 存在常数$\gamma_2 > 0$,使得不等式组

$$\|M_j(\mathbf{y})\| \leqslant \gamma_2 U^{-m/n} \quad (j = 1, 2, \cdots, n),$$

$$|y_i| \leqslant U \quad (i = 1, 2, \cdots, m)$$

当$U \geqslant 1$时无非零整解$\mathbf{y}$.

(c) 存在常数$\gamma_3 > 0$,使得不等式组

$$\|L_i(\mathbf{x}) - \alpha_i\| \leqslant \gamma_3 X^{-n/m} \quad (i = 1, 2, \cdots, m),$$

167

$$|x_j| \leqslant X \quad (j = 1, 2, \cdots, n)$$

当$X \geqslant 1$时对任何实向量$\boldsymbol{\alpha} = (\alpha_1, \alpha_2, \cdots, \alpha_m)$ 有整解$\mathbf{x}$.

(d) 存在常数$\gamma_4 > 0$,使得不等式组

$$\|M_j(\mathbf{y}) - \beta_j\| \leqslant \gamma_4 U^{-m/n} \quad (j = 1, 2, \cdots, n),$$

$$|y_i| \leqslant U \quad (i = 1, 2, \cdots, m)$$

当$U \geqslant 1$时对任何实向量$\boldsymbol{\beta} = (\beta_1, \beta_2, \cdots, \beta_n)$ 有整解$\mathbf{y}$.

证 由定理3.3.2的推论可知命题(a)$\Rightarrow$命题(c), 以及命题(b)$\Rightarrow$命题(d).由定理3.3.3的推论可知命题(c)$\Rightarrow$命题(b),以及命题(d)$\Rightarrow$命题(a). □

注 还可以进一步研究与形式为

$$\left(\max_{1 \leqslant i \leqslant m} \|L_i(\mathbf{x})\| \right)^m \left(\max_{1 \leqslant j \leqslant n} |x_j| \right)^n < \Gamma_{mn}$$

的非齐次逼近问题有关的转换定理,对此可参见[31].

第4章 与代数数有关的逼近

本章涉及用有理数逼近(实)代数数,以及用(实)代数数逼近实数两类问题.前者包括Liouville逼近定理,代数数有理逼近的Roth定理,代数数联立逼近的Schmidt定理, 以及Schmidt子空间定理.后者包括用给定(实)代数数域中的数或用有界次数的(实)代数数逼近代数数(或实数)两个方面,在此我们主要考虑用给定(实)代数数域中的数逼近代数数的问题, 如Dirichlet逼近定理和Roth逼近定理到数域情形的扩充.此外,在本章最后,作为示例,我们应用Schmidt逼近定理来构造一些超越数.

4.1 代数数的有理逼近

§4.1.1 Liouville逼近定理

代数数的有理逼近的研究始于下列Liouville逼近定理([75]):

定理 4.1.1 若α是次数$d \geqslant 1$的代数数, 则存在常数$C = C(\alpha)$, 使得对于任何不等于α的有理数p/q,有

$$\left| \alpha - \frac{p}{q} \right| > Cq^{-d}. \tag{4.1.1}$$

证 1 (i) 若$d = 1$,则α为有理数,设$\alpha = a/b$.若$p/q \neq \alpha$,则$aq - bp \neq 0$,所以$|aq - bp| \geqslant 1$,从而

$$\left| \alpha - \frac{p}{q} \right| = \frac{|aq - bp|}{bq} \geqslant \frac{1}{bq},$$

因此不等式(4.1.1)成立.下面设$d \geqslant 2$.

169

(ii) 若$|\alpha - p/q| \geqslant 1$,则不等式(4.1.1)自然成立(对应地可取$C = 1$).下面设

$$\left|\alpha - \frac{p}{q}\right| < 1. \qquad (4.1.2)$$

(iii) 设$P(x) \in \mathbb{Z}[x]$是α的极小多项式,其最高次项的系数$a_d > 0$, 还设$P(x)$的全部零点是$\alpha_1(= \alpha)$, $\alpha_2, \cdots , \alpha_d$.那么

$$M = q^d P\left(\frac{p}{q}\right) = q^d a_d \prod_{i=1}^d \left(\frac{p}{q} - \alpha_i\right) \in \mathbb{Z}. \quad (4.1.3)$$

由不等式(4.1.2)可得$|p/q| < 1 + |\alpha|$,于是当$i \geqslant 2$,

$$\left|\alpha_i - \frac{p}{q}\right| < \left|\alpha - \frac{p}{q}\right| + |\alpha - \alpha_i| < 1 + |\alpha| + |\alpha_i|. \quad (4.1.4)$$

又由极小多项式的定义及$d \geqslant 2$可知所有$\alpha_i \notin \mathbb{Q}$,所以$M \neq 0$,从而$|M| \geqslant 1$.由此及式(4.1.3)和(4.1.4)推出

$$
\begin{aligned}
\left|\alpha - \frac{p}{q}\right| &= |M| q^{-d} a_d^{-1} \prod_{i=2}^d \left|\frac{p}{q} - \alpha_i\right|^{-1} \\
&> 1 \cdot q^{-d} a_d^{-1} \prod_{i=2}^d (1 + |\alpha| + |\alpha_i|))^{-1} \\
&= C_1 q^{-d},
\end{aligned}
$$

其中

$$C_1 = a_d^{-1} \prod_{i=2}^d (1 + |\alpha| + |\alpha_i|))^{-1}.$$

于是令$C = C(\alpha) = \min\{1, C_1\}$,即得结论.

证2 如证1所见,可设$d \geqslant 2$;并且还可设式(4.1.2)成立. 于是

$$\left| \alpha + u\left(\frac{p}{q} - \alpha\right) \right| < |\alpha| + 1 \quad (0 \leqslant u \leqslant 1). \quad (4.1.5)$$

设 $P(x) = \sum_{k=0}^{d} a_k x^k \in \mathbb{Z}[x]$ 是 α 的极小多项式,那么 $P(\alpha) = 0$,于是

$$P\left(\frac{p}{q}\right) = P\left(\frac{p}{q}\right) - P(\alpha) = \int_{p/q}^{\alpha} P'(t)\mathrm{d}t.$$

令

$$t = \alpha + u\left(\frac{p}{q} - \alpha\right),$$

则

$$\int_{p/q}^{\alpha} P'(t)\mathrm{d}t = \left(\frac{p}{q} - \alpha\right) \int_{1}^{0} P'\left(\alpha + u\left(\frac{p}{q} - \alpha\right)\right) \mathrm{d}u,$$

由此及式(4.1.5)得到

$$\left| P\left(\frac{p}{q}\right) \right| \leqslant \left| \frac{p}{q} - \alpha \right| \max_{0 \leqslant u \leqslant 1} \left| P'\left(\alpha + u\left(\frac{p}{q} - \alpha\right)\right) \right|$$

$$\leqslant \left| \frac{p}{q} - \alpha \right| \sum_{k=1}^{d} k|a_k|(|\alpha| + 1)^{k-1} \leqslant C_2 \left| \frac{p}{q} - \alpha \right|,$$

其中

$$C_2 = C_2(\alpha) = dL(\alpha)(|\alpha| + 1)^{d-1},$$

而$L(\alpha)$是α的长(即α的极小多项式的所有系数绝对值之和).于是

$$\left| \frac{p}{q} - \alpha \right| \geqslant C_2^{-1} \left| q^d P\left(\frac{p}{q}\right) \right| q^{-d}.$$

171

因为$q^d P(p/q)$是非零整数,所以$|q^d P(p/q)| \geqslant 1$,从而

$$\left| \frac{p}{q} - \alpha \right| \geqslant C' q^{-d},$$

其中$C' = C'(\alpha) = C_2^{-1} = d^{-1} L(\alpha)^{-1} (|\alpha| + 1)^{1-d}$.
$\square$

可将Liouville逼近定理扩充为下列形式:

定理4.1.1A 若$1, \alpha_1, \cdots, \alpha_s$ 在$\mathbb{Q}$上线性无关,并且生成d次代数数域,则存在常数$C_3 = C_3(\alpha_1, \cdots, \alpha_s)$,使得对于任何整数$q_1, \cdots, q_s$和$p$,其中$q = \max\{|q_1|, \cdots, |q_s|\} > 0$,有

$$|\alpha_1 q_1 + \cdots + \alpha_s q_s - p| > C_3 q^{-d+1}.$$

证 设$1, \alpha_1, \cdots, \alpha_s, \cdots, \alpha_{d-1}$是定理中所说的$d$次数域的基,那么由例3.2.1的证明中建立的不等式(3.2.8)推出(在其中取$n = d - 1, \theta_i = \alpha_i$, 并将$u_i$记为$q_i$,常数$\delta$记为$C_3$)

$$|\alpha_1 q_1 + \cdots + \alpha_s q_s + \cdots + \alpha_{d-1} q_{d-1} - p| > C_3 q^{-d+1}.$$

令$q_{s+1} = \cdots = q_{d-1} = 0$,即得所要的不等式.
$\square$

在定理4.1.1A中取$s = 1$,即得定理4.1.1.

定理4.1.1的证明方法可以扩充到多变量情形,即给出多变量整系数多项式在代数点上的值的绝对值的下界估计:

定理4.1.1B(Liouville估计或Liouville不等式) 设$s \geqslant 1$, α_i是次数分别为d_i的代数数 ($i = 1, \cdots, s$),域

$\mathbb{Q}(\alpha_1, \cdots, \alpha_s)$的次数等于$D$.还设

$$P(z_1, \cdots, z_s) = \sum_{k_1=0}^{N_1} \cdots \sum_{k_s=0}^{N_s} c_{k_1, \cdots, k_s} z_1^{k_1} \cdots z_s^{k_s}$$

是$z_1, \cdots, z_s$的整系数多项式.那么,若$P(\alpha_1, \cdots, \alpha_s) \neq 0$,则

$$|P(\alpha_1, \cdots, \alpha_s)| \geqslant L(P)^{1-\delta D} \prod_{i=1}^{s} L(\alpha_i)^{-\delta D N_i/d_i},$$

其中

$$\delta = \begin{cases} 1 & \text{若}\mathbb{Q}(\alpha_1, \cdots, \alpha_s)\text{是实域}, \\ \dfrac{1}{2} & \text{若}\mathbb{Q}(\alpha_1, \cdots, \alpha_s)\text{是复域}; \end{cases}$$

而$L(P)$是多项式P的所有系数绝对值之和(称为P的长).

这个定理常应用于超越数论的研究中.定理的证明可参见[16].若在其中取多项式$P(z) = qz - p$,则可推出Liouville逼近定理.

注 1° 定理4.1.1实际上只对实代数数才由意义.因为若$\alpha = a + b\mathrm{i}, a, b \in \mathbb{R}$,并且$b \neq 0$,则对任何$p/q \in \mathbb{Q}$,

$$\left|\alpha - \frac{p}{q}\right| = \left|\left(a - \frac{p}{q}\right) + b\mathrm{i}\right| = \sqrt{\left(a - \frac{p}{q}\right)^2 + b^2} \geqslant |b| > 0,$$

2° 定理4.1.1表明代数数不能被有理数很好地逼近.特别,对于d次代数数α,当$\mu > d$时,不等式

$$\left|\alpha - \frac{p}{q}\right| < q^{-\mu} \tag{4.1.6}$$

173

只有有限多个有理解p/q.于是,若对于实数θ,存在由不同的有理数组成的无穷数列$p_n/q_n(n \geqslant 1)$,使得

$$0 < \left| \theta - \frac{p_n}{q_n} \right| < q_n^{-\lambda_n},$$

其中$\lambda_n > 0, \varlimsup\limits_{n \to \infty} \lambda_n = +\infty$,那么依Liouville逼近定理,$\theta$是超越数.我们称这种超越数为Liouville数.例如,令

$$\theta = \sum_{j=0}^{\infty} 2^{-j!}.$$

记$p_n = 2^{n!} \sum\limits_{j=0}^{n} 2^{-j!}, \; q_n = 2^{n!} \; (n = 1, 2, \cdots)$,则有

$$
\begin{aligned}
0 \;\; &< \;\; \theta - \frac{p_n}{q_n} = \sum_{j=n+1}^{\infty} 2^{-j!} \\
&< \;\; 2^{-(n+1)!} \left(1 + \frac{1}{2} + \frac{1}{2^2} + \cdots \right) \\
&= \;\; 2 \cdot 2^{-(n+1)!} < q_n^{-n}.
\end{aligned}
$$

因此θ是一个Liouville数.这是历史上第一个"人工制造"的超越数.

    3° 由例1.1.1(c)可知,任何2次无理数θ以q^2为最佳逼近阶(即是坏逼近的无理数).由定理1.2.1及定理4.1.1也可得出这个结论.

§4.1.2 Liouville逼近定理的改进

    Liouville逼近定理中的上界不是最优的.人们关心的是不等式(4.1.6)中指数μ的最优值.20世纪前半叶,指数μ被人们逐次改进,对此有下列的历史记录(d表示代数数α的次数):

A.Thue([109],1909):　$\mu > \dfrac{d}{2} + 1.$

G.L.Siegel([102],1921):　$\mu > 2\sqrt{d}.$

F.J.Dyson([39],1947)和A.O.Gelfond([46],1948)(独立地):　$\mu > \sqrt{2d}.$

K.F.Roth([88],1955):　$\mu > 2.$详而言之,就是:

定理4.1.2(Roth逼近定理)　若α是次数$d \geqslant 2$的(实)代数数,则对于任何给定的$\varepsilon > 0$,不等式

$$\left| \alpha - \frac{p}{q} \right| < q^{-(2+\varepsilon)} \qquad (4.1.7)$$

只有有限多个有理解$p/q(q > 0)$.

在文献中,Roth逼近定理也称作Thue-Siegel-Roth定理.它还可等价地表述为

定理4.1.2A　若α是次数$d \geqslant 2$的(实)代数数,则对于任何给定的$\varepsilon > 0$,存在正常数 $C_4 = C_4(\alpha, \varepsilon)$,使得对于任何有理数$p/q(q > 0)$,有

$$\left| \alpha - \frac{p}{q} \right| > C_4 q^{-(2+\varepsilon)}. \qquad (4.1.8)$$

证　(i)　设不等式(4.1.7)只有有限多个有理解p/q $(q > 0)$. 将不等式(4.1.7)的有限多个解形成的集合记为$S.$若$p/q \notin S$,则

$$\left| \alpha - \frac{p}{q} \right| \geqslant q^{-(2+\varepsilon)}. \qquad (4.1.9)$$

若令

$$C_5 = C_5(\alpha, \varepsilon) = \min_{p/q \in S} \left| \alpha - \frac{p}{q} \right| q^{2+\varepsilon}.$$

175

则$C_5 > 0$是一个只与α和ε有关的常数,并且当$p/q \in S$时,

$$\left|\alpha - \frac{p}{q}\right| q^{2+\varepsilon} > \frac{C_5}{2},$$

即

$$\left|\alpha - \frac{p}{q}\right| > \frac{C_5}{2}q^{-(2+\varepsilon)}. \qquad (4.1.10)$$

取$C_4 = C_4(\alpha, \varepsilon) = \min\{C_5, 1\}/2$,由式(4.1.9)和(4.1.10)即得不等式(4.1.8).

(ii) 反之,设对于任何给定的$\varepsilon > 0$,存在正常数$C_4 = C_4(\alpha, \varepsilon)$, 使得任何有理数$p/q(q > 0)$满足不等式(4.1.8),但对于任何给定的$\varepsilon > 0$,不等式(4.1.7) 有无限多个有理解$p/q(q > 0)$.于是有无限多个有理数 p/q $(q > 0)$满足

$$\left|\alpha - \frac{p}{q}\right| < q^{-(2+2\varepsilon)}.$$

将这无限多个p/q成的集合记为S_1.那么由上式和(4.1.8)得到

$$q^{-(2+2\varepsilon)} > C_4(\alpha, \varepsilon)q^{-(2+\varepsilon)} \quad \left(\frac{p}{q} \in S_1\right),$$

即

$$q^{-\varepsilon} > C_4(\alpha, \varepsilon) \quad \left(\frac{p}{q} \in S_1\right),$$

在式中令$q \to \infty$,可得$C_4 = 0$,此不可能.于是对于任何给定的$\varepsilon > 0$, 不等式(4.1.7)只有有限多个有理解p/q $(q > 0)$. $\qquad \square$

定理4.1.2A中的常数是不可有效计算的.N.I.Feldman([41])应用超越数论方法(代数数的对数线性型)证明了:

定理 4.1.2B 若α是次数$d \geqslant 3$且高(即极小多项式的所有系数绝对值之最大值)$H(\alpha) \leqslant H$ 的(实)代数数,则存在可有效计算的正常数$C_5 = C_5(\alpha)$和$C_6 = C_6(\alpha)$,使得对于任何有理数$p/q(q > 0)$,有

$$\left| \alpha - \frac{p}{q} \right| > C_5 q^{-(d-C_6)}. \qquad (4.1.11)$$

注意,不等式(4.1.11)中$C_6 = C_6(\alpha)$是一个很小的正数:

$$C_6 = \left(3^{d+26} d^{15d+20} R_\alpha \log \max\{e, R_\alpha\}\right)^{-1},$$

其中$0 < R_\alpha < \left(2d^2 H \log(dH)\right)^{d-1}$(当$H \geqslant 3$).

Y.Bugeaud和J.-H.Evertse([29])证明了:

定理 4.1.2C 设 α 是(实)代数数 , 其次数 $d = d(\alpha) \geqslant 1$, 高$H = H(\alpha) \leqslant H_0$.那么对于任何给定的$\varepsilon > 0$,不等式

$$\left| \alpha - \frac{p}{q} \right| < q^{2+\varepsilon}$$

至多有

$$10^{10}(1 + \varepsilon^{-1})^3 \log(6d) \log\left((1 + \varepsilon^{-1}) \log(6d)\right)$$

个非零解p/q,其中p, q是互素整数,并且

$$q > \max\{2H(\alpha), 2^{4/\varepsilon}\}.$$

177

D.Ridout([85])将Roth逼近定理扩充为:

定理4.1.2D 若α是非零(实)代数数,$p_1,\cdots,p_r$, $q_1,\cdots,q_s$是不同的素数,μ,ν和c是实数,$0 \leqslant \mu \leqslant 1,0 \leqslant \nu \leqslant 1,c > 0$.还定义集合

$$\mathscr{S} = \{p = p^* p_1^{a_1} \cdots p_r^{a_r}, q = q^* q_1^{b_1} \cdots q_s^{b_s} | a_1,\cdots,$$
$$a_r, b_1, \cdots, b_s \in \mathbb{N}_0;$$
$$p^*, q^* \in \mathbb{Z}, 0 < |p^*| \leqslant cp^\mu, 0 < |q^*| \leqslant cq^\nu \}.$$

则当$\eta > \mu + \nu$时,不等式

$$0 < \left| \alpha - \frac{p}{q} \right| < q^{-\eta}$$

只有有限多个解$p/q(p,q \in \mathscr{S})$.

注1° Roth的上述结果荣获1958年Fieldz奖.除原始文献外,关于Roth逼近定理的证明还可见[4,31,42,74],也可参见[15,100].文献[97]($\S3$)对照Liouville逼近定理的证明简要分析了Roth逼近定理的证明思路并给出证明概要.关于上述 A.Thue,G.L.Siegel,F.J.Dyson,A.O.Gelfond和K.F.Roth的结果和方法的系统而简明的论述,可见[43].

2° 当α不是实代数数时,上述结论显然正确(参见定理4.1.1的注1°). 又由定理1.2.1可知Roth逼近定理中的指数$2 + \varepsilon$不能换为2,因此是最优的.

3° 由Liouville定理可知,对于2次代数数α,存在常数$C = C(\alpha)$ 使得对于任何有理数p/q有

$$\left| \alpha - \frac{p}{q} \right| > Cq^{-2},$$

即当$d = 2$时Liouville定理比Roth定理强.据此,S.Lang([70])猜测:对于次数不低于3的代数数α, 不等式

$$\left| \alpha - \frac{p}{q} \right| > \frac{1}{q^2 (\log q)^{\omega}}$$

当$\omega > 1$或$\omega > \omega_0(\alpha)$(与$\alpha$有关的一个常数)时,只有有限多个有理解.

4° 应用定理4.1.2D可以证明级数$\sum\limits_{n=1}^{\infty} 2^{-n^2}$是超越数.

§4.1.3　Schmidt逼近定理

1970年,W.M.Schmidt([95])将Roth的结果扩充到联立逼近的情形,此即

定理 4.1.3(Schmidt逼近定理)　若$s \geqslant 1, \alpha_1, \cdots, \alpha_s$是实代数数,$1, \alpha_1, \cdots, \alpha_s$在$\mathbb{Q}$上线性无关,则对于任何$\varepsilon > 0$,

(a)　不等式

$$\|q\alpha_1\| \cdots \|q\alpha_s\| q^{1+\varepsilon} < 1 \qquad (4.1.12)$$

只有有限多个整数解$q > 0$.

(b)　不等式

$$\|q_1\alpha_1 + \cdots + q_s\alpha_s\| (\bar{q}_1 \cdots \bar{q}_s)^{1+\varepsilon} < 1$$

只有有限多组非零整解$(q_1, \cdots, q_s)$.

注 1°　定理4.1.3也称作Thue-Siegel-Roth-Schmidt定理.除原始文献外,Schmidt逼近定理的证明还可见[15].

179

2°　依定理3.2.3的推论2,定理4.1.3中的命题(a)和(b)是互相等价的. 在Schmidt逼近定理的两个命题中令$s = 1$都可得到Roth逼近定理.

§4.1.4　Schmidt子空间定理

1972年,W.M.Schmidt([96])给出:

定理 4.1.4 (Schmidt子空间定理)　设

$$L_i(\mathbf{x}) = \sum_{j=1}^{n} \alpha_{ij} x_j \quad (i = 1, 2, \cdots, n)$$

是变元$\mathbf{x} = (x_1, x_2, \cdots . x_n)$的(实或复)代数系数线性型,在$\mathbb{Q}$上线性无关.那么对于任何给定的$\varepsilon > 0$,存在$\mathbb{Q}^n$的有限多个真(线性)子空间$T_1, \cdots, T_w$,使得每个满足不等式

$$\prod_{i=1}^{n} |L_i(\mathbf{x})| < (\max_{1 \leqslant i \leqslant n} |x_i|)^{-\varepsilon} \tag{4.1.13}$$

的整向量$\mathbf{x}$都属于$T_1 \cup \cdots \cup T_w$.

注　$\mathbb{Q}^n$的(线性)子空间由若干有理系数线性方程$a_1 x_1 + \cdots + a_n x_n = 0$定义,也称为$\mathbb{R}^n$的有理子空间.

Schmidt子空间定理是一个关于代数数有理逼近的一般性命题.我们给出下列一些推论.

推论 1　定理4.1.4蕴含定理4.1.2.

证　设$n = 2$,记$\mathbf{x} = (x, y)$.取线性型$L_1(\mathbf{x}) = \alpha x - y, L_2(\mathbf{x}) = x$,其中$\alpha$是代数数.由定理4.1.4,对于任何$\varepsilon > 0$, 所有满足

$$|\alpha x - y||x| < \max\{|x|, |y|\}^{-\varepsilon} \tag{4.1.14}$$

180

的整点$\mathbf{x} = (q, p)$都落在有限多条形如

$$y = kx \quad (k \in \mathbb{Q}) \tag{4.1.15}$$

的直线上.每条直线上只可能含有有限多个这样的整点.事实上,如果整点(q_0, p_0)在直线(4.1.15)上并且满足不等式(4.1.14),(tq_0, tp_0) $(t \in \mathbb{Z})$是任意一个具有同样性质的整点,那么由式(4.1.14)得到

$$|tq_0\alpha - tp_0| < \max\{|tq_0|, |tp_0|\}^{-\varepsilon}|tq_0|^{-1},$$

因此

$$|t|^{2+\varepsilon} < |q_0|^{-1-\varepsilon}|q_0\alpha - p_0|^{-1}.$$

可见$|t|$的个数有限.于是我们得到Roth逼近定理. $\square$

推论2   定理4.1.4蕴含定理4.1.3.

证   我们只需由定理4.1.4推出定理4.1.3中的命题(a).

(i)   设有无穷多个整数$q > 0$满足不等式(4.1.12),对于每个q存在整数$p_1, \cdots, p_s$使得$\|\alpha_i q\| = |\alpha_i q - p_i|$ $(i = 1, \cdots, s)$.记$n = s + 1, \mathbf{x} = (x_1, \cdots, x_s, x_n) = (p_1, \cdots, p_s, q)$,取线性型

$$L_i(\mathbf{x}) = \alpha_i x_n - x_i \quad (i = 1, \cdots, s), \ L_n(\mathbf{x}) = x_n.$$

若

$$\gamma_i L_i(\mathbf{x}) + \cdots + \gamma_n L_n(\mathbf{x}) = 0, \ \gamma_i \in \mathbb{Q} \quad (i = 1, \cdots, n),$$

则比较等式两边x_n的系数得到

$$\gamma_1\alpha_1 + \cdots + \gamma_s\alpha_s + \gamma_n = 0,$$

因为$1, \alpha_1, \cdots, \alpha_s$在$\mathbb{Q}$上线性无关,所以所有系数$\gamma_i = 0$, 因此上面取定的线性型在$\mathbb{Q}$上线性无关.又因为

$$|p_i| < |\alpha_i q - p_i| + |\alpha_i q| \leqslant \frac{1}{2} + |\alpha_i| q,$$

所以

$$\max_{1 \leqslant i \leqslant n} |x_i| < cq \quad (\text{其中} c = 1 + \max_{1 \leqslant i \leqslant n} |\alpha_i|),$$

于是由不等式(4.1.12)以及当$q > c$时$q^{-\varepsilon} < (cq)^{-\varepsilon/2}$, 可知$\mathbf{x}$满足不等式(4.1.13).

依定理4.1.4(注意T_i个数有限而q个数无穷),有无穷多个$\mathbf{x}$落在$\mathbb{Q}^n$的某个真子空间T中,于是满足一个(有理)整系数的线性方程

$$c_1 x_1 + \cdots + c_s x_s + + c_n x_n = 0$$

(其中整数$c_1, \cdots, c_s, c_n$互素).由此可知

$$c_1 p_1 + \cdots + c_s p_s + c_n q = 0,$$

从而

$$
\begin{aligned}
& c_1(\alpha_1 q - p_1) + \cdots + c_s(\alpha_s q - p_s) \\
={} & c_1(\alpha_1 q - p_1) + \cdots + c_s(\alpha_s q - p_s) - \\
& (c_1 p_1 + \cdots + c_s p_s + c_n q) \\
={} & (c_1 \alpha_1 + \cdots + c_s \alpha_s + c_n) q,
\end{aligned}
$$

即

$$c_1 \|\alpha_1 q\| + \cdots + c_s \|\alpha_s q\| = (c_1 \alpha_1 + \cdots + c_s \alpha_s + c_n) q. \tag{4.1.16}$$

因为$1, \alpha_1, \cdots, \alpha_s$在$\mathbb{Q}$上线性无关,所以常数

$$\gamma = |c_1\alpha_1 + \cdots + c_s\alpha_s + c_n| > 0,$$

于是由式(4.1.16)推出

$$\begin{aligned} q &< \gamma^{-1}(|c_1|\|\alpha_1 q\| + \cdots + |c_s|\|\alpha_s q\|) \\ &\leqslant \frac{1}{2\gamma}(|c_1| + \cdots + |c_s|) < \infty. \end{aligned}$$

我们得到矛盾,因此命题(a)成立. $\qquad\qquad\square$

定理4.1.4是下列更一般的命题的推论:

定理 4.1.5 (强子空间定理) 设

$$L_i(\mathbf{x}) = \sum_{j=1}^{n} \alpha_{ij}x_j \quad (i = 1, 2, \cdots, n)$$

是变元$\mathbf{x} = (x_1, x_2, \cdots, x_n)$的实代数系数线性型,在$\mathbb{Q}$上线性无关.还设实数$c_1, c_2, \cdots, c_n$满足

$$c_1 + c_2 + \cdots + c_n = 0.$$

对于每个$Q > 0$,不等式组

$$|L_i(\mathbf{x})| \leqslant Q^{c_i} \quad (i = 1, 2, \cdots, n) \qquad (4.1.17)$$

定义一个平行体 $\Pi = \Pi(Q)$. 用 $\lambda_k = \lambda_k(Q)$ $(k = 1, 2, \cdots, n)$ 记Π的n个相继极小.设存在实数$\varepsilon > 0$和整数$d \in \{1, 2, \cdots, n-1\}$,以及正数的无界集合$\mathscr{R}$,使得对于每个$Q \in \mathscr{R}$有

$$\lambda_d < \lambda_{d+1}Q^{-\varepsilon}.$$

183

那么存在$\mathbb{R}^n$的一个固定的d维有理子空间S^d和$\mathscr{R}$的无限子集$\mathscr{R}'$,使得对于每个$Q \in \mathscr{R}'$,平行体$\Pi(Q)$的最初d个相继极小在S^d的点$\mathbf{g}_1, \mathbf{g}_2, \cdots, \mathbf{g}_d$上达到.

我们在此不给出这个定理的证明,只是由它推出定理4.1.4.我们首先证明:

引理 4.1.1 设$L_i(\mathbf{x}), c_i$同定理4.1.5.那么对于任何$\varepsilon > 0$,存在$\mathbb{R}^n$的有限多个真有理子空间$T_1, \cdots, T_w$,使得每个满足不等式组

$$|L_i(\mathbf{x})| \leqslant (\max_{1 \leqslant i \leqslant n} |x_i|)^{c_i - \varepsilon} \quad (i = 1, 2, \cdots, n)$$

$$(4.1.18)$$

的整点$\mathbf{x}$都属于$T_1 \cup \cdots \cup T_w$.

证 若只有有限多个整点$\mathbf{x}_k$满足不等式(4.1.18),则结论显然成立(例如,取一个含有原点和$\mathbf{x}_k$的超平面作为子空间T_k).下面设不等式(4.1.18)有无穷多个整解.用反证法.设结论不成立,我们将导出矛盾.

(i) 因为T_i的维数至多为$n - 1$,所以存在不等式组(4.1.18)的解的序列$\boldsymbol{\omega} : \mathbf{x}_1, \mathbf{x}_2, \cdots$,其中任何$n$个向量都线性无关. 对于每个$Q > 0$,由不等式组(4.1.17)定义平行体$\Pi$,用$\lambda_i = \lambda_i(Q)$记其第$i$个相继极小,那么存在$n$个线性无关的向量$\mathbf{g}_1, \cdots, \mathbf{g}_n$,使得

$$\mathbf{g}_i \in \lambda_i \Pi \quad (i = 1, 2, \cdots, n).$$

令S_i是$\mathbf{g}_1, \cdots, \mathbf{g}_i$张成的子空间$(i = 1, 2, \cdots, n)$.

(ii) 对于$\mathbf{x} = (x_1, \cdots, x_n) \in \mathbb{R}^n$,我们简记$\overline{|\mathbf{x}|} = \max_{1 \leqslant i \leqslant n} |x_i|$. 取$Q = \overline{|\mathbf{x}_j|}$,其中$\mathbf{x}_j$是序列$\boldsymbol{\omega}$中的某个成员.由

184

式(4.1.18)可知$Q^\varepsilon \mathbf{x}_j \in \Pi$,因而$Q^{-\varepsilon}\Pi$中存在整点$\mathbf{x}_j$,于是由相继极小的定义得到

$$\lambda_1 \leqslant Q^{-\varepsilon}.$$

由Minkowski第二凸体定理可知$\lambda_1 \lambda_n^{n-1} \geqslant \lambda_1 \cdots \lambda_n \gg 1$,所以当$Q = \overline{|\mathbf{x}_j|}$足够大时$\lambda_n > 1$.因为$\lambda_1 \leqslant Q^{-\varepsilon} < 1 < \lambda_n$,所以$\mathbf{x}_j \in S_{n-1}$.设$k$是使得$\mathbf{x}_j \in S_k$的最小的整数, 那么由$S_k$的定义及$\mathbf{x}_j \in Q^{-\varepsilon}\Pi$可知$\lambda_k \leqslant Q^{-\varepsilon}$,并且存在一个整数$d$,满足$k \leqslant d \leqslant n-1$,使得

$$\lambda_d < \lambda_{d+1} Q^{-\varepsilon/n}. \tag{4.1.19}$$

这是因为,不然有$\lambda_i \geqslant \lambda_{i+1} Q^{-\varepsilon/n}$ $(i = k, k+1, \cdots, n-1)$, 于是

$$\frac{\lambda_k}{\lambda_n} = \frac{\lambda_k}{\lambda_{k+1}} \cdot \frac{\lambda_{k+1}}{\lambda_{k+2}} \cdots \frac{\lambda_{n-1}}{\lambda_n} \geqslant \left(Q^{-\varepsilon/n}\right)^{n-k},$$

从而$\lambda_k \geqslant \lambda_n Q^{-\varepsilon} Q^{k\varepsilon/n} > Q^{-\varepsilon}$, 这与$\lambda_k \leqslant Q^{-\varepsilon}$矛盾.

(iii)　因为d的可能值有限,而$\boldsymbol{\omega}$是无限序列,所以存在无穷子列$\mathbf{x}_{j_u}$ $(u = 1, 2, \cdots)$,使得对于某个固定的正整数d,不等式(4.1.19)对每个$Q = Q(u) = \overline{|\mathbf{x}_{j_u}|}$成立.取所有$\overline{|\mathbf{x}_{j_u}|}$组成的集合作为$\mathscr{R}$.那么依定理4.1.5,存在无穷集合$\mathscr{R}_1 \subseteq \mathscr{R}$, 使得对于每个$Q \in \mathscr{R}_1$,点$\mathbf{g}_1, \cdots, \mathbf{g}_d$全落在一个固定的$d$维子空间$S^d$中(特别,由此可知$S^d = S_d$).设此$Q = Q(u) = \overline{|\mathbf{x}_{j_u}|}$,则$\mathbf{x}_{j_u} \in S_k \subseteq S_d = S^d$.于是$\boldsymbol{\omega}$中存在$d+1$个(形如$\mathbf{x}_{j_u}$的)向量线性相关.因为$d + 1 \leqslant (n-1) + 1 = n$,所以得到矛盾.　□

引理 4.1.2 定理4.1.5蕴含定理4.1.4.

185

证 (i) 设$L_i(\mathbf{x})$有实系数.如果存在某个j使得$L_j(\mathbf{x}) = 0$, 则点$\mathbf{x}$必然落在有限多个真子空间中.下面设$\mathbf{x}$满足

$$L_1(\mathbf{x}) \cdots L_n(\mathbf{x}) \neq 0.$$

由定理4.1.1B可知$\mathbf{x}$满足不等式组

$$\overline{|\mathbf{x}|}^{-a} \ll |L_i(\mathbf{x})| \ll \overline{|\mathbf{x}|} \quad (i = 1, \cdots, n)$$

其中$a = \sigma - 1 > 0, \sigma \geqslant d_i = \deg(\alpha_i)$.于是当$\overline{|\mathbf{x}|}$足够大时,

$$\overline{|\mathbf{x}|}^{-2a} \ll |L_i(\mathbf{x})| \ll \overline{|\mathbf{x}|}^2 \quad (i = 1, \cdots, n)$$

将$[-2a, 2)$划分为有限多个形如$[c', c)$的长度小于$\varepsilon/(2n)$的子区间.如果$[c'_1, c''_1), \cdots, [c'_n, c''_n)$是任意$n$个这样的区间,那么我们只需证明不等式(4.1.13) 的满足条件

$$\overline{|\mathbf{x}|}^{-c'_i} \ll |L_i(\mathbf{x})| \ll \overline{|\mathbf{x}|}^{c''_i} \quad (i = 1, \cdots, n) \quad (4.1.20)$$

的解落在有限多个真有理子空间中.由不等式(4.1.13)和(4.1.20)可知$c'_1 + \cdots + c'_n < -\varepsilon$. 注意$0 < c''_i - c'_i < \varepsilon/(2n)(i = 1, \cdots, n)$,所以$c''_1 + \cdots + c''_n < c'_1 + \cdots + c'_n + n \cdot \left(\varepsilon/(2n)\right) < -\varepsilon/2$.令

$$c_i = c''_i - \frac{1}{n}(c''_1 + \cdots + c''_n) \quad (i = 1, \cdots, n),$$

则$c_1 + c_2 + \cdots + c_n = 0$,并且$c''_i < c_i - \varepsilon/(2n)$,因此

$$|L_i(\mathbf{x})| < \overline{|\mathbf{x}|}^{c_i - \varepsilon/(2n)} \quad (i = 1, \cdots, n).$$

于是由引理4.1.1推出上述不等式的解落在有限多个真有理子空间中.

(ii) 在一般情形,即$L_i(\mathbf{x})$是复系数(非实数)的.如果$L_n(\mathbf{x})$的某些系数不是实数,那么

$$L_n(\mathbf{x}) = R(\mathbf{x}) + iI(\mathbf{x}),$$

其中线性型R, I都有实系数.如果$L_1, \cdots, L_{n-1}, R$线性无关,则令$L'_n = R$;不然则令$L'_n = I$.于是线性型$L_1, \cdots, L_{n-1}, L'_n$满足定理4.1.6的条件(注意$|z| < \max\{\mathrm{Re}(z), \mathrm{Im}(z)\}$),并且非实系数线性型的个数减少,因此可对线性形的个数应用数学归纳法,从而在一般情形定理4.1.4也成立. □

注 定理4.1.5的证明可见[98].整个证明相当长,沿着Roth逼近定理的证明的路线进行,但有发展和扩充,数的几何是证明的重要工具.有关证明思想和方法的分析可参见[43]和[93]. H.P.Schlickewei([89])给出子空间定理的一个常用变体(但不能给出子空间T_i个数的有效性上界估计). W.M.Schmidt([99])则给出了子空间定理中子空间个数的上界估值.子空间定理的一个数域情形的变体(即用任意数域代替 $\mathbb{Q}$) 可见[98](Ch. VIII,§7),一般性的"定量"子空间定理可见[40]. 关于子空间定理 (对于不定方程 , 超越数论等) 的应用 ,可见 [24,27,33,100,111.121]等文献.

4.2 用代数数逼近实数

§4.2.1 预备:代数数的高

对于复或实系数多项式

$$P(x) = a_n x^n + a_{n-1} x^{n-1} + \cdots + a_0,$$

187

通常将

$$H(P) = \max\{|a_n|, |a_{n-1}|, \cdots, |a_0|\}$$

称作$P(x)$的高.如果$P(x)$的全部根是$\alpha_1, \cdots, \alpha_n$,则称

$$M(P) = |a_n| \prod_{i=1}^{n} \max\{1, |\alpha_i|\}$$

为$P(x)$的Mahler度量.可以证明(见[16])

$$2^{-n} H(P) \leqslant M(P) \leqslant \sqrt{n+1} H(P).$$

对于$d(\geqslant 1)$次代数数θ,我们约定其极小多项式$\Phi(x)$的最高次项的系数大于零,并且所有系数的最大公因子为1.我们将$\Phi(x)$的高称为θ的高, 记为$H(\theta)$,即$H(\theta) = H(\Phi)$;并将 $M(\Phi)$ 称 θ的Mahler 度量, 记为$M(\theta)$,即$M(\theta) = M(\Phi)$.

现在设$\theta \in K$,其中K是k次实代数数域.由数域的基本性质可知$d|k$,并且存在k个由K到$\mathbb{C}$的同构σ_1(恒等映射),$\sigma_2, \cdots, \sigma_k$.令$\theta^{(i)} = \sigma_i(\theta)$ $(i = 1, 2, \cdots, k)$(它们称作θ对于K的域共轭元),那么存在唯一的正整数c_0使得多项式

$$Q(x) = c_0(x - \beta^{(1)}) \cdots (x - \beta^{(k)})$$

是整系数多项式, 并且所有系数的最大公因子为 1.称$Q(x)$为θ对于K的域多项式. 我们将$Q(x)$的高称作代数数θ对于(数)域K的高,记作$H_K(\theta)$,即$H_K(\theta) = H(Q)$.

因为θ对于K的域多项式$Q(x)$与它的极小多项式$\Phi(x)$有下列关系:

$$Q(x) = \Phi(x)^{k/d},$$

所以由多项式的高的性质得到

$$2^{-k/d}H(\theta)^{k/d} \leqslant H_K(\theta) \leqslant 2^{k/d}H(\theta)^{k/d}.$$

引理 4.2.1　对于任何给定的$C > 0$,只有有限多个$\theta \in K$满足$H_K(\theta) \leqslant C$.

证　满足$H_K(\theta) \leqslant C$的$\theta \in K$乃是某个高不超过C且次数不超过k的整系数多项式的根.这种多项式的个数有限,它们的根的总数也有限,所以所说的θ个数有限. □

§4.2.2　数域情形的Roth逼近定理

对于任何$p/q(q>0) \in \mathbb{Q}$,$H(p/q) \geqslant q$,从而$H(p/q)^{-\eta} \leqslant q^{-\eta}\,(\forall \eta > 0)$.于是由Roth逼近定理可知:若实代数数$\alpha \notin \mathbb{Q}$,则对于任何$\varepsilon > 0$,只有有限多个$\beta \in \mathbb{Q}$使得$|\alpha - \beta| < H(\beta)^{-2-\varepsilon}$.将$\mathbb{Q}$换为任意(实)数域$K$,就将Roth逼近定理扩充到数域情形:

定理 4.2.1　设K是一个实代数数域,$\alpha \notin K$是一个实代数数,那么对于任何$\varepsilon > 0$,只有有限多个$\beta \in K$满足不等式

$$|\alpha - \beta| < H(\beta)^{-2-\varepsilon}.$$

这个定理是W.J.LeVeque([74])应用Roth的方法证明的,在[98]中,M.M.Schmidt应用数域上的子空间定

189

理给出另一个证明.因为涉及较多的预备知识,我们略去这些证明.

定理4.2.1等价于:对于任何给定的$\varepsilon > 0$,存在正常数$C = C(\alpha, K, \varepsilon)$,使得对于任何$\beta \in K$,有

$$|\alpha - \beta| > CH(\beta)^{-2-\varepsilon}.$$

取$K = \mathbb{Q}$.对于$\beta = p/q(q > 0)$,只有两种可能:

$$\left|\alpha - \frac{p}{q}\right| \leqslant q^{-2-\varepsilon},$$

或

$$\left|\alpha - \frac{p}{q}\right| > q^{-2-\varepsilon}.$$

若前者成立,则

$$|p| \leqslant (q^{-2-\varepsilon} + |\alpha|)q \leqslant (1 + |\alpha|)q,$$

因此$H(\beta) \leqslant (1 + |\alpha|)q$,于是

$$\left|\alpha - \frac{p}{q}\right| = |\alpha - \beta| > CH(\beta)^{-2-\varepsilon} \geqslant C(1 + |\alpha|)^{-2-\varepsilon}q^{-2-\varepsilon}.$$

取$C' = \min\{1, C(1 + |\alpha|)^{-2-\varepsilon}\}$,则对于任何$p/q \in \mathbb{Q}(q > 0)$,有

$$\left|\alpha - \frac{p}{q}\right| > C'q^{-2-\varepsilon}.$$

可见定理4.2.1蕴含Roth逼近定理.

§4.2.3 用给定数域中的数逼近实数

定理 4.2.2 设 K 为实代数数域,则存在一个只与 K 有关的常数 $C = C(K)$,使得对于每个实数 $\alpha \notin K$,存在无穷多个 $\beta \in K$ 满足不等式

$$|\alpha - \beta| < C \max\{1, |\alpha|^2\} H_K(\beta)^{-2}.$$

证 我们区分两种情形进行证明.

情形 1 设 $|\alpha| \leqslant 1$.

(i) 设 K 的次数为 $n \geqslant 1, \theta_1, \cdots, \theta_n$ 是 K 的一组整基, Q 是一个充分大的实数.依 Minkowski 线性型定理,存在不全为零的整数 $q_1, \cdots, q_n, p_1, \cdots, p_n$ 满足

$$|\alpha\theta_1 q_1 + \cdots + \alpha\theta_n q_n - \theta_1 p_1 - \cdots - \theta_n p_n||\theta_n|^{-1} < Q^{-2n+1}, \tag{4.2.1}$$

$$|q_i| \leqslant Q(i = 1, \cdots, n), |p_j| \leqslant Q(j = 1, \cdots, n-1). \tag{4.2.2}$$

(当 $n = 1$ 时上述不等式组中 (4.2.2) 只涉及 q_1).由此可见

$$
\begin{aligned}
|\theta_n p_n| \leqslant{} & |\alpha\theta_1 q_1 + \cdots + \alpha\theta_n q_n - \theta_1 p_1 - \cdots - \\
& \theta_n p_n| + |\alpha\theta_1 q_1 + \cdots + \alpha\theta_n q_n - \\
& \theta_1 p_1 - \cdots - \theta_{n-1} p_{n-1}| \\
\leqslant{} & |\theta_n| Q^{-2n+1} + |\alpha|(|\theta_1| + \cdots + |\theta_n|)Q + \\
& (|\theta_1| + \cdots + |\theta_{n-1}|)Q,
\end{aligned}
$$

191

还要注意$|\alpha| \leqslant 1$,于是(应用Vinogradov符号)

$$|p_n| \ll Q, \qquad (4.2.3)$$

其中$\ll$中的常数只与K有关.

我们断言:$q_1, \cdots, q_n$以及$p_1, \cdots, p_n$均不全为零. 当$n = 1$时这是显然的.设$n > 1$, 且$q_1 = \cdots = q_n = 0$,则由式(4.2.1)和(4.2.2)可知代数整数$\theta_1 p_1 + \cdots + \theta_n p_n$的对于域$K$的范数

$$
\begin{aligned}
& \mathbf{N}_{K/\mathbb{Q}}(\theta_1 p_1 + \cdots + \theta_n p_n) \\
= \quad & |\theta_1 p_1 + \cdots + \theta_n p_n| \prod_{i=2}^{n} |\theta_1^{(i)} p_1 + \cdots + \theta_n^{(i)} p_n| \\
\ll \quad & Q^{-2n+1} \cdot Q^{n-1} = Q^{-n},
\end{aligned}
$$

其中$\theta_j^{(1)}, \cdots, \theta_j^{(n)}$是$\theta_j (j = 1, \cdots, n)$对于$K$的域共轭元.因为$Q$可以充分大,而上述范数是非负整数,所以

$$\mathbf{N}_{K/\mathbb{Q}}(\theta_1 p_1 + \cdots + \theta_n p_n) = 0,$$

因为$\theta_1, \cdots, \theta_n$是$K$的一组整基,所以在$\mathbb{Q}$上线性无关, 于是由上式推出$p_1 = \cdots = p_n = 0$. 但数组$(q_1, \cdots, q_n, p_1, \cdots, p_n)$非零,我们得到矛盾, 从而上述断语正确.同理可证$p_1, \cdots, p_n$不全为零.

(ii) 因为$q_1, \cdots, q_n$不全为零,$\theta_1, \cdots, \theta_n$在$\mathbb{Q}$上线性无关,于是$\theta_1 q_1 + \cdots + \theta_n q_n \neq 0$.我们令

$$\beta = \frac{\theta_1 p_1 + \cdots + \theta_n p_n}{\theta_1 q_1 + \cdots + \theta_n q_n}, \qquad (4.2.4)$$

192

那么
$$\alpha - \beta = \frac{\alpha\theta_1 q_1 + \cdots + \alpha\theta_n q_n - \theta_1 p_1 - \cdots - \theta_n p_n}{\theta_1 q_1 + \cdots + \theta_n q_n},$$
从而由式(4.2.1)可知
$$|\alpha - \beta| < Q^{-2n+1}|\theta_1 q_1 + \cdots + \theta_n q_n|^{-1}. \quad (4.2.5)$$

(iii) 令
$$\beta^{(i)} = \frac{\theta_1^{(i)} p_1 + \cdots + \theta_n^{(i)} p_n}{\theta_1^{(i)} q_1 + \cdots + \theta_n^{(i)} q_n} \quad (i = 1, \cdots, n).$$

因为多项式
$$\begin{aligned}
P(x) &= \prod_{i=1}^{n}(\theta_1^{(i)} q_1 + \cdots + \theta_n^{(i)} q_n) \cdot \prod_{i=1}^{n}(x - \beta^{(i)}) \\
&= \prod_{i=1}^{n}\left((\theta_1^{(i)} q_1 + \cdots + \theta_n^{(i)} q_n)x - \right. \\
&\quad \left. (\theta_1^{(i)} p_1 + \cdots + \theta_n^{(i)} p_n)\right) \in \mathbb{Z}[x],
\end{aligned}$$

其系数的最大公因子未必等于1,所以它与β的对于K的域多项式至多多出一个大于1的因子,所以
$$H_K(\theta) \leqslant H(P). \quad (4.2.6)$$

为估计$H_K(\theta)$,我们来估计$H(P)$.

因为$p_1, \cdots, p_n$以及$q_1, \cdots, q_n$都不全为零,所以由定理4.1.1A可知
$$|\theta_1 p_1 + \cdots + \theta_n p_n| \gg Q^{-n+1},$$
$$|\theta_1 q_1 + \cdots + \theta_n q_n| \gg Q^{-n+1}.$$

由此及不等式(4.2.1)得知

$$
\begin{aligned}
&|\theta_1 p_1 + \cdots + \theta_n p_n| \\
\leqslant\quad & |\theta_n| Q^{-2n+1} + |\alpha\theta_1 q_1 + \cdots + \alpha\theta_n q_n| \\
<\quad & |\theta_n| Q^{-n+1} + |\alpha||\theta_1 q_1 + \cdots + \theta_n q_n| \\
\ll\quad & |\theta_1 q_1 + \cdots + \theta_n q_n| + |\alpha||\theta_1 q_1 + \cdots + \theta_n q_n| \\
\ll\quad & |\theta_1 q_1 + \cdots + \theta_n q_n|,
\end{aligned}
$$

由此及式(4.2.2)推出

$$|\theta_1 p_1 + \cdots + \theta_n p_n| \ll |\theta_1 q_1 + \cdots + \theta_n q_n| \ll Q.$$

又由式(4.2.2)和(4.2.3)得到

$$
\begin{aligned}
&|\theta_1^{(i)} p_1 + \cdots + \theta_n^{(i)} p_n| \ll Q, \\
&|\theta_1^{(i)} q_1 + \cdots + \theta_n^{(i)} q_n| \ll Q \qquad (i = 2, \cdots, n).
\end{aligned}
$$

因此由$P(x)$的表达式得到

$$H(P) \ll |\theta_1 q_1 + \cdots + \theta_n q_n| Q^{n-1} (\ll Q^n),$$

进而由不等式(4.2.6)得到

$$H_K(\beta) \ll |\theta_1 q_1 + \cdots + \theta_n q_n| Q^{n-1} (\ll Q^n). \quad (4.2.7)$$

(iv)　最后,由式(4.2.5)和(4.2.7)推出

$$
\begin{aligned}
|\alpha - \beta| \quad &\ll \quad Q^{-n}(Q^{n-1}|\theta_1 q_1 + \cdots + \theta_n q_n|)^{-1} \\
&\ll \quad Q^{-n} H_K(\beta)^{-1}. \qquad\qquad (4.2.8)
\end{aligned}
$$

在步骤(i)中令$Q \to \infty$,可得到无穷多个整数组$(p_1, \cdots,$ $p_n, q_1, \cdots, q_n)$,由每个整数组得到一个$\beta \in K$.如果这

些β只有有限多个不同值,那么必有一个$\beta_0 \in K$使得对无穷多个Q不等式(4.2.8)成立:

$$|\alpha - \beta_0| \ll Q^{-n} H_K(\beta_0)^{-1} \ll Q^{-n},$$

因为Q可以任意大,所以$\alpha - \beta_0 = 0$.但$\alpha \notin K$,我们得到矛盾.因此当$Q \to \infty$将产生无穷多个不同的$\beta \in K$,满足不等式(4.2.8);而由不等式(4.2.7)可知$Q^{-n} \ll H_k(\beta)^{-1}$,从而这无穷多个不同的$\beta \in K$满足$|\alpha - \beta| \ll H_k(\beta)^{-2}$,或满足

$$|\alpha - \beta| < C_1 H_k(\beta)^{-2},$$

其中C_1大于符号$\ll$中的常数C',例如可取$C_1 = 1 + C'$,并且在现情形,$\max\{1, |\alpha|^2\} = 1$.

情形 **2**　设$|\alpha| > 1$.

依情形1所得结论,存在无穷多个$\gamma \in K$,满足

$$\left|\frac{1}{\alpha} - \gamma\right| < C_1 H_K(\gamma)^{-2}. \qquad (4.2.9)$$

因为这种γ个数无穷,所以依引理4.2.1,正整数$H_K(\gamma)$组成无界集.若$H_K(\gamma) \to \infty$时$\gamma \to 0$,则由式(2.4.9)得到$1/|\alpha| = 0$,此不可能. 因此存在$\delta > 0$,使得$|\gamma| \geqslant \delta$.仍然依引理4.2.1, 当$H_K(\gamma)$充分大,有

$$H_K(\gamma) > \sqrt{C_1},$$

从而

$$H_K(\gamma) > \sqrt{\frac{\delta C_1}{|\gamma|}},$$

于是

$$|\gamma| \geqslant \frac{1}{|\alpha|} - \left|\frac{1}{\alpha} - \gamma\right| > \frac{1}{|\alpha|} - C H_K(\gamma)^{-2} > \frac{1}{|\alpha|} - \frac{|\gamma|}{\delta}.$$

因此当$H_K(\gamma)$充分大,有

$$\frac{1}{|\gamma|} < \left(1 + \frac{1}{\delta}\right)|\alpha|. \qquad (4.2.10)$$

令$\beta = 1/\gamma$,则$H_K(\beta) = H_K(\gamma)$,并且由不等式(4.2.9)和(4.2.10)可知当$H_K(\gamma)$充分大,

$$|\alpha - \beta| = |\alpha\beta|\left|\frac{1}{\alpha} - \gamma\right| < C_1|\alpha|^2\left(1 + \frac{1}{\delta}\right)H_K(\beta)^{-2}.$$

在现情形,$\max\{1, |\alpha|^2\} = |\alpha|^2$.合并两种情形可知,可取$C(K) = C_1(1 + 1/\delta)$. $\qquad\square$

注 1° 若$K = \mathbb{Q}, \alpha \notin \mathbb{Q}$, 则由Dirichlet逼近定理,存在无穷多个$p/q(q > 0)$满足不等式

$$\left|\alpha - \frac{p}{q}\right| < \frac{1}{q^2}. \qquad (4.2.11)$$

因此对于这些p/q有$|p| < q|\alpha| + 1/q \leqslant (|\alpha| + 1)q$,从而

$$H_\mathbb{Q}\left(\frac{p}{q}\right) \leqslant (|\alpha| + 1)q,$$

于是

$$H_\mathbb{Q}\left(\frac{p}{q}\right)^{-2} \geqslant (|\alpha| + 1)^{-2}q^{-2}.$$

由此及不等式(4.2.11)得知存在无穷多个$\beta = p/q \in K$,使得

$$|\alpha - \beta| = \left|\alpha - \frac{p}{q}\right| < q^{-2} \leqslant (|\alpha| + 1)^2 H_\mathbb{Q}\left(\frac{p}{q}\right)^{-2},$$

注意$(|\alpha|+1)^2 < 4\max\{1,|\alpha|^2\}$,即得

$$|\alpha - \beta| < 4\max\{1,|\alpha|^2\}H_K(\beta)^{-2}. \quad (4.2.12)$$

因此可取$C(\mathbb{Q}) = 4$.

从上面的证明可知,当$K = \mathbb{Q}$时,定理4.2.2是Dirichlet逼近定理的推论.因为定理4.2.2中K不限于$\mathbb{Q}$,所以在这个意义下,它可看作是Dirichlet逼近定理到数域情形的扩充.进一步, 结合定理4.2.1可知,定理4.2.2本质上是最好可能的.

2° 在注1°的推理中, 如果还设$|\alpha| < 1$,那么当q充分大时,$|p| < q|\alpha| + 1/q < q$,从而

$$H_{\mathbb{Q}}\left(\frac{p}{q}\right) = q.$$

于是不等式(4.2.11)变为

$$|\alpha - \beta| < H_K(\beta)^{-2}.$$

这表明当$\alpha \notin \mathbb{Q}, |\alpha| < 1$时,可取$C(\mathbb{Q}) = 1$.此外,若用Hurwitz定理代替Dirichlet逼近定理,则可取任意大于$1/\sqrt{5}$的数作为$C(\mathbb{Q})$.

3° 上面只涉及用代数数逼近实数的问题的一个方面,即用给定数域中的数逼近(实)代数数(或实数);问题的另一个方面是用有界次数的代数数逼近某些(实)代数数(或实数),它们的证明用到更多的较专门的预备知识(代数数论,数的几何等). 我们只引述下列两个结果:

W.M.Schmidt([95])证明了:

定理 4.2.3 对于正整数 n,用 $\mathscr{S}_n$ 表示次数不超过 n 的代数数形成的集合.那么,若 α 是实代数数,则对于任何给定的 $\varepsilon > 0$,只存在有限多个 $\beta \in \mathscr{S}_n$ 满足不等式

$$|\alpha - \beta| < H(\beta)^{-n-1-\varepsilon}. \qquad (4.2.13)$$

E.Wirsing([118])也给出一个类似的结果,但不等式(2.4.13)右边是 $H(\beta)^{-2n-\varepsilon}$.当 $n = 1$ 这两个结果都给出 Roth 定理.

在相反的方向,E.Wirsing([119])证明了:

定理 4.2.4 对于正整数 n,用 $\mathscr{S}_n$ 表示次数不超过 n 的代数数形成的集合.那么,若实数 $\alpha \notin \mathscr{S}_n$,则存在常数 $C = C(n, \alpha) > 0$,使得有无穷多个 $\beta \in \mathscr{S}_n$ 满足不等式

$$|\alpha - \beta| < CM(\beta)^{-n-1}.$$

由定理 4.2.4 可知,定理 4.2.3 中的指数 $-n-1$ 是最好可能的.

4° 关于与代数数有关的逼近问题,更多的结果可见[97,98]等. 此外,就总体而言,与代数数有关的逼近问题与超越数论关系极为密切(例如数的超越性和代数无关性的判定,超越数的分类,等等),看来更适宜放在超越数论课程中讲述,对此可参见(例如)[16,26,43]等.关于最近的进展,可见[115].

4.3 应用Schmidt逼近定理构造超越数

§4.3.1 基本结果

现在构造某些无穷级数,应用代数数联立逼近的 Schmidt定理证明这些级数的和是超越数.

首先给出公共假设.设 α 是一个代数数, $q_n = q_n(\alpha)$ 是它的第 n 个渐进分数的分母, 满足条件

$$\sigma_1 q_n^{-1} \leqslant \|\alpha q_n\| \leqslant \sigma_2 q_n^{-1}, \qquad (4.3.1)$$

其中 $\sigma_1, \sigma_2 > 0$ 是常数.还设 a_n, b_n, c_n $(n = 1, 2, \cdots)$ 是三个无穷单调正整数列,满足条件:

(i) $\quad \lim\limits_{n\to\infty} \dfrac{c_{n+1}}{c_n} = c$ (常数). $\qquad (4.3.2)$

(ii) $\quad b_n \mid b_{n+1}, \log b_n = o(c_n)\,(n \to \infty).$ $(4.3.3)$

(iii) $\quad a_n = o(q_{c_n}^{\varepsilon})\,(n \to \infty)$ (其中 $\varepsilon > 0$ 任意给定). $\qquad\qquad\qquad\qquad\qquad\qquad (4.3.4)$

记

$$\xi = \sum_{n=1}^{\infty} \frac{1}{q_{c_n}}, \quad \eta = \sum_{n=1}^{\infty} \frac{a_n}{b_n q_{c_n}}.$$

定理 4.3.1 设代数数 α 及整数列 a_n, b_n, c_n 如上, 并且

$$\lim_{n\to\infty} \sqrt[n]{q_n} = \beta > 1 \quad (\beta\text{是常数}), \qquad (4.3.5)$$

那么:

(a) 当 $c > 1 + \sqrt{3}$ 时, η 是超越数.

(b) 若还设 η 满足

$$\lim_{n\to\infty} \frac{a_n}{b_n} = \lambda = 0, \infty, \text{或无理数}, \qquad (4.3.6)$$

199

则当$c > 1 + \sqrt{2}$时ξ和η中至少有一个超越数.

定理4.3.2 设代数数α及整数列a_n, b_n, c_n如上,式(4.3.5)成立,并且

$$q_{c_n} \mid q_{c_{n+1}} \quad (n = 1, 2, \cdots), \tag{4.3.7}$$

那么

(a) 当$c > 1$(但$c \neq 2$),η是超越数.

(b) 若还设η满足式(4.3.6),则当$c = 2$时ξ和η中至少有一个超越数;并且若其中有代数数,则此代数数与$1, \alpha$一起在$\mathbb{Q}$上线性相关.

(c) 当式(4.3.2)中的极限$c = \infty$时,η是超越数.

注 本节按文献[8]和[14]改写.A.Ya.Khintchine证明了对几乎所有实数,极限(4.3.5) 存在(参见[7]).我们还可证明对于任何二次代数数,存在某个$\beta > 1$使得式(4.3.5)成立.此外由Liouville逼近定理及连分数性质可知,不等式(4.3.1)对于二次代数数总是成立的. 后文的例子主要应用某些特殊的二次无理数给出.

§4.3.2 一些引理

记$r_n = q_{c_n}, S_n = b_n r_1 r_2 \cdots r_n \ (n = 1, 2, \cdots)$.

引理4.3.1 设σ_2是不等式(4.3.1)中的常数.若

$$\frac{S_n}{r_n^2} < \frac{1}{2\sigma_2},$$

则

$$\|\alpha S_n\| = \|\alpha r_n\| \frac{S_n}{r_n}.$$

200

证 (i) 记 $S_n^* = S_n/r_n \in \mathbb{N}$,我们要证明

$$\|\alpha r_n S_n^*\| = S_n^* \|\alpha r_n\|. \qquad (4.3.8)$$

由式(4.3.1)有$\|\alpha r_n\| \leqslant \sigma_2 r_n^{-1}$,所以

$$0 < S_n^* \|\alpha r_n\| \leqslant \sigma_2 S_n^* r_n^{-1} < \frac{1}{2},$$

从而

$$\left\| S_n^* \|\alpha r_n\| \right\| = S_n^* \|\alpha r_n\|. \qquad (4.3.9)$$

(ii) 注意$\|\alpha r_n\| = \min\{\{\alpha r_n\}, 1 - \{\alpha r_n\}\}$, 我们区分两种情形.若$\|\alpha r_n\| = \{\alpha r_n\}$,则

$$
\begin{aligned}
\left\| S_n^* \|\alpha r_n\| \right\| &= \|S_n^* \{\alpha r_n\}\| \\
&= \|S_n^* (\alpha r_n - [\alpha r_n])\| = \|S_n^* \alpha r_n\|,
\end{aligned}
$$

由此及式(4.3.9)可得式(4.3.8).若$\|\alpha r_n\| = 1 - \{\alpha r_n\}$,则

$$
\begin{aligned}
\left\| S_n^* \|\alpha r_n\| \right\| &= \|S_n^* (1 - \{\alpha r_n\})\| \\
&= \| - S_n^* \{\alpha r_n\}\| = \|S_n^* \{\alpha r_n\}\|,
\end{aligned}
$$

依刚才所证,上式右边也等于 $\|S_n^* \alpha r_n\|$, 于是也推出式(4.3.8). $\qquad \square$

引理 4.3.2 若$c > 1$,则

$$\lim_{n \to \infty} \frac{c_1 + \cdots + c_n}{c_n} = \frac{c}{c-1}. \qquad (4.3.10)$$

证 1 记$x_n = c_1 + \cdots + c_n \ (n \geqslant 1), y_1 = 0, y_n = c_1 + \cdots + c_{n-1} \ (n \geqslant 2)$,那么$y_n \to \infty (n \to \infty)$,并且

$$\lim_{n \to \infty} \frac{x_{n+1} - x_n}{y_{n+1} - y_n} = \lim_{n \to \infty} \frac{c_{n+1}}{c_n} = c,$$

因此由Stolz定理得到

$$\lim_{n \to \infty} \frac{x_n}{y_n} = c.$$

此即

$$\lim_{n \to \infty} \frac{c_1 + \cdots + c_n}{c_1 + \cdots + c_{n-1}} = c,$$

或者

$$\lim_{n \to \infty} \frac{1}{1 - \dfrac{c_n}{c_1 + \cdots + c_n}} = \frac{1}{c},$$

于是当$c > 1$时,得到式(4.3.10).

证 2 因为当$c > 1$时,

$$\lim_{j \to \infty} \frac{c_{j+1}}{c_{j+1} - c_j} = \frac{c}{c-1},$$

因此存在常数K使得

$$\left| \frac{c_{j+1}}{c_{j+1} - c_j} - \frac{c}{c-1} \right| < K \quad (j \geqslant 0),$$

并且对于任意给定的$\varepsilon > 0$,存在$j_0 = j_0(\varepsilon)$,使得

$$\left| \frac{c_{j+1}}{c_{j+1} - c_j} - \frac{c}{c-1} \right| < \frac{\varepsilon}{2} \quad (j \geqslant j_0).$$

固定此j_0.补充定义$c_0 = 0$.则当$c > 1$时有

$$\frac{1}{c_n} \sum_{j=1}^{n} c_j - \frac{c}{c-1}$$

$$= \sum_{j=0}^{n-1} \frac{c_{j+1} - c_j}{c_n} \left(\frac{c_{j+1}}{c_{j+1} - c_j} - \frac{c}{c-1} \right)$$

$$
\begin{aligned}
= & \sum_{j=0}^{j_0-1} \frac{c_{j+1}-c_j}{c_n}\left(\frac{c_{j+1}}{c_{j+1}-c_j}-\frac{c}{c-1}\right)+ \\
& \sum_{j=j_0}^{n-1} \frac{c_{j+1}-c_j}{c_n}\left(\frac{c_{j+1}}{c_{j+1}-c_j}-\frac{c}{c-1}\right) \\
= & \ \Sigma_1+\Sigma_2 \ (\text{记}).
\end{aligned}
$$

于是(注意c_j单调)取$n \geqslant n_0 = n_0(\varepsilon)$可使得

$$
|\Sigma_1| < K\sum_{j<j_0}\frac{c_{j+1}-c_j}{c_n} = K\cdot\frac{c_{j_0}}{c_n} < \frac{\varepsilon}{2}.
$$

还有

$$
|\Sigma_2| < \frac{\varepsilon}{2}\sum_{j=j_0}^{n-1}\frac{c_{j+1}-c_j}{c_n} = \frac{\varepsilon}{2}\cdot\frac{c_n-c_{j_0}}{c_n} < \frac{\varepsilon}{2}.
$$

于是当$n \geqslant n_0 = n_0(\varepsilon)$时有

$$
\left|\frac{1}{c_n}\sum_{j=1}^{n}c_j-\frac{c}{c-1}\right| < \varepsilon.
$$

因此式(4.3.10)得证. □

引理 4.3.3 若$c > 2$,并且式(4.3.1)和式(4.3.5)成立,则

$$
\lim_{n\to\infty} c_n^{-1}\log S_n = \frac{c}{c-1}\log\beta, \qquad (4.3.11)
$$

$$
\lim_{n\to\infty} c_n^{-1}\log\|\alpha S_n\| = -\frac{c-2}{c-1}\log\beta, \qquad (4.3.12)
$$

证 (i) 对于式(4.3.11),我们给出两个证明.

证 1 由(4.3.5)得到

$$\lim_{n \to \infty} \frac{\log q_{c_n}}{c_n} = \log \beta.$$

在Toeplitz定理(见本小节最后的注)中取

$$c_{nk} = \frac{c-1}{c} \cdot \frac{c_k}{c_n} \quad (k = 1, 2, \ldots, n; n = 1, 2, \cdots),$$

由式(4.3.10)可知满足定理条件,于是得到

$$\begin{aligned}
&\lim_{n \to \infty} c_n^{-1} \log S_n \\
&= \lim_{n \to \infty} c_n^{-1} \log b_n + \lim_{n \to \infty} c_n^{-1} \sum_{k=1}^{n} \log q_{c_k} \\
&= \frac{c}{c-1} \lim_{n \to \infty} \sum_{k=1}^{n} c_{nk} \cdot c_k^{-1} \log q_{c_k} \\
&= \frac{c}{c-1} \log \beta.
\end{aligned}$$

证 2 我们有

$$\begin{aligned}
&c_n^{-1} \log S_n \\
&= c_n^{-1} \sum_{j=1}^{n} \log r_j \\
&= c_n^{-1} \left(\sum_{j=1}^{n} c_j \log \beta + \sum_{j=1}^{n} (\log r_j - c_j \log \beta) \right) \\
&= \left(c_n^{-1} \sum_{j=1}^{n} c_j \right) \log \beta + c_n^{-1} \sum_{j=1}^{n} c_j (c_j^{-1} \log r_j - \log \beta),
\end{aligned}$$

由引理4.3.2可知当$n \to \infty$时上式右边第一项趋于$(c/$

$(c-1))\log\beta$,所以我们只需证明上式右边第二项

$$S(n) = c_n^{-1} \sum_{j=1}^{n} c_j(c_j^{-1}\log r_j - \log\beta) \to 0 \quad (n \to \infty).$$

$$(4.3.13)$$

这可以类似于引理4.3.2的证法2证明.具体言之,因为依式(4.3.5),我们有 $c_j^{-1}\log r_j - \log\beta \to 0\,(j\to\infty)$,因此对于任何给定的 $\varepsilon > 0$,存在 $j_0 = j_0(\varepsilon)$ 使得

$$|c_j^{-1}\log r_j - \log\beta| < \frac{\varepsilon}{2L} \quad (j \geqslant j_0),$$

其中常数 L(与 j_0, n 无关)满足

$$\frac{1}{c_l}\sum_{i=1}^{l} c_i < L \quad (l \geqslant 1) \qquad (4.3.14)$$

(依引理4.3.2,常数 L 存在).此外,还存在常数 M 使得

$$|c_j^{-1}\log r_j - \log\beta| < M \quad (j \geqslant 1).$$

固定这个 j_0.将 $S(n)$ 分拆为

$$\begin{aligned}
S(n) &= \sum_{j=1}^{j_0} \frac{c_j}{c_n}(c_j^{-1}\log r_j - \log\beta) + \\
&\quad \sum_{j=j_0+1}^{n} \frac{c_j}{c_n}(c_j^{-1}\log r_j - \log\beta) \\
&= S_1(n) + S_2(n) \ (\text{记}).
\end{aligned}$$

其中

$$|S_1(n)| \leqslant M \sum_{j=1}^{j_0} \frac{c_j}{c_n} = M \cdot \frac{c_{j_0}}{c_n} \cdot \frac{1}{c_{j_0}} \sum_{j=1}^{j_0} c_j$$

由不等式(4.3.14),可取$n \geqslant n_0 = n_0(\varepsilon)$,使得

$$|S_1(n)| < \frac{\varepsilon}{2}.$$

还有(仍然应用不等式(4.3.14))

$$|S_2(n)| \leqslant \frac{\varepsilon}{2L} \sum_{j=j_0+1}^{n} \frac{c_j}{c_n} < \frac{\varepsilon}{2L} \sum_{j=1}^{n} \frac{c_j}{c_n} \leqslant \frac{\varepsilon}{2L} \cdot L = \frac{\varepsilon}{2}.$$

因此当$n > n_0$时 $|S(n)| < \varepsilon$,即得式 (4.3.13),因而式 (4.3.11)得证.

(ii) 现在来证式(4.3.12).因为$c > 2$,所以由式 (4.3.5)和(4.3.10)得到

$$
\begin{aligned}
& \lim_{n \to \infty} c_n^{-1} \log \frac{S_n}{r_n^2} \\
= {} & \lim_{n \to \infty} c_n^{-1} \log S_n - 2 \lim_{n \to \infty} c_n^{-1} \log r_n \\
= {} & \frac{c}{c-1} \log \beta - 2 \log \beta \\
= {} & -\frac{c-2}{c-1} \log \beta < 0,
\end{aligned}
$$

从而当n充分大时

$$\frac{S_n}{r_n^2} < \frac{1}{2\sigma_2},$$

于是由引理4.3.1得到

$$\|\alpha S_n\| = \|\alpha r_n\| \frac{S_n}{r_n}.$$

又由式(4.3.1)可知

$$\sigma_1 r_n^{-1} \cdot \frac{S_n}{r_n} \leqslant \|\alpha r_n\| \frac{S_n}{r_n} \leqslant \sigma_2 r_n^{-1} \cdot \frac{S_n}{r_n},$$

所以
$$\sigma_1 \frac{S_n}{r_n^2} \leqslant \|\alpha S_n\| \leqslant \sigma_2 \frac{S_n}{r_n^2}.$$
注意

$$\lim_{n\to\infty} c_n^{-1} \log \left(\sigma_1 \frac{S_n}{r_n^2} \right)$$

$$= \lim_{n\to\infty} c_n^{-1} \log \sigma_1 + \lim_{n\to\infty} c_n^{-1} \log \left(\frac{S_n}{r_n^2} \right)$$

$$= -\frac{c-2}{c-1} \log \beta,$$

$$\lim_{n\to\infty} c_n^{-1} \log \left(\sigma_2 \frac{S_n}{r_n^2} \right)$$

$$= \lim_{n\to\infty} c_n^{-1} \log \sigma_2 + \lim_{n\to\infty} c_n^{-1} \log \left(\frac{S_n}{r_n^2} \right)$$

$$= -\frac{c-2}{c-1} \log \beta,$$

我们立得式(4.3.12).　　　　　　　　　　　□

引理 4.3.4　若 $c > 2$,并且式(4.3.1)和式(4.3.5)成立,则

$$\lim_{n\to\infty} c_n^{-1} \log \|\eta S_n\| = -\frac{c(c-2)}{c-1} \log \beta, \quad (4.3.15)$$

并且若还设 η 满足式(4.3.6),则对于所有不同时为零的整数 d_1, d_2,

$$\lim_{n\to\infty} c_n^{-1} \log \|(d_1\xi + d_2\eta)S_n\| = -\frac{c(c-2)}{c-1} \log \beta.$$
$$(4.3.16)$$

证　(i)　为证式(4.3.15),我们首先注意

$$\eta S_n = \sum_{j=1}^n \frac{a_j S_n}{b_j r_j} + \left(\sum_{j=n+1}^\infty \frac{a_j}{b_j r_j} \right) S_n = A_n + B_n \ (\text{记}),$$

207

其中$A_n \in \mathbb{Z}$,因此

$$\|\eta S_n\| = \|B_n\|. \qquad (4.3.17)$$

因为$a_j, b_j \in \mathbb{N}$,所以由条件(4.3.4)可知,当n充分大时有

$$0 < \frac{S_n}{b_{n+1}r_{n+1}} < B_n \ll \left(\sum_{j=n+1}^{\infty} \frac{1}{r_j^{1-\varepsilon}}\right) S_n \qquad (4.3.18)$$

其中符号$\ll$中的常数与n无关(下文同此).又由渐进分数的性质(见引理1.3.2) 有$q_{k+2} \geqslant 2q_k$,因此当n充分大时

$$\frac{r_n}{r_{n+1}} < \frac{1}{2}, \quad \frac{r_n}{r_{n+2}} < \frac{1}{2^2}, \quad \cdots, \qquad (4.3.19)$$

因此

$$\sum_{j=n+1}^{\infty} \frac{1}{r_j^{1-\varepsilon}} < \frac{1}{r_{n+1}^{1-\varepsilon}} \left(\frac{1}{2^{1-\varepsilon}} + \frac{1}{2^{2(1-\varepsilon)}} + \cdots\right) \ll \frac{1}{r_{n+1}^{1-\varepsilon}}.$$

由此及式(4.3.18)得知当n充分大时,

$$0 < \frac{S_n}{b_{n+1}r_{n+1}} < B_n \ll \frac{S_n}{r_{n+1}^{1-\varepsilon}}. \qquad (4.3.20)$$

由式(4.3.5)和(4.3.11)可知

$$\lim_{n\to\infty} c_n^{-1} \log \frac{S_n}{r_{n+1}^{1-\varepsilon}} = -\left((1-\varepsilon)c - \frac{c}{c-1}\right) \log \beta,$$

注意$c > 2$,并且$\varepsilon > 0$可任意小,所以当n充分大时上式右边小于零,从而$0 < B_n < 1/2$,于是

$$\frac{S_n}{b_{n+1}r_{n+1}} < \|B_n\| \ll \frac{S_n}{r_{n+1}^{1-\varepsilon}}.$$

208

由此并应用式(4.3.3)(4.3.5)和(4.3.11)推出

$$-\left(c - \frac{c}{c-1}\right)\log\beta$$

$$\leqslant \lim_{n\to\infty} c_n^{-1}\log\|B_n\|$$

$$\leqslant -\left((1-\varepsilon)c - \frac{c}{c-1}\right)\log\beta.$$

因为$\varepsilon > 0$可任意小,由此及式(4.3.17)立得式(4.3.15).

(ii) 式(4.3.16)可以类似地证明.首先我们不妨认为$d_1 \neq 0$.因若不然,则$d_2 \neq 0$,从而无论条件(4.3.6)是否成立,用$d_2 S_n$代替S_n即可归结为式(4.3.15).

其次,我们有

$$(d_1\xi + d_2\eta)S_n$$
$$= \sum_{j=1}^{n}\left(\frac{d_1}{r_j} + \frac{d_2 a_j}{b_j r_j}\right)S_n + \sum_{j=n+1}^{\infty}\left(d_1 + d_2\frac{a_j}{b_j}\right)\frac{S_n}{r_j}$$
$$= A_n' + B_n' \ (\text{记}),$$

其中$A_n' \in \mathbb{Z}$,因此当n充分大时,

$$\|(d_1\xi + d_2\eta)S_n\| = \|B_n'\|. \tag{4.3.21}$$

依$d_1 \neq 0$,由条件(4.3.6)可知

$$\lim_{n\to\infty}\left(d_1 + d_2\frac{a_n}{b_n}\right) = \begin{cases} d_1 + d_2\lambda \neq 0 & (\text{当}\lambda \notin \mathbb{Q}), \\ d_1 \neq 0 & (\text{当}\lambda = 0), \\ (\text{sgn}(d_2))\infty & (\text{当}\lambda = \infty), \end{cases}$$

其中$\text{sgn}(d_2)$表示d_2的符号.又因为

$$\|(d_1\xi + d_2\eta)S_n\| = \|((-d_1)\xi + (-d_2)\eta)S_n\|,$$

209

所以必要时用$-d_1, -d_2$代替d_1, d_2,可以认为在每种情形极限为正数或$+\infty$.因此存在常数$C > 0$,使得当n充分大时

$$d_1 + d_2\frac{a_n}{b_n} > C,$$

从而

$$B'_n = \sum_{j=n+1}^{\infty} \left(d_1 + d_2\frac{a_j}{b_j}\right)\frac{S_n}{r_j} \gg \frac{S_n}{r_{n+1}}.$$

此外,应用不等式(4.3.19),还有

$$\begin{aligned} B'_n &\leqslant |d_1|\left(\sum_{j=n+1}^{\infty}\frac{1}{r_j}\right)S_n + |d_2|\left(\sum_{j=n+1}^{\infty}\frac{a_j}{b_j r_j}\right)S_n \\ &\leqslant |d_1|\left(\sum_{j=n+1}^{\infty}\frac{1}{r_j}\right)S_n + |d_2|\left(\sum_{j=n+1}^{\infty}\frac{1}{r_j^{1-\varepsilon}}\right)S_n \\ &\ll \frac{S_n}{r_{n+1}} + \frac{S_n}{r_{n+1}^{1-\varepsilon}}. \end{aligned}$$

合起来可知当n充分大时,

$$\frac{S_n}{r_{n+1}} \ll B'_n \ll \frac{S_n}{r_{n+1}^{1-\varepsilon}}.$$

此式与不等式(4.3.20)同型,并注意式(4.3.21),于是可类似地推出式(4.3.16). □

注 Toeplitz定理(见[2]):设$\mathbf{T}$是下列形式的无穷"三角阵列"

$$c_{11}$$

$$c_{21} \quad c_{22}$$

$$c_{31} \quad c_{32} \quad c_{33}$$

$$\cdots\cdots\cdots\cdots\cdots$$

$$c_{n1} \quad c_{n2} \quad c_{n3} \cdots c_{nn}$$

$$\cdots\cdots\cdots\cdots\cdots\cdots\cdots\cdots ,$$

满足条件:

(i) 对于每个正整数k, $c_{nk} \to 0 \quad (n \to \infty)$;

(ii) $\sum_{k=1}^{n} c_{nk} \to 1 \quad (n \to \infty)$;

(iii) 存在常数 $C > 0$, 使得对于每个正整数n, $\sum_{k=1}^{n} |c_{nk}| \leqslant C.$

对于任意无穷数列$a_n n \geqslant 1$,令

$$b_n = \sum_{k=1}^{n} c_{nk} a_k \quad (n \geqslant 1),$$

称$b_n(n \geqslant 1)$是数列$a_n(n \geqslant 1)$的通过$\mathbf{T}$确定的Toeplitz变换;换言之, 若将数列a_n和b_n分别理解为无穷维列向量,$\mathbf{T}$为无穷阶下三角方阵,则 $(b_n) = \mathbf{T}(a_n)$. 那么 , 若 $a_n \to a (n \to \infty)$,则$(b_n)_{n \geqslant 1}$ 也收敛, 并且$b_n \to a (n \to \infty)$.

§4.3.3 定理4.3.1的证明

(a)之证 由式$(4.3.11)$、$(4.3.12)$和$(4.3.15)$可算

出,对于任何给定的 $\varepsilon > 0$,

$$\lim_{n \to \infty} c_n^{-1} \log(S_n^{1+\varepsilon} \|\eta S_n\| \|\alpha S_n\|)$$

$$= -\left((1+\varepsilon) \cdot \frac{c}{c-1} - \frac{c(c-2)}{c-1} - \frac{c-2}{c-1} \right) \log \beta$$

$$= -\left(-\frac{c\varepsilon}{c-1} + \frac{c^2 - 2c - 2}{c-1} \right) \log \beta.$$

取 $\varepsilon > 0$ 足够小,当 $c > 1 + \sqrt{3}$ 时上式右边小于零,因此有无穷多个不同的正整数 S_n 使得

$$S_n^{1+\varepsilon} \|\eta S_n\| \|\alpha S_n\| < 1.$$

因为 α 是代数数,所以依 Schmidt 逼近定理,为证明 η 的超越性,只需证明 $1, \eta, \alpha$ 在 $\mathbb{Q}$ 上线性无关.用反证法.设

$$a\eta = b\alpha + d, \tag{4.3.22}$$

其中 $a, b, d \in \mathbb{Z}, a > 0$.那么

$$\lim_{n \to \infty} c_n^{-1} \log \|a\eta S_n\| = -\frac{c(c-2)}{c-1} \log \beta \tag{4.3.23}$$

(其证法与式 (4.3.15) 的证明基本相同,此时用 aS_n 代替 S_n,并且注意 $c_n^{-1} \log a \to 0 \, (n \to \infty)$),于是 $\|a\eta S_n\| \neq 0$,从而 $a\eta \neq d$(不然 $\|a\eta S_n\| = \|dS_n\| = 0$);进而由式 (4.3.22) 可知 $b \neq 0$.类似于式 (4.3.12) 的证明可知当 $b \neq 0$ 时,

$$\lim_{n \to \infty} c_n^{-1} \log \|(b\alpha + d)S_n\| = -\frac{c-2}{c-1} \log \beta. \tag{4.3.24}$$

比较式 (4.3.23) 和 (4.3.24),可知当 n 充分大时 $\|a\eta S_n\| \neq \|(b\alpha + d)S_n\|$,因而与式 (4.3.22) 矛盾.因此 η 是超越数.

$\square$

(b)之证　类似地,由引理4.3.3和4.3.4 (其中式(4.3.16)中取$d_1 = 1, d_2 = 0$)可推出当$c > 1 + \sqrt{2}$并且$\varepsilon > 0$足够小,有无穷多个不同的正整数S_n使得

$$S_n^{1+\varepsilon}\|\xi S_n\|\|\eta S_n\|\|\alpha S_n\| < 1.$$

我们来证明$1, \alpha, \xi, \eta$在$\mathbb{Q}$上线性无关.用反证法.设存在不全为零的整数d_1, d_2, d_3, d_4,使得

$$d_1\xi + d_2\eta = d_3\alpha + d_4. \tag{4.3.25}$$

由式(4.3.16)可知$1, \xi, \eta$在$\mathbb{Q}$上线性无关,因此$d_3 \neq 0$. 由式(4.3.24)(其中取$b = d_3, d = d_4$)及(4.3.16)可知当n充分大时$\|(d_1\xi+d_2\eta)S_n\| \neq \|(d_3\alpha+d_4)S_n\|$,这与式(4.3.25)矛盾,所以$1, \alpha, \xi, \eta$确实在$\mathbb{Q}$上线性无关.据此依Schmidt逼近定理可知$\alpha, \xi, \eta$不可能全是代数数.因为已知$\alpha$是代数数,所以$\xi, \eta$中至少有一个超越数.　□

§4.3.4　定理4.3.2的证明

因为证明思路与定理4.3.1的证法类似,所以下面略去某些推理的细节. 令$t_n = b_n r_n$.由条件(4.3.7)可知

$$r_j = q_{c_j} \,|\, r_n = q_{c_n} \quad (当j \leqslant n时)$$

引理 4.3.5　我们有

$$\lim_{\substack{n \to \infty \\ n \in \mathscr{N}}} c_n^{-1} \log r_n = \log \beta. \tag{4.3.26}$$

$$\lim_{\substack{n \to \infty \\ n \in \mathscr{N}}} c_n^{-1} \log t_n = \log \beta. \tag{4.3.27}$$

$$\lim_{\substack{n \to \infty \\ n \in \mathscr{N}}} c_n^{-1} \log \|\alpha t_n\| = -\log \beta. \tag{4.3.28}$$

$$\lim_{\substack{n \to \infty \\ n \in \mathscr{N}}} c_n^{-1} \log \|\eta t_n\| = -(c-1)\log \beta. \tag{4.3.29}$$

213

并且当 η 满足式(4.3.6)时,对于所有不同时为零的整数 d_1, d_2,

$$\lim_{n\to\infty} c_n^{-1} \log \|(d_1\xi + d_2\eta)t_n\| = -(c-1)\log\beta.$$

$$(4.3.30)$$

证 式(4.3.26)是显然的.式(4.3.27)可由式(4.3.3) 和(4.3.5)直接推出. 式(4.3.28)与式(4.3.12)类似,只需 首先证明与引理4.3.1相当的结果:

$$\frac{b_n}{r_n} < \frac{1}{2\sigma_2} \implies \|\alpha t_n\| = \|\alpha r_n\| b_n.$$

证法也是类似的: 由 $\|\alpha r_n\| b_n \leqslant \sigma_2 r_n^{-1} b_n < 1/2$ 可知

$$\big\|\|\alpha r_n\| b_n\big\| = \|\alpha r_n\| b_n \,.$$

无论 $\|\alpha r_n\| = \{\alpha r_n\}$ 或 $1 - \{\alpha r_n\}$,都有

$$\big\|\|\alpha r_n\| b_n\big\| = \|\alpha r_n b_n\| = \|\alpha t_n\|.$$

现在证明式(4.3.29).与式(4.3.15)的证法类似,我 们有

$$\eta t_n = \sum_{j=1}^{n} \frac{a_j t_n}{b_j r_j} + \left(\sum_{j=n+1}^{\infty} \frac{a_j}{b_j r_j}\right) t_n = A_n'' + B_n''(\text{记}),$$

其中 $A_n'' \in \mathbb{Z}$,因此 $\|\eta t_n\| = \|B_n''\|$. 当 n 充分大时有

$$0 < \frac{t_n}{b_{n+1}r_{n+1}} < B_n'' \ll \left(\sum_{j=n+1}^{\infty} \frac{1}{r_j^{1-\varepsilon}}\right) t_n.$$

应用式(4.3.19)得到

$$0 < \frac{t_{n_l}}{b_{n_l+1}r_{n_l+1}} < B_n'' \ll \frac{t_n}{r_{n+1}^{1-\varepsilon}}.$$

214

由此推出当n充分大时,

$$0 < \frac{t_{n_l}}{b_{n_l+1}r_{n_l+1}} < \|B_n''\| \ll \frac{t_n}{r_{n+1}^{1-\varepsilon}}.$$

由此容易推出式(4.3.29).

式(4.3.30)可用式(4.3.16)的证法类似地证明,读者不难补出. □

定理4.3.2之证 (a) 若 $c > 1$ $(c \neq 2)$, 则由式(4.3.28)(4.3.28)和(4.3.29) 可知当$\varepsilon > 0$足够小时,存在无穷多个正整数t_n满足不等式

$$t_n^{1+\varepsilon}\|\alpha t_n\|\|\eta t_n\| < 1.$$

又由式(4.3.28)和(4.3.29)推出$1, \alpha, \eta$在$\mathbb{Q}$上线性无关,所以η是超越数.

(b) 若$c = 2$,则由引理4.3.5推出存在无穷多个正整数t_n满足不等式

$$t_n^{1+\varepsilon}\|\xi t_n\|\|\eta t_n\| < 1 \quad (\varepsilon > 0\text{足够小}).$$

由式(4.3.30)可知$1, \xi, \eta$在$\mathbb{Q}$上线性无关,所以ξ, η中至少有一个超越数. 若其中ξ是代数数,则与前类似地可知不等式

$$t_n^{1+\varepsilon}\|\alpha t_n\|\|\xi t_n\| < 1 \quad (\varepsilon > 0\text{足够小})$$

有无穷多个正整数t_n,所以$1, \alpha, \xi$在$\mathbb{Q}$上线性相关;若其中η是代数数,则类似地由不等式

$$t_n^{1+\varepsilon}\|\alpha t_n\|\|\eta t_n\| < 1 \quad (\varepsilon > 0\text{足够小})$$

215

有无穷多个正整数解t_n推出$1, \alpha, \eta$在$\mathbb{Q}$上线性相关.

(c) 若
$$\lim_{n \to \infty} \frac{c_{n+1}}{c_n} = \infty,$$

则

$$\lim_{n \to \infty} c_n^{-1} \log r_{n+1} = \lim_{n \to \infty} \frac{c_{n+1}}{c_n} \cdot \lim_{n \to \infty} c_{n+1}^{-1} \log r_{n+1} = \infty.$$
$$(4.3.31)$$

下面给出η的超越性的两种证法.

证 1   我们有

$$0 < \eta t_n = t_n \sum_{j=1}^{n} \frac{a_j}{b_j r_j} + t_n \sum_{j=n+1}^{\infty} \frac{a_j}{b_j r_j} = C_n + D_n \ (\text{记}),$$

其中$C_n \in \mathbb{Z}$,,以及

$$0 < D_n \ll t_n \sum_{j=n+1}^{\infty} \frac{1}{r_j^{1-\varepsilon}} \ll \frac{t_n}{r_{n+1}^{1-\varepsilon}}.$$

因为由式(4.3.31),当$0 < \varepsilon < 1$时

$$\lim_{n \to \infty} c_n^{-1} \log \frac{t_n}{r_{n+1}^{1-\varepsilon}}$$
$$= \lim_{n \to \infty} c_n^{-1} \log(b_n r_n) - (1-\varepsilon) \lim_{n \to \infty} c_n^{-1} \log r_{n+1}$$
$$= -\infty,$$

所以当n充分大时,

$$\|\eta t_n\| = D_n \leqslant \sigma \cdot \frac{t_n}{r_{n+1}^{1-\varepsilon}}$$

(其中σ是符号$\ll$中的常数).于是对于$\varepsilon > 0$,

$$\varlimsup_{n \to \infty} c_n^{-1} \log \left(t_n^{1+\varepsilon} \| \eta t_n \| \right)$$

$$\leqslant (1 + \varepsilon) \varlimsup_{n \to \infty} c_n^{-1} \log(b_n r_n) + \varlimsup_{n \to \infty} c_n^{-1} \log \frac{\sigma t_n}{r_{n+1}^{1-\varepsilon}}$$

$$= -\infty.$$

因此有无穷多个正整数t_n满足不等式

$$t_n^{1+\varepsilon} \| \eta t_n \| < 1.$$

由Roth逼近定理可知η是超越数.

证2 对于足够小的$\varepsilon > 0$,我们有

$$\left| \eta - \sum_{j=1}^{n} \frac{a_j}{b_j r_j} \right| = \sum_{j=n+1}^{\infty} \frac{a_j}{b_j r_j} \ll \sum_{j=n+1}^{\infty} \frac{1}{r_{n+1}^{1-\varepsilon}} \ll \frac{1}{r_{n+1}^{1-\varepsilon}}.$$

由式(4.3.31)可知(σ'是符号$\ll$中的常数)

$$\lim_{n \to \infty} c_n^{-1} \log \left(\frac{\sigma'(t_n)^{2+\varepsilon}}{r_{n+1}^{1-\varepsilon}} \right) = -\infty.$$

若记

$$\sum_{j=1}^{n} \frac{a_j}{b_j r_j} = \frac{s_n}{t_n}$$

则当n充分大时不等式

$$\left| \eta - \frac{s_n}{t_n} \right| \leqslant \frac{1}{t_n^{2+\varepsilon}}$$

有无穷多个有理解s_n/t_n.于是由Roth逼近定理可知η是超越数. $\qquad\square$

217

§4.3.5 超越数的例子

例4.3.1 取α为二次代数数

$$\alpha = \frac{\sqrt{5}-1}{2},$$

则$q_n = F_n$,其中F_n是Fibonacci数,满足二阶常系数递推关系

$$F_{n+1} = F_n + F_{n-1} \quad (n \geqslant 1), \quad F_0 = 0, \ F_1 = 1.$$

可以证明(参见[13])

$$F_m \mid F_n \quad (若 m \mid n),$$
$$\sum_{n=1}^{\infty} \frac{1}{F_{2^n}} = \frac{7-\sqrt{5}}{2},$$
$$F_n = \frac{\omega_1^n - \omega_2^n}{\sqrt{5}} \quad (n = 0, 1, 2, \cdots),$$

其中$\omega_1 = (1+\sqrt{5})/2, \omega_2 = (1-\sqrt{5})/2 = -1/\omega_1$.

(a) 依定理4.3.1,若h是任意给定的正整数,则当$c > 1 + \sqrt{3}$时,

$$\xi = \sum_{n=1}^{\infty} \frac{1}{F_{h[c^n]}}$$

是超越数;当$c > 1 + \sqrt{2}$时,

$$\xi = \sum_{n=1}^{\infty} \frac{1}{F_{h[c^n]}}, \ \eta = \sum_{n=1}^{\infty} \frac{c^n}{F_{h[c^n]}}$$

中至少有一个超越数.

(b) 依定理4.3.2(b),下列级数的和都是超越数:

$$\sum_{n=1}^{\infty} \frac{1}{nF_{2^n}}, \ \sum_{n=1}^{\infty} \frac{1}{(n+1)F_{2^n}}, \ \sum_{n=1}^{\infty} \frac{[\mathrm{e}^n]}{F_{2^n}}, \ \sum_{n=1}^{\infty} \frac{[n\mathrm{e}]}{F_{2^n}}.$$

由定理4.3.2(c)推出下列级数的和都是超越数:

$$\sum_{n=1}^{\infty} \frac{1}{F_{n!}}, \ \sum_{n=1}^{\infty} \frac{1}{F_{F_{2^n}}}.$$

例4.3.2 取$\alpha = \sqrt{3}$.设

$$P_n/Q_n = P_n(\sqrt{3})/Q_n(\sqrt{3})$$

是$\sqrt{3}$的连分数展开的第n个渐进分数.

(i) 为了求出$Q_n(\sqrt{3})$的表达式,我们考察Pell方程$x^2 - 3y^2 = 1$.由Pell方程的经典解法,我们有

$$P_{2n-1} \pm \sqrt{3}Q_{2n-1} = (2 \pm \sqrt{3})^n \quad (n \geqslant 1). \quad (4.3.32)$$

因为$\sqrt{3} = [1; \overline{1,2}]$(周期连分数),所以

$$P_{2n+1} = P_{2n} + P_{2n-1}, \ Q_{2n+1} = Q_{2n} + Q_{2n-1},$$

于是

$$
\begin{aligned}
& P_{2n} \pm \sqrt{3}Q_{2n} \\
= \ & (P_{2n+1} - P_{2n-1}) \pm \sqrt{3}(Q_{2n+1} - Q_{2n-1}) \\
= \ & (P_{2n+1} \pm \sqrt{3}Q_{2n+1}) - (P_{2n-1} \pm \sqrt{3}Q_{2n-1}) \\
= \ & (2 \pm \sqrt{3})^{n+1} - (2 \pm \sqrt{3})^n \\
= \ & (2 \pm \sqrt{3})^n(1 \pm \sqrt{3}).
\end{aligned}
$$

注意

$$(1 \pm \sqrt{3})^2 = 2(2 \pm \sqrt{3}),$$

所以由上式及(4.3.32)推出:当$n \geqslant 1$,

$$2^n(P_{2n} \pm \sqrt{3}Q_{2n}) = (1 \pm \sqrt{3})^{2n+1},$$
$$2^n(P_{2n-1} \pm \sqrt{3}Q_{2n-1}) = (1 \pm \sqrt{3})^{2n},$$

因为

$$\left[\frac{2n+1}{2}\right] = \left[\frac{(2n-1)+1}{2}\right] = n,$$

所以对所有整数$m \geqslant 1$,

$$2^{[(m+1)/2]}(P_m \pm \sqrt{3}Q_m) = (1 \pm \sqrt{3})^{m+1}.$$

显然当$m = 0$时上式也成立.于是我们最终由上述公式
推出

$$Q_n(\sqrt{3}) = \frac{(1+\sqrt{3})^{n+1} - (1-\sqrt{3})^{n+1}}{2\sqrt{3} \cdot 2^{[(n+1)/2]}}. \quad (4.3.33)$$

(ii)　由公式(4.3.33)算出

$$
\begin{aligned}
&Q_{2^n-1}(\sqrt{3}) \\
&= \frac{(1+\sqrt{3})^{2^n} - (1-\sqrt{3})^{2^n}}{2\sqrt{3} \cdot 2^{2^{n-1}}} \\
&= \frac{\left(2(2+\sqrt{3})\right)^{2^{n-1}} - \left(2(2-\sqrt{3})\right)^{2^{n-1}}}{2\sqrt{3} \cdot 2^{2^{n-1}}} \\
&= \frac{(2+\sqrt{3})^{2^{n-1}} - (2-\sqrt{3})^{2^{n-1}}}{2\sqrt{3}} \\
&= \frac{(2+\sqrt{3})^{2^n} - 1}{2\sqrt{3}\,(2+\sqrt{3})^{2^{n-1}}}.
\end{aligned}
$$

因此

$$Q_{2^n-1} \mid Q_{2^{n+1}-1} \quad (n \geqslant 1).$$

(iii)　取$c_n = 2^n - 1$,构造级数

$$
\begin{aligned}
\xi &= \xi(\sqrt{3}) \\
&= \sum_{n=1}^{\infty} \frac{1}{Q_{2^n-1}(\sqrt{3})} \\
&= 2\sqrt{3} \sum_{n=1}^{\infty} \frac{(2+\sqrt{3})^{2^{n-1}}}{(2+\sqrt{3})^{2^n} - 1}.
\end{aligned}
$$

我们来证明ξ是代数数.

为此注意,对于$n \geqslant 0$,当$z = 2 - \sqrt{3}$,可算出

$$
\begin{aligned}
&\frac{z^{2^n}}{1 - z^{2^{n+1}}} \\
={}& \frac{(2-\sqrt{3})^{2^n}}{1 - (2-\sqrt{3})^{2^{n+1}}} \\
={}& \frac{(2-\sqrt{3})^{2^n} \cdot (2+\sqrt{3})^{2^n}}{(2+\sqrt{3})^{2^n} - (2-\sqrt{3})^{2^{n+1}} \cdot (2+\sqrt{3})^{2^n}} \\
={}& \frac{1}{(2+\sqrt{3})^{2^n} - (2-\sqrt{3})^{2^n}} \\
={}& \frac{1}{2\sqrt{3}} \cdot \frac{1}{Q_{2^{n+1}-1}}
\end{aligned}
$$

(最后一步用到步骤(ii)中的公式).因为当$|z| < 1$时,

$$\sum_{n=0}^{\infty} \frac{z^{2^n}}{1 - z^{2^{n+1}}} = \frac{z}{1-z},$$

所以

$$\begin{aligned}
\xi &= \xi(\sqrt{3}) = \sum_{n=1}^{\infty} \frac{1}{Q_{2^n-1}} \\
&= 2\sqrt{3} \cdot \sum_{n=0}^{\infty} \frac{z^{2^n}}{1-z^{2^{n+1}}} \bigg|_{z=2-\sqrt{3}} \\
&= 2\sqrt{3} \cdot \frac{z}{1-z} \bigg|_{z=2-\sqrt{3}} = 2\sqrt{3} \cdot \frac{\sqrt{3}-1}{2} \\
&= 3 - \sqrt{3},
\end{aligned}$$

即 ξ 确实是代数数.

(iv) 依定理4.3.2(b),我们可以构造一些级数,例如

$$\sum_{n=1}^{\infty} \frac{(2+\sqrt{3})^{2^{n-1}}}{n!\big((2+\sqrt{3})^{2^n}-1\big)}, \quad \sum_{n=1}^{\infty} \frac{(2+\sqrt{3})^{2^{n-1}}}{n\big((2+\sqrt{3})^{2^n}-1\big)},$$

都是超越数.

第5章 度量定理

由定理1.4.1可知,不等式

$$\|q\alpha\| < Cq^{-1}$$

当$C = 1/\sqrt{5}$时对于所有无理数α都有无穷多个整数解q;而当常数$C < 1/\sqrt{5}$时则此结论不成立,即对于某些无理数α,不等式(其中$C < 1/\sqrt{5}$)只有有限多个整数解q.但若去掉与$(\sqrt{5}-1)/2$等价的无理数(有时称它们组成"例外集合"),将C减小,直到$1/\sqrt{8}$为止,则结论依旧成立.因此,对于给定的常数C,依据不等式$\|q\alpha\| < Cq^{-1}$有没有无穷多个整数解q,可将所有无理数(或实数)α分为两类.我们要比较这两类数的"多少",最有意义的方法当属研究这两类数形成的集合的测度(Lebesgue测度,下同). 例如,上述"例外集合"的测度为零.基于这种观点,产生了丢番图逼近的度量理论. 本章将给出其中一些最基本的结果,并将围绕Khintchine定理(定理5.1.1)展开讨论, 包括单个实数的逼近、实数的联立逼近和非齐次逼近三个方面.

5.1 实数有理逼近的度量定理

§5.1.1 Khintchine度量定理

A.Ya.Khintchine([7]或[63])基于连分数方法证明了

定理 5.1.1 (Khintchine度量定理) 设$c > 0$.如果在(c, ∞)上$\psi(x)$是正连续函数,$x\psi(x)$是非增函数,那么

223

(i) 若积分

$$\int_c^\infty \psi(x)\mathrm{d}x \qquad (5.1.1)$$

发散,则对几乎所有实数α,不等式

$$\|q\alpha\| < \psi(q) \qquad (5.1.2)$$

有无穷多个正整数解q;

(ii) 若积分(5.1.1)收敛,则对几乎所有实数α,不等式(5.1.2)只有有限多个正整数解q.

上述定理有时称作Khintchine度量定理的"积分"形式,它还有下列"级数"形式:

定理5.1.1A (i) 若$\psi(q)$是正整数变量q的单调减少的正函数,并且级数

$$\sum_{q=1}^\infty \psi(q) \qquad (5.1.3)$$

发散,则对几乎所有实数α,不等式(5.1.2)有无穷多个正整数解q;

(ii) 若$\psi(q)$是正整数变量 q的正函数,并且级数(5.1.3)收敛,则对几乎所有实数α,不等式(5.1.2)只有有限多个正整数解q.

例5.1.1 (a) 当$C > 0$时,对于几乎所有实数α,不等式$\|\alpha q\| < Cq^{-1}$有无穷多个整数解$q > 0$.

(b) 对于几乎所有实数 α, 不等式 $\|\alpha q\| < 1/(q\log q)$有无穷多个整数解$q > 0$.

224

(c) 几乎没有实数 α, 使得不等式 $\|\alpha q\| < 1/ (q\log^{1+\varepsilon} q)\,(\varepsilon > 0)$有无穷多个整数解$q > 0$.

我们在此不重复Khintchine的连分数证法,而是采用另一种方法.注意定理5.1.1中函数$x\psi(x)(x > c)$的非增性假设保证了$\psi(x) = \big(x\psi(x)\big)/x(x > c)$的单调减少性, 因而积分(5.1.1)及级数(5.1.3)同时收敛或同时发散;还要注意定理5.1.1A(ii)当$\psi(q)$单调减少时当然成立.于是定理5.1.1可以由定理5.1.1A推出. 因此我们只证明定理5.1.1A.

我们将上面两个定理中的命题(i)和(ii)分别称为"发散性部分"和"收敛性部分". 定理5.1.1A的"发散性部分"将由下文的定理5.1.3推出.现在证明定理5.1.1A的"收敛性部分". 首先给出下列

引理 5.1.1 (Borel-Cantor)   设$n \geqslant 1, A_1, A_2, \cdots$是$\mathbb{R}^n$中的可测集的无穷序列,并且

$$\sum_{q=1}^{\infty} |A_q| < \infty, \qquad (5.1.4)$$

此处$|A|$表示集合A的Lebesgue测度,则由属于无穷多个A_q的那些实数组$(r_1,\cdots,r_n)$ 所形成的集合的测度为零.

证   用K_0表示引理中所说的的实数组组成的集合,那么

$$K_0 = \bigcap_{p=1}^{\infty}\bigcup_{q=p}^{\infty} A_q.$$

225

因此对于每个$p = 1, 2, \cdots$,

$$K_0 \subseteq \bigcup_{q=p}^{\infty} A_q.$$

于是由式(5.1.4)推出

$$|K_0| \leqslant \sum_{q=p}^{\infty} |A_q| \to 0 \quad (p \to \infty),$$

因此$|K_0| = 0$. $\qquad\qquad\qquad\qquad\qquad$ □

定理5.1.1A(ii)之证 (i) 对$q = 1, 2, \cdots$定义集合

$$A_q = \{\alpha \in [0, 1) \,|\, \alpha满足不等式(5.1.2)\}.$$

将不等式(5.1.2)改写为

$$\left|\alpha - \frac{p}{q}\right| < \frac{\psi(q)}{q} \quad (p \in \mathbb{Z}, q \in \mathbb{N}). \qquad (5.1.5)$$

则对于$\alpha \in A_q$有

$$\left|\alpha - \frac{p}{q}\right| = \delta \cdot \frac{\psi(q)}{q} \quad (\delta \in (0, 1)),$$

或

$$\frac{p}{q} = \alpha \mp \delta \cdot \frac{\psi(q)}{q},$$

因为$\alpha \in [0, 1)$,所以当q固定时,p满足不等式

$$-\psi(q) < p < q + \psi(q). \qquad (5.1.6)$$

另外,对于任何给定的$q \in \mathbb{N}$以及某个满足不等式(5.1.5)的$p \in \mathbb{Z}$,实数α满足

$$\frac{p}{q} - \frac{\psi(q)}{q} < \alpha < \frac{p}{q} - \frac{\psi(q)}{q} \quad (0 < \alpha < 1),$$

226

可见 α 落在一个长度 $\ll \psi(q)/q$ 的区间中(此处符号 $\ll$ 中的常数与 p, q 无关). 对于给定的 $q \in \mathbb{N}$,若不等式(5.1.5)成立,则 $p \in \mathbb{Z}$ 满足不等式(5.1.6), 而 p 的个数不超过 $2\psi(q) + q$,所以

$$|A_q| \ll (\psi(q) + q) \cdot \frac{\psi(q)}{q} = \left(\frac{\psi(q)}{q} + 1\right) \psi(q).$$

因为级数 $\sum\limits_{q=1}^{\infty} \psi(q)$ 收敛,所以 $\psi(q)/q + 1$ 有界,从而

$$|A_q| \ll \psi(q).$$

因为 q 是任意固定的,所以上式对于 $q = 1, 2, \cdots$ 都成立.于是(注意符号 $\ll$ 中的常数与 q 无关)

$$\sum_{q=1}^{\infty} |A_q| \ll \sum_{q=1}^{\infty} \psi(q) < \infty.$$

因为使得不等式(5.1.5)有无穷多个解 $p/q(q > 0)$ 的实数 $\alpha \in [0, 1)$ 必定落在无穷多个 A_q 中.所以依引理5.1.1可知这种 α 形成的集合 $A([0,1))$ 有零测度.

(ii) 整个实轴可划分为可数多个子区间 $[m, m+1)(m \in \mathbb{Z})$.对于每个 $\alpha \in [m, m+1)$,有 $\alpha = \alpha' + m$,其中 $\alpha' \in (0, 1)$,并且 $\|\alpha q\| = \|(\alpha' + m)q\| = \|\alpha' q\|$,因此不等式(5.1.2)可写成

$$\|\alpha' q\| < \psi(q).$$

于是对于任何 $m \in \mathbb{Z}$,集合

$$A_q^{(m)} = \{\alpha \in [m, m+1) \,|\, \alpha 满足不等式(5.1.2)\}$$

227

$$(q = 1, 2, \cdots)$$

等于A_q,因此依步骤(i)所证,使得不等式(5.1.5)有无穷多个解$p/q(q > 0)$的实数$\alpha \in [m, m+1)$ 形成的集合$A([m, m+1))$有零测度.

(iii) 因为使得不等式(5.1.5)有无穷多个解p/q $(q > 0)$的实数组成的集合A 等于 $\underset{m\in\mathbb{Z}}{\cup} A([m, m+1))$,而可数多个零测度集之并也是零测度集,因此$|A| = 0$,即对几乎所有实数$\alpha$,不等式(5.1.2)只有有限多个正整数解$q$.   □

§5.1.2 Duffin-Schaeffer定理

现在讨论Khintchine度量定理的"发散性部分".
R.J.Duffin和A.C.Schaeffer([37])给出下列一般性结果:

定理5.1.2 (Duffin-Schaeffer定理) 设$\psi(q)(q = 1, 2, \cdots)$是任意无穷非负实数列,级数$\sum\limits_{q=1}^{\infty}\psi(q)$发散,并且存在无穷多个正整数$Q$使得

$$\sum_{q\leqslant Q}\psi(q) < C_1 \sum_{q\leqslant Q}\psi(q)\frac{\phi(q)}{q}, \qquad (5.1.7)$$

其中$C_1 > 0$是常数,$\phi(q)$是Euler函数,那么对于几乎所有实数α,不等式

$$\|q\alpha\| = |q\alpha - a| < \psi(q) \qquad (5.1.8)$$

有无穷多组整数解$(a, q) \in \mathbb{N}^2, (a, q) = 1$.

为证明这个定理,我们首先回顾测度论中的某些结果.令Ω是某个具有有限(Lebesgue)测度μ的抽象空

228

间,μ定义在Ω的可测子集的σ代数$\mathbb{A}$上.我们只考虑$\Omega \subseteq [0,1)^n$的情形.有时记测度$\mu(A) = |A|$.

引理5.1.2 设$(\Omega, \mathbb{A}, \mu)$是一个测度空间,给定集合(无穷)序列$A_q \in \mathbb{A}(q = 1, 2, \cdots)$.那么,若

$$\sum_{q=1}^{\infty} \mu(A_q) = \infty, \qquad (5.1.9)$$

则由落在无穷多个集合A_q中的点所形成的集合A的测度

$$\mu(A) \geqslant \varlimsup_{Q \to \infty} \frac{\left(\sum\limits_{q=1}^{Q} \mu(A_q)\right)^2}{\sum\limits_{p,q=1}^{Q} \mu(A_p \cap A_q)}. \qquad (5.1.10)$$

证 (i) 对于任何一对整数$m, n(1 \leqslant m \leqslant n)$,记

$$A_m^n = \bigcup_{m \leqslant q \leqslant n} A_q, \quad A_m = A_m^{\infty} = \bigcup_{q \geqslant m} A_q.$$

于是

$$A_m^n \subseteq A_m, \ A = \bigcap_{m=1}^{\infty} A_m = \lim_{m \to \infty} A_m,$$

并且

$$\mu(A_m) \geqslant \lim_{n \to \infty} \mu(A_m^n),$$

以及

$$\mu(A) = \lim_{m \to \infty} \mu(A_m) \geqslant \lim_{m \to \infty} \left(\lim_{n \to \infty} \mu(A_m^n) \right),$$

$$(5.1.11)$$

(ii) 设 $\omega \in \Omega$. 用 $N_m^n(\Omega)$ 表示含有 ω 的集合 A_q $(m \leqslant q \leqslant n)$ 的个数,用 χ_q 表示 A_q 的特征函数,则有

$$N_m^n(\omega) = \sum_{m \leqslant q \leqslant n} \chi_q(\omega), \qquad (5.1.12)$$

因此 $N_m^n(\Omega)$ 是 μ 可测函数. 由 Cauchy-Schwarz 不等式,

$$
\begin{aligned}
\left(\int_\Omega N_m^n(\omega) \mathrm{d}\mu \right)^2 &= \left(\int_{A_m^n} N_m^n(\omega) \mathrm{d}\mu \right)^2 \\
&\leqslant \int_{A_m^n} \mathrm{d}\mu \cdot \int_{A_m^n} \left(N_m^n(\omega) \right)^2 \mathrm{d}\mu \\
&= \mu(A_m^n) \int_\Omega \left(N_m^n(\omega) \right)^2 \mathrm{d}\mu,
\end{aligned}
$$

于是

$$\mu(A_m^n) \geqslant \frac{\left(\int_\Omega N_m^n(\omega) \mathrm{d}\mu \right)^2}{\int_\Omega \left(N_m^n(\omega) \right)^2 \mathrm{d}\mu}. \qquad (5.1.13)$$

由式 (5.1.12) 可知

$$
\begin{aligned}
\int_\Omega N_m^n(\omega) \mathrm{d}\mu &= \sum_{m \leqslant q \leqslant n} \int_\Omega \chi_q(\omega) \mathrm{d}\mu \\
&= \sum_{m \leqslant q \leqslant n} \mu(A_q),
\end{aligned}
$$

$$
\begin{aligned}
\int_\Omega \left(N_m^n(\omega) \right)^2 \mathrm{d}\mu &= \sum_{m \leqslant p, q \leqslant n} \int_\Omega \chi_p(\omega) \chi_q(\omega) \mathrm{d}\mu \\
&= \sum_{m \leqslant p, q \leqslant n} \mu(A_p \cap A_q),
\end{aligned}
$$

由此及式 (5.1.13) 得到

$$\mu(A_m^n) \geqslant \frac{\left(\sum\limits_{m \leqslant q \leqslant n} \mu(A_q) \right)^2}{\sum\limits_{m \leqslant p, q \leqslant n} \mu(A_p \cap A_q)}. \qquad (5.1.14)$$

(iii) 依引理条件(5.1.9),当m固定时,

$$\sum_{m \leqslant q \leqslant n} \mu(A_q) = \sum_{1 \leqslant q \leqslant n} \mu(A_q) + O(1),$$

$$\sum_{m \leqslant p,q \leqslant n} \mu(A_p \cap A_q) = \sum_{1 \leqslant p,q \leqslant n} \mu(A_p \cap A_q) +$$

$$O\left(\sum_{1 \leqslant q \leqslant n} \mu(A_q)\right).$$

还要注意

$$A_m^n \subseteq \Omega, \mu(A_m^n) \leqslant \mu(\Omega) < \infty,$$

所以由式(5.1.14)和(5.1.9)推出

$$\sum_{m \leqslant p,q \leqslant n} \mu(A_p \cap A_q)$$

$$\geqslant \frac{1}{\mu(\Omega)} \left(\sum_{m \leqslant q \leqslant n} \mu(A_q)\right)^2$$

$$\sim \frac{1}{\mu(\Omega)} \left(\sum_{1 \leqslant q \leqslant n} \mu(A_q)\right)^2 \quad (n \to \infty).$$

于是

$$\sum_{m \leqslant q \leqslant n} \mu(A_q) \sim \sum_{1 \leqslant q \leqslant n} \mu(A_q) \quad (n \to \infty),$$

$$\sum_{m \leqslant p,q \leqslant n} \mu(A_p \cap A_q) \sim \sum_{1 \leqslant p,q \leqslant n} \mu(A_p \cap A_q)$$
$$(n \to \infty).$$

231

由此及式(5.1.14)得到

$$\lim_{n\to\infty} \mu(A_m^n)$$

$$\geqslant \varlimsup_{n\to\infty} \frac{\left(\sum\limits_{m\leqslant q\leqslant n} \mu(A_q)\right)^2}{\sum\limits_{m\leqslant p,q\leqslant n} \mu(A_p\cap A_q)}$$

$$= \varlimsup_{n\to\infty} \frac{\left(\sum\limits_{1\leqslant q\leqslant n} \mu(A_q)\right)^2}{\sum\limits_{1\leqslant p,q\leqslant n} \mu(A_p\cap A_q)}.$$

于是(注意式(5.1.11))得到式(5.1.10). □

注 对于任何固定的正整数s,对集合(无穷)序列$A_q\in\mathbb{A}(q=s,s+1,\cdots)$,定义集合$A(s)$为落在无穷多个集合$A_q(q\geqslant s)$中的点所形成的集合,那么

$$A=A(s), \mu(A)=\mu\big(A(s)\big),$$

并且由式(5.1.9)可知

$$\sum_{q=s}^{\infty} \mu(A_q)=\infty.$$

于是将上述引理应用于集合$A(s)$,可得:对于任何固定的正整数s,

$$\mu(A)\geqslant \varlimsup_{Q\to\infty} \frac{\left(\sum\limits_{q=s}^{Q} \mu(A_q)\right)^2}{\sum\limits_{s\leqslant p,q\leqslant Q} \mu(A_p\cap A_q)}. \tag{5.1.15}$$

引理5.1.3 设$I_1,I_2,\cdots$是区间(无穷)序列,$|I_k|\to 0(k\to\infty)$.还设$A_1,A_2,\cdots$,是可测集(无穷)序列,$A_k\subseteq$

$I_k(k = 1, 2, \cdots)$,并且存在$\delta > 0$使得

$$|A_k| \geqslant \delta|I_k| \quad (k = 1, 2, \cdots). \tag{5.1.16}$$

那么由落在无穷多个I_k中的点组成的集合与由落在无穷多个A_k中的点组成的集合有相等的测度.

证 设

$$J = \bigcap_{t=1}^{\infty}\bigcup_{k=t}^{\infty} I_k, \ B_t = \bigcup_{k=t}^{\infty} A_k, \ D_k = J \setminus B_k, \ J' = \bigcap_{k=1}^{\infty} B_k.$$

我们要证明$|J| = |J'|$.因为

$$J' \subseteq J, \ J \setminus J' = \bigcup_{k=1}^{\infty}(J \setminus B_k),$$

所以只需证明

$$|D_k| = |J \setminus B_k| = 0 \quad (k = 1, 2, \dots).$$

用反证法.设对某个t, $|D_t| > 0$.因为$D_1, D_2, \cdots$是递升集合序列,并且$|D_k| > 0(k \geqslant t)$, 所以由Lebesgue定理,D_t含有全密点x_0(见[1],第201页及第229页,定理3). 因为$x_0 \in J$, 所以对无穷多个k, $x_0 \in I_k$.但$|I_k| \to 0(k \to \infty)$,因此由全密点的定义可知,对于这些$k$,

$$|D_k \cap I_k| \sim |I_k| \quad (k \to \infty). \tag{5.1.17}$$

另一方面,当$k \geqslant t$时,D_k与A_k不相交,所以$D_k \cap I_k$与A_k不相交,它们都是区间I_k的子集,所以由式(5.1.16)得到

$$|I_k| \geqslant |A_k| + |D_k \cap I_k| \geqslant \delta|I_k| + |D_k \cap I_k|,$$

从而

$$|D_k \cap I_k| \leqslant (1 - \delta)|I_k| \quad (k \geqslant t).$$

这与式(5.1.17)矛盾. □

引理5.1.4 设$q \geqslant 2$及s是任意一对整数,作区间$[0, 1)$到自身的变换

$$T: \ x \mapsto qx + \frac{s}{q} \ (\text{mod } 1),$$

即

$$T(x) = \left\{ qx + \frac{s}{q} \right\} \quad (x \in [0, 1)),$$

那么任何在变换T之下的不变子集$A \subseteq [0, 1)$(即$T(A) = A$)的测度或者为0,或者为1 (换言之,T是遍历的).

证 因为A是变换T的不变子集,所以它也是变换

$$T^n: \ x \mapsto q^n x + \frac{s}{q} \ (\text{mod } 1)$$

(n为正整数)的不变子集.设χ是A的特征函数,则

$$\chi(x) \leqslant \chi \left(q^n x + \frac{s}{q} \right),$$

注意,上式右边$q^n x + s/q$按mod 1理解.设$|A| > 0$,只需证明$|A| = 1$. 依假设,A含有全密点x_0.取以x_0为中点、长为q^{-n}的区间I_n,则

$$\begin{aligned}
|A \cap I_n| &\leqslant \int_{I_n} \chi(x)\mathrm{d}x \leqslant \int_{I_n} \chi \left(q^n x + \frac{s}{q} \right) \mathrm{d}x \\
&= \frac{1}{q^n} \int_0^1 \chi(x)\mathrm{d}x = |I_n||A|.
\end{aligned}$$

234

由全密点的定义可知

$$|A \cap I_n| \sim |I_n| \quad (n \to \infty),$$

所以$|A| = 1$. □

引理 5.1.5 设$\psi(q)\,(q = 1, 2, \cdots)$是任意非负实数列,则在区间$[0, 1)$中使不等式

$$\left|\alpha - \frac{a}{q}\right| < \frac{\psi(q)}{q} \quad ((a, q) \in \mathbf{N}^2, (a, q) = 1).$$

有无穷多组解(a, q)的实数α所组成的集合A的测度或为0,或为1.

证 (i) 首先设存在无穷数列$q_k \in \mathbf{N}$满足

$$\psi(q_k) \geqslant q_k^{\varepsilon_0} \quad (k = 1, 2, \cdots),$$

其中$0 < \varepsilon_0 < 1$.我们来证明:对于任何实数 $\alpha \in [0, 1)$,相应于每个充分大的q_k,存在$a_k \in \mathbf{N}$满足

$$\left|\alpha - \frac{a_k}{q_k}\right| < \frac{\psi(q_k)}{q_k} \quad ((a_k, q_k) = 1).$$

从而$|A| = |[0, 1)| = 1$.

因为a_k满足不等式

$$-\psi(q_k) + q_k\alpha < a_k < \psi(q_k) + q_k\alpha,$$

可见a_k落在一个长度为$2\psi(q_k) \geqslant 2q_k^{\varepsilon_0}$的区间中. 我们只需证明:当$q$充分大,每个长度为$q^{\varepsilon_0}$的区间中至少存在一个与$p$互素的整数$a$. 为此令

$$\Phi_q(x) = \sum_{\substack{0 < a < x \\ (a, q) = 1}} 1.$$

由Möbius函数$\mu(n)$的性质,有

$$
\begin{aligned}
\Phi_q(x) &= \sum_{0<a<x}\sum_{d|(a,q)}\mu(d)\\
&= \sum_{d|q}\mu(d)\sum_{0<a\leqslant x/d}1\\
&= \sum_{d|q}\mu(d)\left[\frac{x}{d}\right]\\
&= \sum_{d|q}\mu(d)\frac{x}{d}+O\left(\sum_{d|q}{}'|\mu(d)|\right)\\
&= x\sum_{d|q}\mu(d)\frac{\mu(d)}{d}+O\left(\sum_{d|q}{}'1\right),
\end{aligned}
$$

其中$\sum\limits_{d|q}'$表示对无平方因子的d求和.注意,若用$\nu(q)$表示q的不同的素因子之个数,则q的不同的无平方因子的因数之个数为$2^{\nu(q)}$,所以

$$
\begin{aligned}
\Phi_q(x) &= x\sum_{d|q}\mu(d)\frac{\mu(d)}{d}+O(2^{\nu(q)})\\
&= x\cdot\frac{\phi(x)}{q}+O(q^\varepsilon),
\end{aligned}
$$

其中ε是任意正数.但对于充分大的q,$\phi(q)>q^{1-\varepsilon}$(例如由[4],§5.9定理3可推出这个结果),所以,若取$\varepsilon\in(0,\varepsilon_0)$,则在长为$q^{\varepsilon_0}$的区间中(即取$x=q^{\varepsilon_0}$),与$q$互素的整数个数为

$$
q^{\varepsilon_0}\cdot\frac{\phi(q)}{q}+O(q^\varepsilon)>\frac{1}{2}q^{\varepsilon_0-\varepsilon}>1.
$$

这正是要证的.

据此,下文中我们可以认为

$$\psi(q) < q^{\varepsilon_0} \quad (q = 1, 2, \cdots; 0 < \varepsilon_0 < 1). \quad (5.1.18)$$

(ii) 取定素数p和整数$n \geqslant 1$,考虑α的下列形式的逼近:存在整数a, q使得

$$\left|\alpha - \frac{a}{q}\right| < \frac{\psi(q)}{q} p^{n-1} \quad ((a, q) = 1). \quad (5.1.19)$$

用$A(p^n)$和$B(p^n)$分别表示满足无穷多个(5.1.19)形式的不等式的$\alpha \in [0, 1)$组成的集合,但分别附加条件$p \nmid q$和$p \| q$(即$p | q$,但$p^2 \nmid q$).因为p^{n-1}是n的增函数,所以

$$\alpha \in A(p^n) \Rightarrow \alpha \in A(p^{n+1}),$$

从而

$$A(p^n) \subseteq A(p^{n+1}).$$

类似地,$B(p^n) \subseteq B(p^{n+1})$.还易见

$$\alpha \in A(p) \Rightarrow \alpha \in A,$$

所以$A(p) \subseteq A$.类似地,$B(p) \subseteq A$.

(iii) 设$(a, q) = 1, p \nmid q$.定义区间$A_q(p)$:

$$-\frac{\psi(q)}{q} + \frac{a}{q} < x < \frac{\psi(q)}{q} + \frac{a}{q},$$

以及区间$I_q(p^n)$:

$$-\frac{\psi(q)}{q} p^{n-1} + \frac{a}{q} < x < \frac{\psi(q)}{q} p^{n-1} + \frac{a}{q}.$$

由式(5.1.18)可知

$$|I_q(p^n)| = 2\frac{\psi(q)}{q}p^{n-1} < 2p^{n-1}q^{-1+\epsilon_0} \to 0 \quad (q \to \infty),$$

并且对于任意$n \geqslant 1$,

$$A_q(p) \subseteq I_q(p^n), \quad |A_q(p)| = p^{-(n-1)}|I_q(p^n)|.$$

因此由引理5.1.3可知对于任意$n \geqslant 1$,

$$|A(p)| = |A(p^n)|.$$

记

$$A^*(p) = \bigcap_{n=1}^{\infty} A(p^n),$$

注意$A(p) \subseteq A(p^2) \subseteq A(p^3) \subseteq \cdots$,则有

$$|A^*(p)| = \lim_{n\to\infty} |A(p^n)| = |A(p)|. \qquad (5.1.20)$$

若$\alpha \in A(p^n)$,则因为$p \nmid q$,所以由不等式(5.1.19)得到

$$\left| p\alpha - \frac{pa}{q} \right| < \frac{\psi(q)}{q}p^n,$$

记$[p\alpha] = l$,则

$$\left| \{p\alpha\} - \frac{pa - ql}{q} \right| < \frac{\psi(q)}{q}p^n \quad ((pa - ql, q) = 1),$$

从而$\{p\alpha\} \in A(p^{n+1})$,即变换

$$T: \ x \mapsto px \ (\text{mod } 1)$$

将$A(p^n)$变为$A(p^{n+1})$,因此 $A^*(p)$ 变为自身.依引理
5.1.4及式(5.1.20)可知$|A(p)| = 1$或0.

238

(iv) 设$(a, q) = 1, p \| q$.若$\alpha \in B(p^n)$,则

$$\left| p\alpha + \frac{1}{p} - \frac{pa + \dfrac{q}{p}}{q} \right| < \frac{\psi(q)}{q} p^n \quad ((a, q) = 1),$$

若$\{p\alpha + 1/p\} = t$,则

$$\left| \left\{ p\alpha + \frac{1}{p} \right\} - \frac{pa + \dfrac{q}{p} - qt}{q} \right| < \frac{\psi(q)}{q} p^n,$$

因为$p \| q$,所以$q = \lambda p, p \nmid \lambda$,而且$(\lambda, a) = (q, a) = 1, pa + q/p - qt = pa + \lambda - \lambda pt$,从而

$$\left(pa + \frac{q}{p} - qt, q \right) = (pa + \lambda - \lambda pt, \lambda p) = 1.$$

于是应用变换

$$T: \ x \mapsto px + \frac{1}{p} \ (\mathrm{mod} \ 1),$$

类似于步骤(iii)可知$|B(p)| = 1$或0.

(v) 因为$A(p), B(p) \subseteq A$,并且$|A| \leqslant 1$,所以若对某个素数$p, |A(p)|$ 和$|B(p)|$中有一个是正的,则其中有一个等于1,从而$|A| = 1$.

(vi) 剩下的情形是对于任何素数p,

$$|A(p)| = |B(p)| = 0. \qquad (5.1.21)$$

定义$C(p)$是所有具有下列性质的$\alpha \in [0, 1)$组成的集合:不等式

$$\left| \alpha - \frac{a}{q} \right| < \frac{\psi(q)}{q} \quad ((a, q) = 1, \ p^2 | q) \qquad (5.1.22)$$

239

有无穷多组解$(a,q) \in \mathbb{N}^2$.那么$A(p), B(p), C(p)$两两互不相交,并且

$$A = A(p) \cup B(p) \cup C(p). \qquad (5.1.23)$$

于是由式(5.1.21)可知对于任何素数p,

$$|A| = |C(p)|.$$

由式(5.1.22)(并且注意$q = \tau p^2, p \nmid \tau$)可以推出对于任何整数$s$,

$$\left| \alpha + \frac{s}{p} - \frac{a + \dfrac{sq}{p}}{q} \right| < \frac{\psi(q)}{q} \quad \left(\left(a + \frac{sq}{p}, q \right) = 1 \right);$$

反之,若

$$\left| \alpha + \frac{s}{p} - \frac{a'}{q} \right| < \frac{\psi(q)}{q} \quad \left((a', q) = 1 \right).$$

则

$$\left| \alpha - \frac{a' + \dfrac{sq}{p}}{q} \right| < \frac{\psi(q)}{q} \quad \left(\left(a' + \frac{sq}{p}, q \right) = 1 \right).$$

因此,

$$\alpha \in C(p) \Leftrightarrow \alpha + \frac{s}{p} \pmod 1 \in C(p). \qquad (5.1.24)$$

令

$$W_s: \; x \mapsto x + \frac{s}{p} \pmod 1 \quad (s \in \mathbb{Z}).$$

240

对于任何长为$1/p$的区间$I(p)=[r,r+1/p)\subset[0,1)$,记$I_s(p)=W_s\big(I(p)\big)$(特别,$I_0(p)=I(p)$),则有

$$[0,1)=I(p)\cup I_1(p)\cup\cdots\cup I_{p-1}(p),$$

于是由$C(p)=C(p)\cap[0,1)$得到

$$\begin{aligned}C(p)&=\big(C(p)\cap I(p)\big)\cup\big(C(p)\cap I_1(p)\big)\cup\cdots\cup\\&\quad\big(C(p)\cap I_{p-1}(p)\big).\end{aligned}\tag{5.1.25}$$

又由式(5.1.24)及$I_i(p)$的定义可知

$$|C(p)\cap I(p)|=|C(p)\cap I_1(p)|=\cdots=|C(p)\cap I_{p-1}(p)|$$

由此及式(5.1.25)推出:对于任何长为$1/p$的区间$I(p)\subset[0,1)$,

$$|C(p)\cap I(p)|=\frac{1}{p}|C(p)|=|I(p)||C(P)|.$$

依式(5.1.23),A与$C(p)$只相差一个零测度集,所以对于任何素数p,

$$|A\cap I(p)|=|A||I(p)|.\tag{5.1.26}$$

为了证明$|A|=0$或1,我们只需证明$|A|>0\Rightarrow|A|=1$.为此设$|A|>0$. 取A的一个全密点,定义以它为中心且长为$1/p$的区间序列$I(p)$(其中p遍取所有素数),那么依全密点定义,

$$|A\cap I(p)|\sim|I(p)|\quad(p\to\infty).$$

由此及式(5.1.26)立得$|A|=1$. $\qquad\square$

注　上述证法可以加以扩充,证明n维情形的命题:设$\psi(q)\,(q=1,2,\cdots)$是任意非负实数列,则在n维正方体$[0,1)^n$中使不等式

$$\max\left\{\left|\alpha_1-\frac{a_1}{q}\right|,\cdots,\left|\alpha_n-\frac{a_n}{q}\right|\right\}<\frac{\psi(q)}{q},$$
$$(a_1,\cdots,a_n,q)\in\mathbf{N}^{n+1},(a_1,q)=\cdots=(a_n,q)=1$$

有无穷多组解$(a_1,\cdots,a_n,q)$的实数组$(\alpha_1,\cdots,\alpha_n)$所组成的集合$A$的测度或为0,或为1.

定理5.1.2之证　因为$\|q\alpha\|$关于α以1为周期,所以只需限定$\alpha\in[0,1)$,并且将不等式(5.1.8)加强为

$$\left|\alpha-\frac{a}{q}\right|<\frac{\psi(q)}{q},(a,q)\in\mathbf{N}^2,(a,q)=1,0<a<q.$$
$$(5.1.27)$$

下面区分三种情形进行证明.

情形1　$0\leqslant\psi(q)<1/2$.

对于正整数q,定义集合A_q为所有满足不等式(5.1.27)的实数$\alpha\in[0,1)$组成的集合.

(i)　首先估计$|A_q|$.若存在整数对(a,q)和(a',q),其中$0<a\neq a'<q$,使得不等式(5.1.27)都成立,即

$$\left|\alpha-\frac{a}{q}\right|<\frac{\psi(q)}{q},\ \left|\alpha-\frac{a'}{q}\right|<\frac{\psi(q)}{q},$$

那么两个不等式相应地定义的α所在区间的中心分别是a/q和a'/q,它们间的距离是

$$\left|\frac{a}{q}-\frac{a'}{q}\right|=\frac{|a-a'|}{q}\geqslant\frac{1}{q}.$$

由不等式(5.1.28)可知两个区间的长度都是$2\psi(q)/q <$ $1/q$.所以它们互不相交. 又因为满足$(a,q) = 1, 0 < a < q$的整数a的个数是$\phi(q)$,所以

$$|A_q| = \frac{2\psi(q)\phi(q)}{q}. \qquad (5.1.28)$$

(ii) 现在估计$|A_q \cap A_{q_1}|\,(q_1 < q)$.当$\alpha \in A_q \cap A_{q_1}$时, 下列两个不等式同时成立:

$$\left|\alpha - \frac{a}{q}\right| < \frac{\psi(q)}{q} \quad (0 < a < q, \ a,q = 1));$$

$$\left|\alpha - \frac{a_1}{q_1}\right| < \frac{\psi(q_1)}{q_1}, \quad 0 < a_1 < q_1, \quad (a_1, q_1) = 1.$$

于是

$$\left|\frac{a}{q} - \frac{a_1}{q_1}\right| < \left|\alpha - \frac{a}{q}\right| + \left|\alpha - \frac{a_1}{q_1}\right| < \frac{\psi(q)}{q} + \frac{\psi(q_1)}{q_1},$$

从而

$$|A_q \cap A_{q_1}| \leqslant 2\min\left\{\frac{\psi(q)}{q}, \frac{\psi(q_1)}{q_1}\right\} N(q, q_1), \qquad (5.1.29)$$

其中$N(q, q_1)$表示满足下列条件的整数对(a, a_1)的个数:

$$\left|\frac{a}{q} - \frac{a_1}{q_1}\right| < \frac{\psi(q)}{q} + \frac{\psi(q_1)}{q_1}, \qquad (5.1.30)$$

$$(a, q) = (a_1, q_1) = 1, \quad 0 < a < q, \quad 0 < a_1 < q_1. \qquad (5.1.31)$$

对于任意满足条件(5.1.31)的整数对$(a, a_1), t \in \mathbb{Z}$由下式定义:

$$aq_1 - a_1 q = t. \qquad (5.1.32)$$

令$d = (q, q_1)$,则$d|t$.记$q = dq', q_1 = dq_1', t = dt'$.将它们代入上式,得到

$$aq_1' - a_1q' = t' \in \mathbb{Z}, \quad (q', q_1') = 1.$$

如果整数对(a', a_1')也满足等式(5.1.32),那么$aq_1 - a_1q = a'q_1 - a_1'q (= t)$, 从而$(a - a')q_1 = (a_1 - a_1')q$,或$(a - a')dq_1' = (a_1 - a_1')dq'$,于是

$$(a - a')q_1' = (a_1 - a_1')q'.$$

因为q_1', q'互素,所以$q'|a - a', q_1'|a_1 - a_1'$,于是

$$a = a' + kq', \ a_1 = a_1' + kq_1' \quad (k \in \mathbb{Z}), \quad (5.1.33)$$

因为$a, a' \in (0, q)$,所以

$$|a - a'| < q = dq',$$

注意$|a - a'| = |k|q'$,从而 $|k| < d$, 于是对于确定的 t,满足等式(5.1.32)的a的值至多为$2(d - 1) + 1 = 2d - 1$个, 并且由式(5.1.33)可知满足等式(5.1.32)的整数对(a, a_1)也至多为$2d - 1$个.

由式(5.1.30)可知

$$|aq_1 - a_1q| = |t| < q_1\psi(q) + q\psi(q_1),$$

因为$d|t$,所以等式(5.1.32)中t的可能值至多为

$$2\left[\frac{q_1\psi(q) + q\psi(q_1)}{d}\right]$$

个. 因此满足条件(5.1.30)和(5.1.32)的整数对(a, a_1)的个数

$$\begin{aligned}
N(q, q_1) &\leqslant 2\left[\frac{q_1\psi(q) + q\psi(q_1)}{d}\right] \cdot (2d - 1) \\
&< 4(q_1\psi(q) + q\psi(q_1)).
\end{aligned}$$

由此及式(5.1.29)得到

$$|A_q \cap A_{q_1}| \leqslant 16\psi(q)\psi(q_1) \quad (q_1 < q). \quad (5.1.34)$$

(iii)   由式(5.1.28)和(5.1.34)可知

$$\begin{aligned}
&\sum_{q, q_1 \leqslant Q} |A_q \cap A_{q_1}| \\
&= \left(\sum_{q_1 < q \leqslant Q} + \sum_{q < q_1 \leqslant Q} + \sum_{q = q_1 \leqslant Q}\right)|A_q \cap A_{q_1}| \\
&= 2\sum_{q_1 < q \leqslant Q} |A_q \cap A_{q_1}| + \sum_{q \leqslant Q} |A_q \cap A_{q_1}| \\
&\leqslant 32\sum_{q_1 < q \leqslant Q} \psi(q)\psi(q_1) + 2\sum_{q \leqslant Q} \frac{\psi(q)\phi(q)}{q},
\end{aligned}$$

注意级数$\sum_{q=1}^{\infty} \psi(q)$发散, 所以当$Q$充分大,

$$\sum_{q \leqslant Q} \frac{\psi(q)\phi(q)}{q} < \sum_{q \leqslant Q} \psi(q) < \frac{1}{2}\left(\sum_{q \leqslant Q} \psi(q)\right)^2,$$

于是当Q充分大,

$$\sum_{q, q_1 \leqslant Q} |A_q \cap A_{q_1}| < 17\left(\sum_{q \leqslant Q} \psi(q)\right)^2$$

245

应用式(5.1.7)和(5.1.28),由此推出

$$
\begin{aligned}
\sum_{q,q_1 \leqslant Q} |A_q \cap A_{q_1}| &< 17C_1^2 \left(\sum_{q \leqslant Q} \frac{\psi(q)\phi(q)}{q} \right)^2 \\
&= 17C_1^2 \left(\frac{1}{2} \sum_{q \leqslant Q} |A_q| \right)^2 \\
&< 5C_1^2 \left(\frac{1}{2} \sum_{q \leqslant Q} |A_q| \right)^2.
\end{aligned}
$$

此外,仍然由式(5.1.7)和(5.1.28)可知

$$
\sum_{q=1}^{\infty} |A_q| = \infty.
$$

注意集合A乃是由属于无穷多个集合A_q的实数α组成,所以由引理5.1.2推出

$$
|A| > (5C_1^2)^{-1} > 0.
$$

最后应用引理5.1,5得知$|A| = 1$.于是在情形1,定理得证.

情形 **2**   存在无穷正整数列$q_k(k = 1, 2, \cdots)$,使得$0 < \psi(q_k) < 1/2$.

此时用q_k取代q,情形1的推理仍然有效.

情形 **3** $\psi(q) \geqslant 1/2$(当$q > q_0$).

取常数$C_2 \in (0, 1/2)$,令$\psi_1(q) = C_2(\forall q)$.那么,若$\alpha$满足不等式

$$
\left| \alpha - \frac{a}{q} \right| < \frac{\psi_1(q)}{q} \quad ((a, q) = 1), \tag{5.1.35}
$$

246

则α必满足不等式

$$\left|\alpha - \frac{a}{q}\right| < \frac{\psi(q)}{q} \quad ((a, q) = 1).$$

因此只需证明对于几乎所有$\alpha \in [0, 1)$不等式(5.1.35)有无穷多解.这归结到情形1, 但需验证级数$\sum\limits_{q=1}^{\infty} \psi_1(q)$发散(这显然成立),以及证明: 存在常数$C_1'$,使得对无穷多个正整数$Q$,

$$\sum_{q \leqslant Q} \psi_1(q) < C_1' \sum_{q \leqslant Q} \psi_1(q) \frac{\phi(q)}{q}. \qquad (5.1.36)$$

事实上,因为

$$\sum_{n \leqslant x} \phi(n) = \frac{3}{\pi^2} x^2 + O(x \log x) \qquad (5.1.37)$$

(见[4],第128页,定理4),所以由分部求和公式(见证明后的注),

$$
\begin{aligned}
&\sum_{q \leqslant Q} \psi_1(q) \frac{\phi(q)}{q} \\
={}&C_2 \sum_{q \leqslant Q} \frac{\phi(q)}{q} \\
={}&C_2 \sum_{k=1}^{Q-1} \left(\sum_{q \leqslant k} \phi(q)\right)\left(\frac{1}{k} - \frac{1}{k+1}\right) + C_2 \left(\sum_{q \leqslant Q} \phi(q)\right) \frac{1}{Q} \\
\geqslant{}&C_3 \sum_{k=1}^{Q-1} k^2 \cdot \frac{1}{k(k+1)} + C_4 Q^2 \cdot \frac{1}{Q} \\
\geqslant{}&C_4 Q = C_4 C_2^{-1} \sum_{q \leqslant Q} \psi_1(q)
\end{aligned}
$$

于是取$C_1' = C_4 C_2^{-1}$,即得不等式(5.1.36). $\qquad\square$

247

注 分部求和公式(也称Abel求和公式,或Abel变换): 若$l < n, A_k, b_k$是任意复数,则

$$\sum_{k=l}^{n}(A_k - A_{k-1})b_k = A_n b_n - A_{l-1}b_l + \sum_{k=l}^{n-1}A_k(b_k - b_{k+1}).$$

它容易直接验证(或见[3],第135页).通常取$l = 1$,并补充定义$A_0 = 0$.

§5.1.3 定理5.1.1A(i)的证明

定理5.1.1A "发散性部分" 是下列定理的显然推论(取$\gamma = 0$):

定理5.1.3 设$\psi(q)\,(q = 1, 2, \cdots)$是任意非负实数列,并且级数$\sum\limits_{q=1}^{\infty}\psi(q)$发散,还设存在常数$\gamma \in [0,1]$使得$q^{\gamma}\psi(q)$非增,那么对几乎所有实数$\alpha$,不等式(5.1.8)有无穷多组解$(a, q) \in \mathbb{N}^2, (a, q) = 1$.

首先证明:

引理5.1.6 若$Q \in \mathbb{N}$,则

$$\sum_{q \leqslant Q}\frac{\phi(q)}{q^{1+\gamma}} \gg \begin{cases} Q^{1-\gamma} & \text{(当}0 \leqslant \gamma < 1\text{时)}, \\ \log Q & \text{(当}\gamma = 1\text{时)}. \end{cases}$$

其中符号$\gg$中的常数至多与γ有关.

证 由Abel变换,我们有

$$\sum_{q \leqslant Q}\frac{\phi(q)}{q^{1+\gamma}}$$

248

$$= \sum_{k \leqslant Q-1} \left(\sum_{q \leqslant k} \phi(q) \right) \left(\frac{1}{k^{1+\gamma}} - \frac{1}{(k+1)^{1+\gamma}} \right) +$$

$$\left(\sum_{q \leqslant Q} \phi(q) \right) \cdot \frac{1}{Q^{1+\gamma}}$$

$$= (\gamma + 1) \sum_{k \leqslant Q-1} \left(\sum_{q \leqslant k} \phi(q) \right) \cdot \int_{k+1}^{k} \frac{\mathrm{d}x}{x^{2+\gamma}} +$$

$$\left(\sum_{q \leqslant Q} \phi(q) \right) \cdot \frac{1}{Q^{1+\gamma}}$$

$$\gg \sum_{k \leqslant Q-1} \left(\sum_{q \leqslant k} \phi(q) \right) \cdot \frac{1}{(k+1)^{2+\gamma}} +$$

$$\left(\sum_{q \leqslant Q} \phi(q) \right) \cdot \frac{1}{Q^{1+\gamma}},$$

应用式(5.1.37),可得

$$\sum_{q \leqslant Q} \frac{\phi(q)}{q^{1+\gamma}}$$

$$\gg \sum_{k \leqslant Q-1} \left(C_5 k^2 + O(k \log k) \right) \cdot \frac{1}{(k+1)^{2+\gamma}} +$$

$$\left(C_5 Q^2 + O(Q \log Q) \right) \cdot \frac{1}{Q^{1+\gamma}}$$

$$= C_5 \sum_{k \leqslant Q-1} \frac{k^2}{(k+1)^{2+\gamma}} + O \left(\sum_{k \leqslant Q-1} \frac{k \log k}{(k+1)^{2+\gamma}} \right) +$$

$$C_5 Q^{1-\gamma} + O \left(\frac{\log Q}{Q^\gamma} \right).$$

于是,当$0 \leqslant \gamma < 1$时,

$$\sum_{q \leqslant Q} \frac{\phi(q)}{q^{1+\gamma}} \gg Q^{1-\gamma}.$$

当$\gamma = 1$时,

$$\sum_{q \leqslant Q} \frac{\phi(q)}{q^{1+\gamma}}$$

$$\gg \sum_{k \leqslant Q-1} \frac{k^2}{(k+1)^3} + O\left(\sum_{k \leqslant Q-1} \frac{k \log k}{(k+1)^3}\right) +$$

$$C_5 + O\left(\frac{\log Q}{Q}\right)$$

$$\gg \sum_{k \leqslant Q} \frac{1}{k} + O(1) + C_5 + o(1) \gg \log Q. \qquad \square$$

定理5.1.3之证 只需验证不等式(5.1.7),就可由定理5.1.2推出本定理. 为此将不等式(5.1.7)的右边写成

$$\sum_{q \leqslant Q} q^{\gamma} \psi(q) \frac{\phi(q)}{q^{1+\gamma}}.$$

由Abel变换得到

$$\sum_{q \leqslant Q} \psi(q) \frac{\phi(q)}{q} = \sum_{k \leqslant Q-1} \left(\sum_{q \leqslant k} \frac{\phi(q)}{q^{1+\gamma}}\right) \left(k^{\gamma} \psi(k) - \right.$$

$$(k+1)^{\gamma} \psi(k+1)) +$$

$$\left(\sum_{q \leqslant Q} \frac{\phi(q)}{q^{1+\gamma}}\right) \cdot Q^{\gamma} \psi(Q)$$

$$= S(\text{记}).$$

250

因为$q^\gamma\psi(q)$非增,所以依引理5.1.6,当$\gamma < 1$,

$$S \gg \sum_{k \leqslant Q-1} k^{1-\gamma}\big(k^\gamma\psi(k)-(k+1)^\gamma\psi(k+1)\big)+$$
$$Q^{1-\gamma}Q^\gamma\psi(Q)$$
$$= \sum_{k \leqslant Q-1} \left(k\psi(k)-k\left(\frac{k+1}{k}\right)^\gamma\psi(k+1)\right)+$$
$$Q\psi(Q)$$
$$= \psi(1)+\sum_{k \leqslant Q-1}\left(\left((k+1)-k\left(\frac{k+1}{k}\right)^\gamma\right)\psi(k+1)\right).$$

由此以及

$$(k+1)-k\left(\frac{k+1}{k}\right)^\gamma$$
$$= \frac{k(k+1)}{k^\gamma}\left(\frac{1}{k^{1-\gamma}}-\frac{1}{(k+1)^{1-\gamma}}\right)$$
$$\gg \frac{k(k+1)}{k^\gamma}\cdot\frac{1}{(k+1)^{2-\gamma}}$$
$$= \left(\frac{k}{k+1}\right)^{1-\gamma} \gg 1,$$

推出

$$S \gg \sum_{k \leqslant Q}\psi(k).$$

同样依引理5.1.6,当$\gamma = 1$时有

$$S \gg \sum_{k \leqslant Q-1}\log k\big(k\psi(k)-(k+1)\psi(k+1)\big)+$$
$$(\log Q)\cdot Q\psi(Q)$$
$$= \sum_{k \leqslant Q-1}\big((k+1)\log(k+1)-(k+1)\log k\big)\cdot$$
$$\psi(k+1)$$

$$= \sum_{k \leqslant Q-1} \log \left(1 + \frac{1}{k} \right)^{k+1} \psi(k+1)$$

$$\gg \sum_{k \leqslant Q} \psi(k).$$

于是不等式(5.1.7)在此成立. $\square$

注 Duffin-Schaeffer([37])构造了无穷非负数列 $\psi(q)(q = 1, 2, \cdots)$, 使得级数 $\sum\limits_{q=1}^{\infty} \psi(q)$ 发散,但对几乎所有实数 α, 不等式 $\|q\alpha\| < \psi(q)$ 只有有限多个正整数解 q.因此他们提出:对几乎所有实数 α 不等式 $\|q\alpha\| < \psi(q)$ 有无穷多个正整数解 q 的充分必要条件是级数

$$\sum_{q=1}^{\infty} \psi(q) \frac{\phi(q)}{q}$$

发散.这就是Duffin-Schaeffer猜想,至今尚未被证实或否定.与此有关文献可参见[107,108,112], 还可参见[53] (第10章)等.

5.2 实数联立有理逼近的度量定理

§5.2.1 多维Khintchine度量定理

A.Ya.Khintchine([66])将定理5.1.1扩充到联立逼近的情形:

定理 5.2.1 (多维Khintchine度量定理) 设 $n \geqslant 1$ 是正整数,实数 $c > 0$.如果在 (c, ∞) 上 $\psi(x)$ 是正连续函数,并且当 $x \to \infty$ 时 $x\psi^n(x)$ 单调趋于零,那么:

(i) 若积分

$$\int_c^\infty \psi^n(x)\mathrm{d}x \qquad (5.2.1)$$

发散,则对几乎所有实数组 $(\alpha_1, \cdots, \alpha_n)$,不等式

$$\max_{1 \leqslant i \leqslant n} \|q\alpha_i\| < \psi(q) \qquad (5.2.2)$$

有无穷多个正整数解 q;

(ii) 若积分 (5.2.1) 收敛,则对几乎所有实数组 $(\alpha_1, \cdots, \alpha_n)$, 不等式 (5.2.2) 只有有限多个正整数解 q.

上面是定理的"积分"形式,它还有下列"级数"形式:

定理 5.2.1A 设 $n \geqslant 1$ 是正整数.

(i) 若 $\psi(q)$ 是正整数变量 q 的单调减少的正函数,并且级数

$$\sum_{q=1}^\infty \psi^n(q) \qquad (5.2.3)$$

253

发散,则对几乎所有实数组$(\alpha_1,\cdots,\alpha_n)$,不等式(5.2.2)有无穷多个正整数解$q$;

(ii) 若$\psi(q)$是正整数变量q的正函数,并且级数(5.1.3)收敛,则对几乎所有实数组$(\alpha_1,\cdots,\alpha_n)$,不等式(5.2.2)只有有限多个正整数解$q$.

类似于§5.1.1,只需证明定理5.2.1A.定理的"收敛性部分"可由引理5.1.1推出(这里从略),定理的"发散性部分"是下面定理5.2.2的推论,见§5.2.3.

§5.2.2 多维Duffin-Schaeffer定理

定理5.2.2(多维Duffin-Schaeffer定理) 设$\psi(q)$ $(q=1,2,\cdots)$是任意无穷非负实数列,级数$\sum\limits_{q=1}^{\infty}\psi^n(q)$发散,并且存在无穷多个正整数$Q$使得

$$\sum_{q\leqslant Q}\psi^n(q) < C_1\sum_{q\leqslant Q}\psi^n(q)\left(\frac{\phi(q)}{q}\right)^n, \qquad (5.2.4)$$

其中$C_1>0$是常数,那么对于几乎所有实数组

$$(\alpha_1,\cdots,\alpha_n),$$

不等式

$$\max_{1\leqslant i\leqslant n}\|q\alpha_i\|=\max_{1\leqslant i\leqslant n}\{|q\alpha_1-a_1|,\cdots,|q\alpha_n-a_n|\}<\psi(q)$$
$$(5.2.5)$$

有无穷多组解$q\in\mathbb{N}$,$a_1,\cdots,a_n\in\mathbb{Z}$,并且

$$(q,a_1)=\cdots=(q,a_n)=1.$$

证明 因为证明思路与定理5.1.2的相同,所以只给出证明概要. 定义集合

$$A_q = A_q^{(1)}\times\cdots\times A_q^{(n)},$$

254

其中$A_q^{(i)}$是满足下列条件的实数$\alpha_i \in [0, 1)$组成的集合:对$q \in \mathbb{N}$和某个$a_i \in \mathbb{N}$有

$$|q\alpha_i - a_i| < \psi(q) \quad ((q, a_i) = 1, \ 0 < a_i < q).$$

那么由式(5.1.28)得到

$$|A_q| = |A_q^{(1)}| \cdots |A_q^{(n)}| = \left(\frac{2\psi(q)\phi(q)}{q}\right)^n.$$

于是

$$\sum_{q \leqslant Q} |A_q| = 2^n \sum_{q \leqslant Q} \psi^n(q) \left(\frac{\phi(q)}{q}\right)^n. \qquad (5.2.6)$$

又由式(5.1.34)可知当$q_1 < q$,

$$\begin{aligned}
|A_q \cap A_{q_1}| &= |A_q^{(1)} \cap A_{q_1}^{(1)}| \cdots |A_q^{(n)} \cap A_{q_1}^{(n)}| \\
&\leqslant \left(16\psi(q)\psi(q_1)\right)^n.
\end{aligned}$$

因此当Q充分大时,

$$\sum_{q, q_1 \leqslant Q} |A_q \cap A_{q_1}| < 2(16)^n \left(\sum_{q \leqslant Q} \psi^n(q)\right)^2$$

(要用到级数$\sum\limits_{q=1}^{\infty} \psi^n(q)$的发散性). 由此及式(5.2.4)和(5.2.6)可推出

$$\sum_{q, q_1 \leqslant Q} |A_q \cap A_{q_1}| < 2 \cdot 4^n C_1^2 \left(\sum_{q \leqslant Q} |A_q|\right)^2.$$

最后,依引理5.1.2及上式可知由属于无穷多个A_q的实数组$(\alpha_1, \cdots, \alpha_n)$组成的集合$A$的测度

$$|A| \geqslant (2 \cdot 4^n C_1^2)^{-1} > 0.$$

于是由引理5.1.5(n维情形,见该引理后的注)推出$|A| = 1$.由于$\|q\alpha_i\|$关于α_i以1为周期,所以定理结论成立. □

§5.2.3 定理5.2.1A(i)的证明

首先证明几个引理.

引理 5.2.1 对于任何正整数N,

$$\sum_{k \leqslant N} \sum_{p|k} \frac{1}{p} < C_2 N, \qquad (5.2.7)$$

其中p表示素数,$C_2 > 0$是常数.

证 由$p|k, k \leqslant N$可知$p \leqslant k \leqslant N$.对于每个不超过$N$的素数$p$,在$\{1, 2, \cdots, N\}$中被$p$整除的整数$k$的个数为$[N/p] \leqslant N/p$.用$\sum\limits_k$表示(当$p$给定)对这些$k$求和.于是交换求和次序,可得

$$\sum_{k \leqslant N} \sum_{p|k} \frac{1}{p} = \sum_{p \leqslant N} \frac{1}{p} \sum_k 1 \leqslant \sum_{p \leqslant N} \frac{1}{p} \cdot \frac{N}{p}$$

$$= N \sum_{p \leqslant N} \frac{1}{p^2} < N \sum_{j=1}^{\infty} \frac{1}{j^2} = C_2 N,$$

其中$C_2 = \sum\limits_{j=1}^{\infty} 1/j^2 = \pi^2/6 = \zeta(2)$. □

引理 5.2.2 设C_2是引理5.2.1中的常数,则对任何正整数M和任何满足条件

$$0 < \delta < \frac{\mathrm{e}^{-C_2}}{\zeta(2)} \qquad (5.2.8)$$

的常数δ,不等式组

$$\frac{\phi(k)}{k} \geqslant \delta, \ k \leqslant M$$

256

的正整数解 k 的个数不少于 βM,其中

$$\beta = 1 + \frac{C_2}{\log(\delta\zeta(2))}. \tag{5.2.9}$$

证 我们用记号 $\sharp\{k \leqslant M; \cdots\}$ 表示具有性质"$\cdots$" 的不超过 M 的正整数 k 的个数.由式(5.2.7)可知对于任何 $\tau > 0$ 有

$$\sharp\left\{k \leqslant M; \sum_{p|k} \frac{1}{p} > \tau\right\} < \frac{C_2}{\tau}M. \tag{5.2.10}$$

因为

$$\log\prod_{p|k}\left(1+\frac{1}{p}\right) = \sum_{p|k}\log\left(1+\frac{1}{p}\right) < \sum_{p|k}\frac{1}{p},$$

所以由式(5.2.10),对于任何 $T > \mathrm{e}^{C_2}$,

$$\sharp\left\{k \leqslant M; \prod_{p|k}\left(1+\frac{1}{p}\right) > T\right\} < \frac{C_2}{\log T}M. \tag{5.2.11}$$

又因为

$$\prod_{p|k}\left(1-\frac{1}{p}\right)^{-1}\prod_{p|k}\left(1+\frac{1}{p}\right)^{-1}$$
$$= \prod_{p|k}\left(1-\frac{1}{p^2}\right)^{-1}$$
$$\leqslant \prod_{j}\left(1-\frac{1}{j^2}\right)^{-1} = \zeta(2),$$

所以

$$\frac{k}{\phi(k)} = \prod_{p|k}\left(1-\frac{1}{p}\right)^{-1} \leqslant \zeta(2)\prod_{p|k}\left(1+\frac{1}{p}\right).$$

257

于是由式(5.2.11)推出

$$\sharp\left\{k\leqslant M;\frac{k}{\phi(k)}>T\zeta(2)\right\}<\frac{C_2}{\log T}M.$$

记$\delta=\left(T\zeta(2)\right)^{-1}$,则式(5.2.8)成立,并且由上式得到

$$\sharp\left\{k\leqslant M;\frac{\phi(k)}{k}<\delta\right\}<\frac{C_2 M}{\log\left(\delta\zeta(2)\right)^{-1}}.$$

从而

$$\sharp\left\{k\leqslant M;\frac{\phi(k)}{k}\geqslant\delta\right\}\geqslant M-\frac{C_2 M}{\log\left(\delta\zeta(2)\right)^{-1}}=\beta M,$$

其中β如式(5.2.9)所示. $\qquad\square$

引理 5.2.3 存在常数$C_3>0$,使得对于任何正整数Q有

$$\sum_{q\leqslant Q}\left(\frac{\phi(q)}{q}\right)^n\geqslant C_3 Q. \qquad (5.2.12)$$

证 在引理5.2.2中取$\delta=\mathrm{e}^{-C_2}/\left(2\zeta(2)\right)$,得到

$$\sum_{q\leqslant Q}\left(\frac{\phi(q)}{q}\right)^n\geqslant\sum_{\substack{q\leqslant Q\\ \phi(q)/q\geqslant\delta}}\left(\frac{\phi(q)}{q}\right)^n\geqslant\beta Q\cdot\delta^n=\delta^n\beta Q,$$

取$C_3=\delta^n\beta$,即得结论. $\qquad\square$

定理5.2.1A(i)之证 只需验证定理5.2.2中的不等式(5.2.4)在此成立. 由Abel变换得到

$$\sum_{q\leqslant Q}\psi^n(q)\left(\frac{\phi(q)}{q}\right)^n$$

$$= \sum_{k \leqslant Q-1} \left(\sum_{q \leqslant k} \left(\frac{\phi(q)}{q} \right)^n \right) \left(\psi^n(k) - \psi^n(k+1) \right) +$$
$$\left(\sum_{q \leqslant Q} \left(\frac{\phi(q)}{q} \right)^n \right) \cdot \psi^n(Q).$$

因为$\psi(q)$单调减少,所以由式(5.2.12)可知上式右边

$$\geqslant \sum_{k \leqslant Q-1} C_3 k \left(\psi^n(k) - \psi^n(k+1) \right) + C_3 Q \psi^n(Q)$$
$$= C_3 \left(\sum_{k \leqslant Q-1} k \left(\psi^n(k) - \psi^n(k+1) \right) + Q \psi^n(Q) \right)$$
$$= C_3 \sum_{q \leqslant Q} \psi^n(q).$$

因此对任何正整数Q有

$$\sum_{q \leqslant Q} \psi^n(q) < C_1' \sum_{q \leqslant Q} \psi^n(q) \left(\frac{\phi(q)}{q} \right)^n.$$

其中$C_1' = (C_3/2)^{-1}$. □

§5.2.4 一些注记

1° [83]研究了多维 Duffin-Schaeffer 猜想.当维数大于1时, 这个猜想是成立的(对此还可参见最近的文献[48]).

2° 关于Khintchine度量定理的定量结果(即解数的渐近公式),可见[53] (第4章),[98] (第III章),[106] (第1章,§7).对于附有某些限制条件的有关结果,可见[62] (第2章)等.

259

3°   A.V.Groshev将Khintchine度量定理扩充到线性型情形,所得结果称为 Khintchine-Groshev 定理,对此可见[106](第1章,§5).

4°   G.Harman([52])给出 Khintchine 度量定理的一种类似结果,其中不等式的解的分子和分母限定在素数集合中取值(还可见[53],第6章);H.Jones ([61])将此扩充到联立逼近的情形.

5°   Khintchine度量定理还被扩充到用实代数数逼近实数的情形.例如,V.Beresnevich ([21])证明了:设 $n \geqslant 1$ 是正整数,$\psi(q)$ 是正整数变量 q 的单调减少的正函数,那么当级数 $\sum\limits_{q=1}^{\infty} \psi(q)$ 发散时,对于几乎所有实数 α,存在无穷多个次数为 n 的实代数数 β 满足不等式

$$|\alpha - \beta| < H(\beta)^{-n} \psi\big(H(\beta)\big);$$

而当上述级数收敛时,对于几乎所有实数 α,只有有限多个次数为 n 的实代数数 β 满足上述不等式. 进一步的信息可参见[26](第6章)以及[115](§2.7)等.

6°   A.Baker 和 W.M.Schimidt([19])首先应用 Hausdorff维数研究丢番图逼近的度量理论. 这个方向的基本专著有[22,23]等,还可参见[26](第5,6章)及[28](附录C)等.

7°   文献[48]研究了射影度量数论,建立了射影空间中与Khintchine度量定理和Duffin-Schaeffer猜想类似的结果.该文还给出有关基本文献及一些近期进展.

5.3 非齐次逼近的度量定理

§5.3.1 基本结果

定理 5.3.1 设 $n \geq 1, \psi(q)$ 是正整数变量 q 的函数, 满足 $0 \leq \psi(q) \leq 1/2$. 那么,

(i) 当级数 $\sum\limits_{q=1}^{\infty} \psi^n(q)$ 发散时,对几乎所有 $(\alpha_1, \cdots, \alpha_n, \beta_1, \cdots, \beta_n) \in \mathbb{R}^{2n}$,不等式

$$\max_{1 \leq i \leq n} \|q\alpha_i - \beta_i\| < \psi(q) \qquad (5.3.1)$$

有无穷多个正整数解 q.

(ii) 当级数 $\sum\limits_{q=1}^{\infty} \psi^n(q)$ 收敛时,对几乎所有 $(\alpha_1, \cdots, \alpha_n, \beta_1, \cdots, \beta_n) \in \mathbb{R}^{2n}$,不等式 (5.3.1) 只有有限多个正整数解 q.

注意,与齐次逼近情形不同,这里不要求 $\psi(q)$ 单调. 此外,这个定理不蕴含齐次情形,因为 $(\alpha_1, \cdots, \alpha_n; 0, \cdots, 0) \in \mathbb{R}^{2n}$ 可以组成零测度集.

§5.3.2 一维情形的证明

定理 5.3.1(ii)(n = 1) 之证 因为函数 $\|x\|$ 以 1 为周期,并且可数多个零测度集之并也是零测度集,所以可以限定 $(\alpha, \beta) \in [0,1) \times [0,1)$.

(i) 设 $\beta \in [0,1)$ 是给定的实数,q 是某个 (固定) 正整数,令

$$A_q = A_q(\beta) = \{\alpha \in [0,1) \,|\, \alpha \text{满足不等式} \|q\alpha - \beta\| < \psi(q)\}.$$

261

那么存在整数p使得$\|q\alpha - \beta\| = |q\alpha - \beta - p|$. 于是满足不等式

$$\left|\alpha - \frac{p+\beta}{q}\right| < \frac{\psi(q)}{q} \qquad (5.3.2)$$

的实数α位于数轴上以$(p+\beta)/q$为中心、长度为$2\psi(q)/q$的(小)区间中. 当$p = 0, \pm 1, \pm 2, \cdots$时相邻两区间中心相距$1/q$. 因为

$$\frac{\psi(q)}{q} + \frac{\psi(q)}{q} = \frac{2\psi(q)}{q} < 2 \cdot \frac{1}{2} \cdot \frac{1}{q} = \frac{1}{q},$$

所以相邻两区间互不相交. 我们用I_p记中心为$(p+\alpha)/q$的(小)区间. 易见总共有q个小区间的中心落在区间$[0, 1]$中. 在区间$[0, 1)$中, 它们的相互位置有三种可能:

(a)$[0, 1)$恰含q个(完整的)小区间$I_0, I_1, \cdots, I_{q-1}$.

(b)区间 $I_0, I_1, \cdots, I_{q-1}$ 的中心落在 $[0, 1)$ 中, $I_1, \cdots, I_{q-1}$ 完全含在$[0, 1)$中, $|I_0 \setminus [0, 1)| = |[0, 1) \cap I_q| \neq 0$.

(c)区间$I_0, I_1, \cdots, I_{q-1}$的中心落在$[0, 1)$中, $I_0, \cdots, I_{q-2}$完全含在$[0, 1)$中, $|I_{q-1} \setminus [0, 1)| = |[0, 1) \cap I_{-1}| \neq 0$.

在每种情形都得到

$$|A_q| = q \cdot \frac{2\psi(q)}{q} = 2\psi(q).$$

(ii) 令集合

$$L_Q = L_Q(\beta)$$
$$= \{\alpha \in [0, 1) \,|$$
当$q \geqslant Q$时不等式$\|q\alpha - \beta\| < \psi(q)$有正整数解$q\}$.

那么
$$|L_Q| \leqslant \sum_{q \geqslant Q} |A_q| = 2 \sum_{q \geqslant Q} \psi(q).$$

(iii) 定义集合

$L = L(\beta)$

$= \{\alpha \in [0, 1) \,|$

不等式$\|q\alpha - \beta\| < \psi(q)$ 有无穷多个正整数解$q\}.$

那么对于任何正整数$Q, L \subseteq L_Q,$所以

$$|L| \leqslant |L_Q| \leqslant 2 \sum_{q \geqslant Q} \psi(q).$$

因为级数$\sum_{q=1}^{\infty} \psi(q)$收敛,所以对于任何$\varepsilon > 0,$ 当Q充分大,

$$|L| \leqslant 2 \sum_{q \geqslant Q} \psi(q) < \varepsilon.$$

因此$|L| = 0.$

(iv) 因为对于每个$\beta \in (0, 1]$都有$|L| = |L(\beta)| = 0,$所以使得不等式$\|q\alpha - \beta\| < \psi(q)$有无穷多个正整数解$q$的实数组$(\alpha, \beta) \in [0, 1) \times [0, 1)$(平面点集)的测度为零. $\qquad\square$

为证明定理5.3.1(i)(n=1),我们先证一些引理.

引理 5.3.1 (Pòlya-Zugmond) 设函数$f(x, y)$在单位正方形$G_2 = [0, 1) \times [0, 1)$上非负并且平方可积.令

$$M_1 = \iint\limits_{G_2} f(x, y)\mathrm{d}x\mathrm{d}y,$$

$$M_2 = \left(\iint\limits_{G_2} f^2(x,y)\mathrm{d}x\mathrm{d}y \right)^{1/2}.$$

若

$$M_1 \geqslant aM_2 \quad (0 \leqslant b \leqslant a),$$

则使$f(x,y) \geqslant bM_2$的点(x,y)所组成的集合A的测度$|A| > (b-a)^2$.

证　由Cauchy-Schwarz不等式可知

$$\iint\limits_{A} f(x,y)\mathrm{d}x\mathrm{d}y$$

$$\leqslant \left(\iint\limits_{A} 1^2\mathrm{d}x\mathrm{d}y \right)^{1/2} \left(\iint\limits_{A} f^2(x,y)\mathrm{d}x\mathrm{d}y \right)^{1/2}$$

$$\leqslant |A|^{1/2} \left(\iint\limits_{G_2} f^2(x,y)\mathrm{d}x\mathrm{d}y \right)^{1/2}$$

$$= |A|^{1/2}M_2.$$

另一方面,因为$M_1 \geqslant aM_2 \geqslant bM_2$,并且当$(x,y) \in G_2 \setminus A$时,$f(x,y) < bM_2$,所以

$$\iint\limits_{A} f(x,y)\mathrm{d}x\mathrm{d}y = \iint\limits_{G_2\setminus(G_2\setminus A)} f(x,y)\mathrm{d}x\mathrm{d}y$$

$$= \left(\iint\limits_{G_2} - \iint\limits_{G_2\setminus A} \right) f(x,y)\mathrm{d}x\mathrm{d}y$$

$$> M_1 - \iint\limits_{G_2 \setminus A} bM_2 \mathrm{d}x\mathrm{d}y$$

$$\geqslant M_1 - \iint\limits_{G_2} bM_2 \mathrm{d}x\mathrm{d}y = M_1 - bM_2$$

$$\geqslant aM_2 - bM_2 = (a - b)M_2.$$

于是

$$|A|^{1/2} M_2 > (a - b)M_2,$$

从而 $|A| > (b - a)^2.$ □

引理 5.3.2 设 $\delta(x)$ 是周期为 1 的实函数,则对于任何实数 β 和非零整数 q,有

$$\int_0^1 \delta(qx + \beta)\mathrm{d}x = \int_0^1 \delta(x)\mathrm{d}x.$$

证 (i) 不妨认为 $\beta \geqslant 0$. 因若不然可用 $\beta' = \beta - [\beta] > 0$ 代替 β,此时由 $\delta(x)$ 的周期性可知

$$\int_0^1 \delta(qx + \beta')\mathrm{d}x = \int_0^1 \delta(qx + \beta - [\beta])\mathrm{d}x = \int_0^1 \delta(qx + \beta)\mathrm{d}x.$$

(ii) 用 I 记命题中的积分. 令 $t = x + \beta/q$,则

$$I = \int_0^1 \delta(qx + \beta)\mathrm{d}x = \int_{\beta/q}^{1+\beta/q} \delta(qt)\mathrm{d}t$$

$$= \int_{\beta/q}^1 \delta(qt)\mathrm{d}t + \int_1^{1+\beta/q} \delta(qt)\mathrm{d}t,$$

在右边第二个积分中令$u = t - 1$,并且注意$\delta(x)$的周期性,则得

$$
\begin{aligned}
I &= \int_{\beta/q}^{1} \delta(qt)\mathrm{d}t + \int_{0}^{\beta/q} \delta(qu + q)\mathrm{d}u \\
&= \int_{\beta/q}^{1} \delta(qt)\mathrm{d}t + \int_{0}^{\beta/q} \delta(qu)\mathrm{d}u = \int_{0}^{1} \delta(qt)\mathrm{d}t.
\end{aligned}
$$

在最后得到的积分中令$x = qt$,则有

$$
I = \frac{1}{q} \int_{0}^{q} \delta(x)\mathrm{d}x.
$$

(iii)　若$q > 0$,则易见

$$
\begin{aligned}
I &= \frac{1}{q} \left(\int_{0}^{1} + \int_{1}^{2} + \cdots + \int_{q-1}^{q} \right) \delta(x)\mathrm{d}x \\
&= \frac{1}{q} \cdot q \int_{0}^{1} \delta(x)\mathrm{d}x = \int_{0}^{1} \delta(x)\mathrm{d}x.
\end{aligned}
$$

若$q < 0$,则令$y = -x$,可得

$$
\begin{aligned}
I &= -\frac{1}{q} \int_{0}^{-q} \delta(-y)\mathrm{d}y \\
&= \frac{1}{(-q)} \int_{0}^{-q} \delta(-y)\mathrm{d}(-y) \\
&= \frac{1}{(-q)} \int_{0}^{-q} \delta(u)\mathrm{d}u,
\end{aligned}
$$

注意$-q > 0$,,所以右边积分等于$\int_{0}^{1} \delta(x)\mathrm{d}x$. □

对于$q \in \mathbb{N}$,定义

$$
\delta_q(x) = \begin{cases} 1 & (\text{当}\|x\| < \psi(q)\text{时}), \\ 0 & (\text{当}\|x\| \geqslant \psi(q)\text{时}). \end{cases}
$$

266

那么$\delta_q(x)$是周期为1的偶函数.因为对于任何$x \in \mathbb{R}$,或者$\delta_q(x) = 0$,或者$\delta_q(x) - 1 = 0$,所以总有$\delta_q^2(x) - \delta_q(x) = \delta_q(x)\big(\delta_q(x) - 1\big) = 0$,从而

$$\delta_q^2(x) = \delta_q(x). \tag{5.3.3}$$

引理 5.3.3　设$q, r \in \mathbb{N}$,则

$$\int_0^1 \delta_q(x)\mathrm{d}x = 2\psi(q).$$

$$\int_0^1 \int_0^1 \delta_q(q\alpha - \beta)\mathrm{d}\alpha\mathrm{d}\beta = 2\psi(q).$$

以及

$$\int_0^1 \int_0^1 \delta_q(q\alpha - \beta)\delta_r(r\alpha - \beta)\mathrm{d}\alpha\mathrm{d}\beta = \begin{cases} 4\psi(q)\psi(r) & (q \neq r), \\ 2\psi(q) & (q = r). \end{cases}$$

证　(i)　由$\delta_q(x)$的定义,当$0 \leqslant x < 1$时, $\|x\| < \psi(q)$当且仅当$0 \leqslant x < \psi(x)$或$1 - \psi(q) < x < 1$,此时才有$\delta_q(x) = 1$,不然$\delta_q(x) = 0$.于是

$$\int_0^1 \delta_q(x)\mathrm{d}x = \int_0^{\psi(x)} x + \int_{1-\psi(q)}^1 \mathrm{d}x = 2\psi(q).$$

(ii)　依引理5.3.2,并应用步骤(i)所得结果,可得

$$\int_0^1 \int_0^1 \delta_q(q\alpha - \beta)\mathrm{d}\alpha\mathrm{d}\beta$$
$$= \int_0^1 \left(\int_0^1 \delta_q(\alpha)\mathrm{d}\alpha \right) \mathrm{d}\beta$$
$$= \int_0^1 2\psi(q)\mathrm{d}\beta = 2\psi(q).$$

(iii) 令$\gamma = \beta - q\alpha$,记$s = r - q$,由$\delta_q(x)$的周期性,可设$0 \leqslant \gamma < 1$.于是(注意$\delta_q(x)$是偶函数)

$$\int_0^1 \int_0^1 \delta_q(q\alpha - \beta)\delta_r(r\alpha - \beta)\mathrm{d}\alpha\mathrm{d}\beta$$
$$= \int_0^1 \int_0^1 \delta_q(-\gamma)\delta_r(s\alpha - \gamma)\mathrm{d}\alpha\mathrm{d}\gamma$$
$$= \int_0^1 \int_0^1 \delta_q(\gamma)\delta_r(s\alpha - \gamma)\mathrm{d}\alpha\mathrm{d}\gamma \ (= J).$$

若$q \neq r$,则$s \neq 0$,于是由引理5.3.2及步骤(i)所得结果推出

$$J = \int_0^1 \delta_q(\gamma)\left(\int_0^1 \delta_r(s\alpha - \gamma)\mathrm{d}\alpha\right)\mathrm{d}\gamma$$
$$= \int_0^1 \delta_q(\gamma)\left(\int_0^1 \delta_r(\alpha)\mathrm{d}\alpha\right)\mathrm{d}\gamma$$
$$= \int_0^1 \delta_q(\gamma)\big(2\psi(r)\big)\mathrm{d}\gamma$$
$$= 2\psi(r)\int_0^1 \delta_q(\gamma)\mathrm{d}\gamma$$
$$= 2\psi(r) \cdot 2\psi(q)$$
$$= 4\psi(r)\psi(q).$$

若$q = r$,则$s = 0$,从而由式(5.3.3)及步骤(i)所得结果,并注意$\delta_q(x)$是偶函数,可知

$$J = \int_0^1 \int_0^1 \delta_q^2(\gamma)\mathrm{d}\alpha\mathrm{d}\gamma$$
$$= \int_0^1 \int_0^1 \delta_q(\gamma)\mathrm{d}\alpha\mathrm{d}\gamma = 2\psi(q).$$

$\square$

定理5.3.1(i)(n = 1)之证　(i)　用$\Delta_Q(\alpha, \beta)$表示不等式

$$\|q\alpha - \beta\| < \psi(q), \quad 0 < q \leqslant Q$$

的整数解q的个数,由$\delta_q(x)$的定义可知

$$\Delta_q(\alpha, \beta) = \sum_{q \leqslant Q} \delta_q(q\alpha - \beta). \tag{5.3.4}$$

还记

$$\Psi(Q) = \sum_{q \leqslant Q} \psi(q),$$

则由定理假设可知

$$\Psi(Q) \to \infty \quad (q \to \infty). \tag{5.3.5}$$

(ii)　令

$$M_1(Q) = \int_0^1 \int_0^1 \Delta_Q(\alpha, \beta) \mathrm{d}\alpha \mathrm{d}\beta,$$

$$M_2(Q) = \left(\int_0^1 \int_0^1 \Delta_Q^2(\alpha, \beta) \mathrm{d}\alpha \mathrm{d}\beta \right)^{1/2}.$$

由Cauchy-Schwarz不等式,有

$$M_1(Q) \leqslant M_2(Q), \tag{5.3.6}$$

并且由式(5.3.4)和引理5.3.3,得到

$$\begin{aligned} M_1(Q) &= \sum_{q \leqslant Q} \int_0^1 \int_0^1 \delta_q(q\alpha - \beta) \mathrm{d}\alpha \mathrm{d}\beta \\ &= \sum_{q \leqslant Q} 2\psi(q) \\ &= 2\Psi(Q), \end{aligned} \tag{5.3.7}$$

269

我们断言:对于任何给定的$\varepsilon \in (0, 1/2)$,当Q充分大,有

$$M_1(Q) \geqslant (1 - \varepsilon)M_2(Q). \qquad (5.3.8)$$

这是因为,由式(5.3.4)和引理5.3.3,可得

$$
\begin{aligned}
M_2^2(Q) &= \int_0^1 \int_0^1 \Delta_Q^2(\alpha, \beta) \mathrm{d}\alpha \mathrm{d}\beta \\
&= \sum_{q, r \leqslant Q} \int_0^1 \int_0^1 \delta_q(q\alpha - \beta)\delta_r(r\alpha - \beta)\mathrm{d}\alpha \mathrm{d}\beta \\
&= \left(\sum_{\substack{q, r \leqslant Q \\ q \neq r}} + \sum_{q = r \leqslant Q} \right) \int_0^1 \int_0^1 \delta_q(q\alpha - \beta) \cdot \\
&\quad \delta_r(r\alpha - \beta)\mathrm{d}\alpha \mathrm{d}\beta \\
&= 4 \sum_{\substack{q, r \leqslant Q \\ q \neq r}} \psi(q)\psi(r) + 2 \sum_{q \leqslant Q} \psi(q) \\
&\leqslant 4\Psi^2(Q) + 2\Psi(Q) \\
&= 4\Psi^2(Q) \left(1 + \frac{1}{2\Psi(Q)} \right).
\end{aligned}
$$

于是由式(5.3.5)和(5.3.7)推出:当Q充分大时,

$$M_2^2(Q) \leqslant 4(1 - \varepsilon)^{-2}\Psi^2(Q) = (1 - \varepsilon)^{-2}M_1^2(Q),$$

由此即得不等式(5.3.8)

(iii) 在引理5.3.1中取$f = f(\alpha, \beta) = \Delta_q(\alpha, \beta)$, $a = 1 - \varepsilon, b = \varepsilon$. 由不等式(5.3.8)可知引理条件在此被满足,于是存在正方形$G_2 : 0 \leqslant \alpha, \beta \leqslant 1$的某个子集合$A$,其测度$|A| \geqslant (1 - 2\varepsilon)^2 \geqslant 1 - 4\varepsilon$,使得在其上不等式

$$\Delta_Q(\alpha, \beta) \geqslant \varepsilon M_2(Q)$$

270

成立;注意由式(5.3.6)和(5.3.7)可知 $M_2(Q) \geqslant M_1(Q) = 2\Psi(Q)$,从而在集合 A 上不等式

$$\Delta_Q(\alpha, \beta) \geqslant 2\varepsilon\Psi(Q)$$

成立.因为 $\Delta_Q(\alpha, \beta)$ 是 Q 的增函数,所以由上式及式 (5.3.5)推出:在集合 A 上有

$$\Delta_Q(\alpha, \beta) \to \infty \quad (Q \to \infty).$$

这表明,除去一个测度小于 4ε 的集合外,在正方形 G_2 上上式处处成立.因为 $\varepsilon > 0$ 可以任意小,所以定理得证.

$\square$

§5.3.3 多维情形的证明

设 $n \geqslant 2$.因为下面的推理与§5.3.2是平行进行的,所以略去有关细节.

定理5.3.1(ii)(n $\geqslant$ 2)之证 可以限定 $(\alpha_1, \cdots, \alpha_n, \beta_1, \cdots, \beta_n) \in G_{2n} = [0, 1)^{2n}$.

设 $(\beta_1, \cdots, \beta_n) \in [0, 1)^n$ 是给定的实数组,q 是某个(固定)正整数. 考虑满足不等式组

$$\left| \alpha_j - \frac{p + \beta_j}{q} \right| < \frac{\psi(q)}{q}, \ 0 \leqslant \alpha_j < 1 \ (j = 1, \cdots, n) \tag{5.3.8}$$

的 $(\alpha_1, \cdots, \alpha_n)$ 组成的集合 $A_q = A_q(\beta_1, \cdots, \beta_n)$. 它由 q^n 个(小) n 维正方体组成,它们的中心是

$$\left(\frac{\nu_1 + \beta_1}{q}, \cdots, \frac{\nu_n + \beta_n}{q} \right), \nu_i = 0, 1, \cdots, q\text{-}1 \ (i = 1, \cdots, n),$$

271

边长是$2\psi(q)/q$,并且互不相交.于是

$$|A_q(\beta_1,\cdots,\beta_n)| = \sum_{\nu_1=0}^{q-1}\cdots\sum_{\nu_n=0}^{q-1}\left(\frac{2\psi(q)}{q}\right)^n = 2^n\psi^n(q).$$

当$q \geqslant Q$时,使不等式(5.3.8)有解的

$$(\alpha_1,\cdots,\alpha_n) \in [0,1)^n$$

组成的集合的测度为

$$2^n\sum_{q\geqslant Q}\psi^n(q) < \varepsilon \quad (\text{当}Q\text{充分大}),$$

其中$\varepsilon > 0$任意小.由此可推出所要的结论. $\qquad\square$

定理5.3.1(i)(n $\geqslant$ 2)之证 (i) 记$\boldsymbol{\alpha} = (\alpha_1,\cdots,\alpha_n)$, $\mathrm{d}\boldsymbol{\alpha} = \mathrm{d}\alpha_1\cdots\mathrm{d}\alpha_n$ (类似地定义$\boldsymbol{\beta}$, $\mathrm{d}\boldsymbol{\beta}$). 用$\Delta_Q(\boldsymbol{\alpha},\boldsymbol{\beta})$表示不等式

$$\|q\alpha_j - \beta_j\| < \psi(q), \quad 0 < q \leqslant Q \ (j = 1,\cdots,n)$$

的解数.定义函数$\delta_q(x)$同前(§5.3.2),则

$$\Delta_Q(\boldsymbol{\alpha},\boldsymbol{\beta}) = \sum_{q\leqslant Q}\delta_q(q\alpha_1 - \beta_1)\cdots\delta_q(q\alpha_n - \beta_n).$$

记

$$\Psi(Q) = \sum_{q\leqslant Q}\psi^n(q),$$

由定理假设可知

$$\Psi(Q) \to \infty \quad (Q \to \infty).$$

272

(ii) 令

$$M_1(\boldsymbol{\alpha}) = \int \cdots \int_{G_{2n}} \Delta_Q(\boldsymbol{\alpha}, \boldsymbol{\beta}) \mathrm{d}\boldsymbol{\alpha} \mathrm{d}\boldsymbol{\beta},$$

$$M_2(Q) = \left(\int \cdots \int_{G_{2n}} \Delta_Q^2(\boldsymbol{\alpha}, \boldsymbol{\beta}) \mathrm{d}\boldsymbol{\alpha} \mathrm{d}\boldsymbol{\beta} \right)^{1/2}.$$

则由Cauchy-Schwarz不等式可知

$$M_1(Q) \leqslant M_2(Q).$$

类似于引理5.2.3可证

$$\int \cdots \int_{G_{2n}} \delta_q(q\alpha_1 - \beta_1) \cdots \delta_q(q\alpha_n - \beta_n) \mathrm{d}\boldsymbol{\alpha} \mathrm{d}\boldsymbol{\beta} = 2^n \psi^n(q),$$

以及

$$\int \cdots \int_{G_{2n}} \delta_q(q\alpha_1 - \beta_1) \cdots \delta_q(q\alpha_n - \beta_n) \cdot$$

$$\delta_r(r\alpha_1 - \beta_1) \cdots \delta_r(r\alpha_n - \beta_n) \mathrm{d}\boldsymbol{\alpha} \mathrm{d}\boldsymbol{\beta}$$

$$= \begin{cases} 4^n \psi^n(q) \psi^n(r) & (\text{当} q \neq r \text{时}), \\ 2^n \psi^n(q) & (\text{当} q = r \text{时}). \end{cases}$$

由此可知

$$M_1(Q) = 2^n \Psi(Q),$$
$$M_2^2(Q) \leqslant 4^n \Psi^2(Q) \left(1 + \frac{1}{2^n \Psi(Q)} \right).$$

进而推出:对于任意给定的$\varepsilon \in (0, 1/2)$,当Q充分大时,

$$\begin{aligned} M_2^2(Q) &\leqslant 4^n (1 - \varepsilon)^{-2} \Psi^2(Q) \\ &= \left(2^n \Psi(Q) \right)^2 (1 - \varepsilon)^{-2} \\ &= M_1^2(Q)(1 - \varepsilon)^{-2}, \end{aligned}$$

273

于是
$$M_1(Q) \geqslant (1-\varepsilon)M_2(Q).$$

(iii) 易见将2重积分换成$2n$重积分后引理5.3.1也是成立的,在其中($2n$重积分情形) 取 $f(x_1,\cdots,x_n, y_1,\cdots,y_n)$为$\Delta_Q(\boldsymbol{\alpha},\boldsymbol{\beta}), a=1-\varepsilon, b=\varepsilon$.于是存在正方形$G_{2n}: 0 \leqslant \alpha_1\cdots,\alpha_n,\beta_1,\cdots,\beta_n \leqslant 1$的某个子集$A$,其测度$|A| \geqslant (1-2\varepsilon)^2 \geqslant 1-4\varepsilon$,使得在其上不等式
$$\Delta_Q(\alpha,\beta) \geqslant \varepsilon M_2(Q)$$
成立;注意$M_2(Q) \geqslant M_1(Q) = 2^n\Psi(Q)$,从而在集合$A$上不等式
$$\Delta_Q(\alpha,\beta) \geqslant 2^n\varepsilon\Psi(Q)$$
成立,进而在集合A上有

$$\Delta_Q(\alpha,\beta) \to \infty \quad (Q \to \infty).$$

这表明,除去一个测度小于$4n\varepsilon$的集合外,在正方形G_{2n}上上式处处成立.因为$\varepsilon > 0$可以任意小,所以定理得证.

$\square$

第6章 序列的一致分布

由定理2.1.1可知,若 α 是一个无理数, $\beta \in [0,1)$ 是任意给定的实数,那么存在整数 q 使得 $\|q\alpha-\beta\|$ 相当小,因此当 q 充分大时, $\{q\alpha\}$ 可以任意接近 β. 这表明数列 $\{q\alpha\}$ ($q \in \mathbb{N}$)在 $[0,1]$ 中处处稠密.进一步的研究还可发现,对于任何区间 $[a,b) \subset [0,1]$,数列 $\{q\alpha\}$ ($q = 1,2,\cdots,Q$) 落在 $[a,b)$ 中的项数与总项数 Q 之比渐进地等于区间 $[a,b)$ 的长度与 $[0,1]$ 的长度之比.因此,数列 $\{q\alpha\}$ ($q \in \mathbb{N}$) 在 $[0,1]$ 中的分布是均匀的.这种现象导致一致分布序列的概念(见[116,117]),进而形成一个重要的数论研究领域, 也是一个与概率论有关的交叉课题.此外,从上世纪70年代开始,一致分布理论与数值计算相结合,推动了拟Monte Carlo方法的发展.

本章是关于一致分布理论的基本导引.第一节给出一致分布序列的定义、基本性质和实例(即"定性"部分).第二节引进偏差概念,给出它的一些基本性质,以及偏差计算的例子(即"定量"部分). 第三节作为理论实际应用的示例,给出一致分布点列与数值积分的关系.

6.1 模1一致分布序列

§6.1.1 一维情形

用 ω 表示任意一个无穷实数列 x_n ($n = 1,2,\cdots$),对于正整数 N 及 $I = [0,1)$ 的任一子集 E ,用 $A(E;N;\omega)$ 表示 $x_1,x_2,\cdots,x_N$ 中使得 $\{x_i\} \in E$ 的项的个数(在不引起混淆时,将 $A(E;N;\omega)$ 记成 $A(E;N)$).若对于任何区

间$[a, b] \subseteq I$(其中$0 \leqslant a < b \leqslant 1$)总有

$$\lim_{N \to \infty} \frac{A([a, b]; N; \omega)}{N} = b - a, \qquad (6.1.1)$$

则称数列ω模1一致分布,或一致分布$(\bmod 1)$,并简记为$u.d. \bmod 1$.

因为式(6.1.1)的右边是区间$[a, b]$的长度,所以如果用$\chi_{[a,b]}(x)$表示区间$[a, b]$的特征函数,那么式(6.1.1)可等价地写为

$$\lim_{N \to \infty} \frac{1}{N} \sum_{n=1}^{N} \chi_{[a,b]}(\{x_n\}) = \int_0^1 \chi_{[a,b]}(x) \mathrm{d}x. \quad (6.1.2)$$

将区间$[a, b]$的特征函数加强为连续函数,就导致下列的数列模1一致分布判别法则:

定理6.1.1 实数列ω模1一致分布的充分必要条件是对于任何$[0, 1]$上的实值连续函数$f(x)$有

$$\lim_{N \to \infty} \frac{1}{N} \sum_{n=1}^{N} f(\{x_n\}) = \int_0^1 f(x) \mathrm{d}x. \qquad (6.1.3)$$

证明 (i) 必要性. 设数列$\omega : x_n \, (n \geqslant 1)$ $u.d. \bmod 1$.我们首先考虑任意一个$[0, 1]$上的阶梯函数$f_0(x)$.设

$$0 = a_0 < a_1 < \cdots < a_s = 1,$$

用$\chi_{[a_i, a_{i+1}]}(x)$表示区间$[a_i, a_{i+1}]$的特征函数,那么

$$f_0(x) = \sum_{i=0}^{s-1} c_i \chi_{[a_i, a_{i+1}]}(x),$$

276

其中c_i是一些常数.由式(6.1.2)可知

$$\lim_{N\to\infty}\frac{1}{N}\sum_{n=1}^{N}f_0(\{x_n\})$$

$$=\sum_{i=0}^{s-1}c_i\lim_{N\to\infty}\frac{1}{N}\sum_{n=1}^{N}\chi_{[a_i,a_{i+1}]}(\{x_n\})$$

$$=\sum_{i=0}^{s-1}c_i\int_0^1\chi_{[a_i,a_{i+1}]}(x)\mathrm{d}x$$

$$=\int_0^1\left(\sum_{i=0}^{s-1}c_i\chi_{[a_i,a_{i+1}]}(x)\right)\mathrm{d}x$$

$$=\int_0^1 f_0(x)\mathrm{d}x.$$

于是对于$[0,1]$上的阶梯函数等式(6.1.3)成立.

其次 , 对于 $[0,1]$ 上的任何连续函数 $f(x)$,由 Riemann积分的基本性质可知,对于任何给定的$\varepsilon>0$, 存在两个阶梯函数$f_1(x)$和$f_2(x)$,满足

$$f_1(x)\leqslant f(x)\leqslant f_2(x)\quad(\forall x\in[0,1]),\qquad(6.1.4)$$

并且

$$\int_0^1\big(f_2(x)-f_1(x)\big)\mathrm{d}x\leqslant\varepsilon.\qquad(6.1.5)$$

于是,

$$\int_0^1 f(x)dx-\varepsilon\ \leqslant\ \int_0^1 f_2(x)\mathrm{d}x-\varepsilon$$

$$\leqslant\ \int_0^1 f_1(x)\mathrm{d}x$$

$$= \lim_{N \to \infty} \frac{1}{N} \sum_{n=1}^{N} f_1(\{x_n\})$$

$$\leqslant \varliminf_{N \to \infty} \frac{1}{N} \sum_{n=1}^{N} f(\{x_n\})$$

$$\leqslant \varlimsup_{N \to \infty} \frac{1}{N} \sum_{n=1}^{N} f(\{x_n\})$$

$$\leqslant \lim_{N \to \infty} \frac{1}{N} \sum_{n=1}^{N} f_2(\{x_n\})$$

$$= \int_0^1 f_2(x)\mathrm{d}x$$

$$\leqslant \int_0^1 f_1(x)\mathrm{d}x + \varepsilon$$

$$\leqslant \int_0^1 f(x)\mathrm{d}x + \varepsilon.$$

因为$\varepsilon > 0$可以任意小,所以

$$\varliminf_{N \to \infty} \frac{1}{N} \sum_{n=1}^{N} f(\{x_n\}) = \varlimsup_{N \to \infty} \frac{1}{N} \sum_{n=1}^{N} f(\{x_n\})$$

$$= \int_0^1 f(x)\mathrm{d}x,$$

从而对于任何连续函数$f(x)$,等式(6.1.2)成立.

(ii) 充分性.设数列$\omega : x_n \ (n \geqslant 1)$对于任何$[0,1]$上的连续函数$f(x)$,都满足等式(6.1.3).我们证明:对于任何区间$[a,b] \subseteq [0,1]$(其中$0 \leqslant a < b \leqslant 1$),数列$\omega$ 满足等式(6.1.1).

对于任何给定的 $\varepsilon > 0$,显然存在两个 $[0,1]$ 上的连续函数 $g_1(x)$ 和 $g_2(x)$,满足

$$g_1(x) \leqslant \chi_{[a,b)}(x) \leqslant g_2(x),$$

以及

$$\int_0^1 \big(g_2(x) - g_1(x)\big)\mathrm{d}x \leqslant \varepsilon.$$

于是,

$$
\begin{aligned}
b - a - \varepsilon \;&\leqslant\; \int_0^1 g_2(x)\mathrm{d}x - \varepsilon \\
&\leqslant\; \int_0^1 g_1(x)\mathrm{d}x \\
&=\; \lim_{N \to \infty} \sum_{n=1}^N g_1(\{x_n\}) \\
&\leqslant\; \varliminf_{N \to \infty} \frac{1}{N} A\big([a,b); N; \omega\big) \\
&\leqslant\; \varlimsup_{N \to \infty} \frac{1}{N} A\big([a,b); N; \omega\big) \\
&\leqslant\; \lim_{N \to \infty} \frac{1}{N} \sum_{n=1}^N g_2(\{x_n\}) \\
&=\; \int_0^1 g_2(x)\mathrm{d}x \\
&\leqslant\; \int_0^1 g_1(x)\mathrm{d}x + \varepsilon \\
&\leqslant\; b - a + \varepsilon.
\end{aligned}
$$

因为 $\varepsilon > 0$ 可以任意小,所以

$$
\begin{aligned}
\varliminf_{N \to \infty} \frac{1}{N} A\big([a,b); N; \omega\big) \;&=\; \varlimsup_{N \to \infty} \frac{1}{N} A\big([a,b); N; \omega\big) \\
&=\; b - a.
\end{aligned}
$$

279

从而对于任何区间 $[a,b] \subseteq [0,1]$,(6.1.1)成立,即数列 ω $u.d.\mathrm{mod}\ 1$. □

推论1 实数列 ω 模1一致分布的充分必要条件是对于任何$[0,1]$上的Riemann可积函数$f(x)$,式(6.1.3)成立.

证 因为对于Riemann可积函数$f(x)$,式(6.1.4)和(6.1.5)也成立,所以必要性的证明与定理6.1.1的证明步骤(i)相同.又因为连续函数一定是Riemann可积的,所以 若对于任何 $[0,1]$上的Riemann可积函数$f(x)$,式(6.1.3)成立,则 对于任何 $[0,1]$上 的连续函数$f(x)$, 式(6.1.3)也成立,于是依定理6.1.1的充分性部分推出数列 ω $u.d.\mathrm{mod}\ 1$. 从而推论1的充分性部分得证. □

推论2 实数列 ω 模1一致分布的充分必要条件是对于每个$\mathbb{R}$上的复值连续并且周期为1的函数$f(x)$,有

$$\lim_{N\to\infty} \frac{1}{N}\sum_{n=1}^{N} f(x_n) = \int_0^1 f(x)\mathrm{d}x. \qquad (6.1.6)$$

证 注意$f(x)$的周期性蕴含$f(\{x\}) = f(x)$.将定理6.1.1的必要性部分分别应用于$\mathbb{R}$上的复值函数$f(x)$的实部和虚部,即得推论的必要性部分.为证充分性部分,可将定理6.1.1的证明的步骤(ii)应用于实值周期为1的函数 $f(x)$ (这是$\mathbb{R}$上的复值函数的特殊情形),并且在式(6.1.4)和(6.1.5)中要求$g_1(0) = g_1(1)$和$g_2(0) = g_2(1)$(这显然是做得到的). □

例6.1.1 (a) 若α是有理数,则数列$n\alpha$ $(n \geqslant 1)$不是$u.d.\mathrm{mod}\ 1$的.

这是因为,若 α 是整数,则 $\{n\alpha\}=0\,(n=1,2,\cdots)$,所以上述结论成立.若 $\alpha=p/q$,其中 p,q 是互素整数,$q>0$,则 $\{n(q\alpha)\}=0\,(n=1,2,\cdots)$, 于是对于任何区间 $[a,b)$ (其中 $0\leqslant a<b\leqslant 1$) 有

$$A\big([a,b);sq;\omega\big)\leqslant sq-s,$$

其中 s 是任意正整数,从而

$$\lim_{s\to\infty}\frac{A\big([a,b);sq;\omega\big)}{sq}\leqslant\frac{q-1}{q}.$$

因此若取 a,b 满足 $b-a>(q-1)/q$,则数列 ω 不满足式 $(6.1.1)$,所以对于 $\alpha=p/q$, 上述结论也成立.

(b) 数列 ω :

$$\frac{0}{1},\ \frac{0}{2},\frac{1}{2},\ \frac{0}{3},\frac{1}{3},\frac{2}{3},\ \cdots,\ \frac{0}{k},\frac{1}{k},\cdots,\frac{k-1}{k},\ \cdots$$

是 $u.d.\bmod 1$ 的.

我们只需验证:对于任何 $[0,1]$ 上的连续函数 $f(x)$,数列 ω 满足等式 $(6.1.3)$.为此注意 ω 的各项 $\in(0,1)$.对于任何 $N\in\mathbb{N}$,存在正整数 $k=k(N)$,使得

$$N=1+2+\cdots+k+\tau,$$

其中整数 $\tau\in\{0,\cdots,k\}$,于是

$$\sum_{j=1}^{k}j\leqslant N<\sum_{j=1}^{k+1}j,$$

即整数 k 满足

$$\frac{k(k+1)}{2}\leqslant N<\frac{(k+1)(k+2)}{2}. \qquad (6.1.7)$$

281

我们有

$$\sum_{n=1}^{N} f(x_n) = f\left(\frac{0}{1}\right) + \left(f\left(\frac{0}{2}\right) + f\left(\frac{1}{2}\right)\right) + \cdots +$$

$$\left(f\left(\frac{0}{k}\right) + f\left(\frac{1}{k}\right) + \cdots + f\left(\frac{k-1}{k}\right)\right) +$$

$$\left(f\left(\frac{0}{k+1}\right) + \cdots + f\left(\frac{\tau}{k+1}\right)\right).$$

记

$$I_j = f\left(\frac{0}{j}\right) + f\left(\frac{1}{j}\right) + \cdots + f\left(\frac{j-1}{j}\right) \quad (j = 1, 2, \cdots),$$

$$I_k(\tau) = f\left(\frac{0}{k+1}\right) + f\left(\frac{1}{k+1}\right) + \cdots + f\left(\frac{\tau}{k+1}\right)$$

$$(\text{其中}\,\tau < k),$$

则

$$\sum_{n=1}^{N} f(x_n) = I_1 + \cdots + I_k + I_k(\tau). \qquad (6.1.8)$$

因为函数 $f(x)$ 连续, 所以由式 (6.1.7) 推出

$$\frac{|I_k(\tau)|}{N} \leqslant \frac{\tau}{N} \max_{0 \leqslant x \leqslant 1} |f(x)|$$

$$< \frac{k}{N} \max_{0 \leqslant x \leqslant 1} |f(x)| \to 0 \quad (N \to \infty).$$

$$(6.1.9)$$

又由定积分定义得到

$$\lim_{k \to \infty} \frac{I_k}{k} = \int_0^1 f(x)\mathrm{d}x. \qquad (6.1.10)$$

282

此外,由关于数列极限的Stolz定理及式(6.1.10)可知

$$\lim_{k\to\infty}\frac{I_1+I_2+\cdots+I_k}{1+2+\cdots+k}=\lim_{k\to\infty}\frac{I_k}{k}=\int_0^1 f(x)\mathrm{d}x.$$
$$(6.1.11)$$

注意,依式(6.1.7),我们还有

$$
\begin{aligned}
\frac{1+2+\cdots+k}{N} &= \frac{k(k+1)}{2N}\\
&\leqslant 1 < \frac{(k+1)(k+2)}{2N}\\
&= \frac{1+2+\cdots+k+(k+1)}{N}\\
&= \frac{1+2+\cdots+k}{N}+\frac{k+1}{N},
\end{aligned}
$$

所以

$$1+2+\cdots+k \sim N \quad (N\to\infty). \qquad (6.1.12)$$

由式(6.1.8)(6.1.9)(6.1.11)和(6.1.12)推出

$$\lim_{N\to\infty}\frac{1}{N}\sum_{n=1}^N f(x_n)=\int_0^1 f(x)\mathrm{d}x.$$

依定理6.1.1可知数列ω $u.d.\bmod 1$.

§6.1.2 Weyl判别法则

设$h\in\mathbb{Z}\setminus\{0\}, \mathrm{i}=\sqrt{-1}$.那么函数$f(x)=\mathrm{e}^{2\pi hx\mathrm{i}}$是实变量 x 的复值连续且周期为1的函数,因此由定理6.1.1的推论2可知,若数列$\omega : x_n(n\geqslant 1)$ $u.d.\bmod 1$,则等式(6.1.6)对这样的函数成立. 重要的是,这类函数已足以保证数列ω的模1一致分布性.这个事实是H.Weyl ([116,117]) 首先发现的,这就是序列$u.d.\bmod 1$的Weyl判别法则:

283

定理 **6.1.2** (Weyl判别法则)   实数列$\omega : x_n (n \geqslant 1)$ 模1一致分布,当且仅当对所有非零整数h有

$$\lim_{N \to \infty} \frac{1}{N} \sum_{n=1}^{N} e^{2\pi h x_n i} = 0 \qquad (6.1.13)$$

证   如上所述,必要性可由定理6.1.1的推论2推出. 现在设等式(6.1.13)对任何非零整数h成立, 要证明对于每个$\mathbb{R}$上的复值连续并且周期为1的函数$f(x)$,等式(6.1.6)成立, 从而数列ω $u.d.\bmod 1$.

对于任意给定的$\varepsilon > 0$,由Weierstrass逼近定理,存在某个三角多项式$F(x)$,即$e^{2\pi i h x}(h \in \mathbb{Z})$型的函数的有限复系数线性组合, 使得

$$\sup_{0 \leqslant x \leqslant 1} |f(x) - F(x)| \leqslant \varepsilon. \qquad (6.1.14)$$

于是

$$\left| \int_0^1 f(x)dx - \frac{1}{N} \sum_{n=1}^{N} f(x_n) \right| \leqslant$$

$$\left| \int_0^1 \big(f(x) - F(x) \big) \mathrm{d}x \right| +$$

$$\left| \int_0^1 F(x)dx - \frac{1}{N} \sum_{n=1}^{N} F(x_n) \right| +$$

$$\left| \frac{1}{N} \sum_{n=1}^{N} \big(f(x_n) - F(x_n) \big) \right|.$$

由式(6.1.14)可知,对于任何N,上述不等式右边第1项和第3项都不超过ε. 对于不等式右边的第2项,若$F(x)$的

284

线性组合包含 $c_0 e^{2\pi i h x}(h=0)$, 那么

$$\int_0^1 F(x)\mathrm{d}x = c_0, \quad \frac{1}{N}\sum_{n=1}^{N} c_0 e^{2\pi i h x} = c_0 \quad (h=0),$$

从而互相抵消;对于 $c_h e^{2\pi i h x}(h\neq 0)$ 类型的项,依式(6.1.13)可知取 N 足够大,有

$$\left|\int_0^1 F(x)\mathrm{d}x - \frac{1}{N}\sum_{n=1}^{N} F(x_n)\right| \leqslant \varepsilon.$$

于是当 N 充分大时,

$$\left|\int_0^1 f(x)\mathrm{d}x - \frac{1}{N}\sum_{n=1}^{N} f(x_n)\right| \leqslant 3\varepsilon.$$

因为 $\varepsilon > 0$ 可以任意小,所以式(6.1.6)成立. $\qquad\square$

注 定理6.1.2有多种证法,但大都遵循Weyl原证的思路.一个常见证明,可参见[15] (§8.2).

例6.1.2 (a) 若 α 是无理数,则数列 $n\alpha\ (n \geqslant 1)$ $u.d.\mathrm{mod}\,1$(参见例6.1.1(a))

这是定理6.1.2的推论,因为对任何非零整数 h,

$$\left|\frac{1}{N}\sum_{n=1}^{N} e^{2\pi h n \alpha i}\right| = \frac{|e^{2\pi h N \alpha i}-1|}{N|e^{2\pi h \alpha i}-1|}$$
$$\leqslant \frac{1}{N|\sin \pi h \alpha|} \to 0 \quad (N\to\infty).$$

(b) 数列 $\log n\ (n \geqslant 1)$ 不是 $u.d.\mathrm{mod}\,1$ 的.

我们只需证明等式(6.1.13)不成立. 为此令$F(t) = \mathrm{e}^{2\pi \log t \, \mathrm{i}}$, 依Euler求和公式(见[3],第10章,§14)有

$$\frac{1}{N}\sum_{n=1}^{N} F(n) = \frac{1}{N}\int_1^N F(t)\mathrm{d}t + \frac{1}{N}\cdot\frac{1}{2}\big(F(1) +$$

$$F(N)\big) + \frac{1}{N}\int_1^N \left(\{t\} - \frac{1}{2}\right) F'(t)\mathrm{d}t.$$

右边第一项等于

$$\frac{N\mathrm{e}^{2\pi \log N \, \mathrm{i}} - 1}{N(2\pi\mathrm{i} + 1)}.$$

当$N \to \infty$时,不存在极限;右边第二项趋于零;右边第三项的绝对值

$$\frac{1}{N}\left|\int_1^N \left(\{t\} - \frac{1}{2}\right) F'(t)\mathrm{d}t\right| \leqslant \frac{\pi}{N}\int_1^N \frac{\mathrm{d}t}{t} \to 0.$$

可见当$h = 1$时等式(6.1.13)就已不成立.

(c) 依本例(a),数列$n\mathrm{e}(n \geqslant 1)$ $u.d.\bmod 1$, 但其子列$n!\mathrm{e}(n \geqslant 1)$则不是$u.d.\bmod 1$的.事实上,我们有

$$\mathrm{e} = 1 + \frac{1}{1!} + \frac{1}{2!} + \cdots + \frac{1}{n!} + \frac{\mathrm{e}^\theta}{(n+1)!} \quad (0 < \theta < 1),$$

所以当$n > 1$时,

$$\{n!\mathrm{e}\} = \frac{\mathrm{e}^\theta}{n+1} < \frac{\mathrm{e}}{n+1}.$$

可见数列$\{n!\mathrm{e}\}$只有唯一一个极限点0, 从而不可能$u.d.\bmod 1$.详而言之,对于给定的$\varepsilon \in (0,1)$,当$n > n_0 = n_0(\varepsilon)$时, $0 < \{n!\mathrm{e}\} < \varepsilon$,因此对于任何区间$[a,b] \subseteq [\varepsilon,1]$ 有$A([a,b];N;\omega) \leqslant n_0$,因而等式(6.1.1)不成立.

§6.1.3 多维情形

现在将§6.1.1中的概念扩充到多维情形.

我们首先引进一些记号.设$s \geqslant 2$.若$\mathbf{a} = (a_1, \cdots, a_s)$和$\mathbf{b} = (b_1, \cdots, b_s) \in \mathbb{R}^d$满足$a_i < b_i$(或$a_i \leqslant b_i$)($i = 1, \cdots, s$),则记作$\mathbf{a} < \mathbf{b}$(或$\mathbf{a} \leqslant \mathbf{b}$). 我们将集合($s$维长方体)$\{\mathbf{x} \mid \mathbf{x} \in \mathbb{R}^s, \mathbf{a} \leqslant \mathbf{x} < \mathbf{b}\}$记作$[\mathbf{a}, \mathbf{b})$, 有时也记作$[a_1, b_1) \times \cdots \times [a_s, b_s)$;类似地定义$[\mathbf{a}, \mathbf{b}]$.特别,用$I^s = [\mathbf{0}, \mathbf{1})$表示$s$维单位正方体$[0, 1)^s$,此处 $\mathbf{0} = (0, \cdots, 0)$, $\mathbf{1} = (1, \cdots, 1) \in \mathbb{R}^s$.对于任意$\mathbf{x} = (x_1, \cdots, x_s) \in \mathbb{R}^s$, 定义$\{\mathbf{x}\} = (\{x_1\}, \cdots, \{x_s\})(\in I^s)$.

设$\boldsymbol{\omega} : \mathbf{x}_n (n \geqslant 1)$是$\mathbb{R}^s$中的向量序列(或点列). 对于$I^s$的任何子集$E$,用$A(E; N; \boldsymbol{\omega})$(有时简记为$A(E; N)$)表示向量$\mathbf{x}_1, \cdots, \mathbf{x}_N$ 中满足$\{\mathbf{x}_n\} \in E$的向量个数.如果对于任何$[\mathbf{a}, \mathbf{b}) \in I^s$, (其中$\mathbf{0} \leqslant \mathbf{a} < \mathbf{b} \leqslant \mathbf{1}$)总有

$$\lim_{N \to \infty} \frac{A\big([\mathbf{a}, \mathbf{b}); N; \boldsymbol{\omega}\big)}{N} = \prod_{i=1}^{s} (b_i - a_i), \quad (6.1.15)$$

则称向量序列(或点列)$\boldsymbol{\omega}$ 模 1 一致分布,或一致分布(mod 1),并简记为$u.d.\bmod 1$.

类似于一维情形,可以证明(此处从略,读者容易补出):

定理6.1.3 $\mathbb{R}^s$中的点列$\boldsymbol{\omega} : \mathbf{x}_n (n \geqslant 1)$模1一致分布的充分必要条件是对于任何$[0, 1]^s$上的实值连续函数$f(\mathbf{x})$有

$$\lim_{N \to \infty} \frac{1}{N} \sum_{n=1}^{N} f(\{\mathbf{x}_n\}) = \int_{\mathbf{I}^s} f(\mathbf{x}) \mathrm{d}\mathbf{x}$$

287

(此处$\mathrm{d}\mathbf{x} = \mathrm{d}x_1 \cdots \mathrm{d}x_s$).

类似于定理6.1.1的推论在多维情形也成立.并且还有(证明也是类似的,此处从略):

定理6.1.4(多维Weyl判别法则) $\mathbb{R}^s$中的点列$\boldsymbol{\omega}$:$\mathbf{x}_n(n \geqslant 1)$模1一致分布,当且仅当对所有$s$维非零整向量(整点)$\mathbf{h}$有

$$\lim_{N \to \infty} \frac{1}{N} \sum_{n=1}^{N} \mathrm{e}^{2\pi(\mathbf{h} \cdot \mathbf{x}_n)\mathrm{i}} = 0$$

(此处$\mathbf{h} \cdot \mathbf{x}_n$表示向量内积).

由定理6.1.2和定理6.1.4立得

推论 $\mathbb{R}^s$中的点列$\boldsymbol{\omega}$:$\mathbf{x}_n(n \geqslant 1)$模1一致分布,当且仅当对于所有$s$维非零整点$\mathbf{h}$, 一维实数列$\mathbf{h} \cdot \mathbf{x}_n(n \geqslant 1)$ 模1一致分布.

例6.1.3   (a)   设$\boldsymbol{\alpha} = (\alpha_1, \cdots, \alpha_s) \in \mathbb{R}^s$, $1, \alpha_1, \cdots, \alpha_s$在$\mathbb{Q}$上线性无关,则点列$n\boldsymbol{\alpha}(n \geqslant 1)$ $u.d.\mathrm{mod}1$.

这是例6.1.2(a)到多维情形的扩充.证明如下:因为$1, \alpha_1, \cdots, \alpha_s$在$\mathbb{Q}$ 上的线性无关性蕴含$\mathbf{h} \cdot \boldsymbol{\alpha} \notin \mathbb{Q}(\forall \mathbf{h} \in \mathbb{Z}^s \backslash \{\mathbf{0}\})$, 所以依例1.1.2(a)可知一维数列$n(\mathbf{h} \cdot \boldsymbol{\alpha})(n \geqslant 1)$ $u.d.\mathrm{mod}\,1$.从而由定理6.1.4的推论得知上述结论成立.

(b)   设$\boldsymbol{\alpha} = (\alpha_1, \cdots, \alpha_s) \in \mathbb{R}^s, 1, \alpha_1, \cdots, \alpha_s$在$\mathbb{Q}$上线性相关,则点列$n\boldsymbol{\alpha}(n \geqslant 1)$不$u.d.\mathrm{mod}\,1$.

这是例6.1.1(a)到多维情形的扩充.因为由$1, \alpha_1, \cdots, \alpha_s$在$\mathbb{Q}$上的线性相关性推出存在非零的$\mathbf{h} \in \mathbb{Z}^s$使得$\mathbf{h} \cdot$

$\alpha \in \mathbb{Z}$, 所以依例1.1.1(a)可知一维数列$n(\mathbf{h} \cdot \boldsymbol{\alpha})(n \geqslant 1)$ 不$u.d.$mod 1.从而由定理6.1.4的推论推出上述结论.

6.2　点集的偏差

§6.2.1　一维点集的偏差

设$\omega : a_i\,(i = 1, \cdots, n)$是单位区间$[0,1)$中的一个(有限)实数列,对于任意的$\alpha, \beta \in [0,1]$,且$\alpha < \beta$,用$A\big([\alpha, \beta); n\big) = A\big([\alpha, \beta); n; \omega\big)$表示这个数列的落在区间$[\alpha, \beta)$ 中的项的个数.我们称

$$D_n = D_n(\omega) = \sup_{0 \leqslant \alpha < \beta \leqslant 1} \left| \frac{A\big([\alpha, \beta); n; \omega\big)}{n} - (\beta - \alpha) \right|$$
$$(6.2.1)$$

为数列ω的偏差.

一般地,对于任意一个(有限)实数列$\omega : a_i\,(i = 1, \cdots, n)$,将数列$\{a_i\}\,(i = 1, \cdots, n)$记作$\{\omega\}$,并将数列$\{\omega\}$的偏差 $D_n(\{\omega\})$ 称为数列 ω 的偏差,仍然记作$D_n(\omega)$,亦即$D_n(\omega) = D_n(\{\omega\})$.

在式(6.2.1)中,$(\beta - \alpha)$是区间 $[\alpha, \beta)$ 与整个区间$[0,1)$的长度之比, 而$A([\alpha, \beta); n)/n$是它们所含ω的点的个数之比,因此, $D_n(\omega)$是数列ω在$[0,1)$中分布的均匀程度的一种刻画.

对于$[0,1)$中的实数列$\omega : a_i\,(i = 1, \cdots, n)$,我们还令

$$D_n^* = D_n^*(\omega) = \sup_{0 < \alpha \leqslant 1} \left| \frac{A\big([0, \alpha); n; \omega\big)}{n} - \alpha \right|,$$
$$(6.2.2)$$

并称为数列ω的星偏差.类似地,若$\omega : a_i\,(i = 1, \cdots, n)$是一个任意实数列,则令$D_n^*(\omega) = D_n^*(\{\omega\})$, ,其中$\{\omega\}$表示数列$\{a_i\}\,(i = 1, \cdots, n)$.

注 此处偏差和星偏差的区分是依照文献[69],在[5]中定义的"偏差"实际是此处的星偏差.在[31](第4章)中,符号$D_n^*(\omega)$则另有定义, 与式(6.2.2)不同.

§6.2.2 一维点集偏差的简单性质.

显然,我们可以认为下文中的有限实数列都在区间$[0, 1)$中.

引理 6.2.1 若ω'是将有限实数列ω 的项重新排列而得到的数列,则

$$D_n(\omega') = D_n(\omega), \ \ D_n^*(\omega') = D_n^*(\omega).$$

证 因为对于任何$J = [\alpha, \beta) \subset [0, 1](\beta > \alpha \geqslant 0)$ 有$A(J; n; \omega') = A(J; n; \omega)$,所以得到结论. □

引理 6.2.2 对于任何项数为n的实数列ω,有

$$\frac{1}{n} \leqslant D_n(\omega) \leqslant 1. \qquad (6.2.3)$$

证 对于区间J,我们用$|J|$表示它的长度. 因为数$A\big([\alpha, \beta); n\big)/n$和$(\beta - \alpha)$都是不超过1的正数, 所以得到式(6.2.3)的右半.现在设a是数列ω的任意一项.任取

290

$\varepsilon > 0,$ 考虑区间 $J = [a, a + \varepsilon] \cap [0, 1).$ 因为 $a \in J,$ 所以

$$\frac{A(J; n)}{n} - |J| \geqslant \frac{1}{n} - |J| \geqslant \frac{1}{n} - \varepsilon,$$

于是 $D_n(\omega) \geqslant 1/n - \varepsilon.$ 因为 ε 可以任意接近于 0, 所以得到式 (6.2.3) 的左半. $\qquad\square$

引理 6.2.3 对于任何项数为 n 的实数列 $\omega,$ 有

$$D_n^*(\omega) \leqslant D_n(\omega) \leqslant 2D_n^*(\omega). \qquad (6.2.4)$$

证 由定义, 左半不等式是显然的. 为证右半不等式, 注意当 $0 \leqslant \alpha < \beta \leqslant 1$ 时 $A([\alpha, \beta); n) = A([0, \beta); n) - A([0, \alpha); n),$ 因此

$$\left| \frac{A([\alpha, \beta); n)}{n} - (\beta - \alpha) \right|$$

$$\leqslant \left| \frac{A([0, \beta); n)}{n} - \beta \right| + \left| \frac{A([0, \alpha); n)}{n} - \alpha \right|,$$

由此可推出式 (6.2.4) 的右半. $\qquad\square$

注 1° 由引理 6.2.2 和引理 6.2.3 可知 $D_n^* \geqslant 1/(2n).$ 由 (后文) 定理 6.2.1 还可推出其中等式仅当数列 $\omega : (2k-1)/(2n) \, (k = 1, 2, \cdots, n)$ (或此数列的重新排列) 时成立.

2° 引理 6.2.3 表明, 在应用中, $D_n^*(\omega)$ 与 $D_n(\omega)$ 起着同样的作用.

引理 6.2.4 如果 $\omega_1 : x_i \, (i = 1, \cdots, n)$ 和 $\omega_2 : y_i \, (i = 1, \cdots, n)$ 是两个实数列, 满足

$$|x_j - y_j| \leqslant \delta \quad (j = 1, \cdots, n),$$

291

那么

$$|D_n^*(\omega_1) - D_n^*(\omega_2)| \leqslant \delta, \qquad (6.2.5)$$

$$|D_n(\omega_1) - D_n(\omega_2)| \leqslant 2\delta.$$

证 因为证法类似,所以只证式(6.2.5).考虑任意区间 $J = [0, u) \subset [0, 1]$.如果某个 $y_j \in J$,那么 $0 \leqslant x_j \leqslant y_j + \delta < u + \delta$,从而 $x_j \in J_1 = [0, u+\delta) \cap [0, 1]$,于是 $A(J; n; \omega_2) \leqslant A(J_1; n; \omega_1)$,并且 $|J_1| = \min\{|[0, u+\delta)|, |[0, 1]|\} \leqslant u + \delta = |J| + \delta$, 即得 $|J| \geqslant |J_1| - \delta$.因此

$$\frac{A(J; n; \omega_2)}{n} - |J| \leqslant \frac{A(J_1; n; \omega_1)}{n} - |J_1| + \delta \leqslant D_n^*(\omega_1) + \delta.$$
$$(6.2.6)$$

现在设 $u > \delta$.如果某个

$$x_j \in J_2 = [0, u - \delta),$$

那么

$$0 \leqslant y_j \leqslant x_j + \delta < u,$$

从而 $y_j \in J$,于是

$$A(J_2; n; \omega_1) \leqslant A(J; n; \omega_2),$$

并且

$$|J_2| = u - \delta = |J| - \delta,$$

即得

$$|J| = |J_2| + \delta.$$

292

于是

$$\frac{A(J;n;\omega_2)}{n} - |J| \geqslant \frac{A(J;n;\omega_1)}{n} - |J_2| - \delta,$$

从而

$$\frac{A(J;n;\omega_2)}{n} - |J| \geqslant -D_n^*(\omega_1) - \delta. \qquad (6.2.7)$$

如果$u \leqslant \delta$,那么

$$\frac{A(J;n;\omega_2)}{n} \geqslant 0 > -D_n^*(\omega_1),$$

以及

$$-|J| = -u \geqslant -\delta,$$

所以(6.2.7)式也成立.由式(6.2.6)和(6.2.7)可知

$$\left| \frac{A(J;n;\omega_2)}{n} - |J| \right| \leqslant D_n^*(\omega_1) + \delta.$$

由于$J \subset [0,1]$是任意的,因此得到

$$D_n^*(\omega_2) \leqslant D_n^*(\omega_1) + \delta. \qquad (6.2.8)$$

在上面的推理中,交换ω_1和ω_2的位置,可得

$$D_n^*(\omega_1) \leqslant D_n^*(\omega_2) + \delta. \qquad (6.2.9)$$

于是由式(6.2.8)和(6.2.9)得到式(6.2.5). $\qquad\square$

注 引理6.2.4表明$D_n(\omega)$和$D_n^*(\omega)$是数列ω的各项$x_1, \cdots, x_n$的连续函数.

例6.2.1 (a) 设$n \geqslant 1$,数列$\omega: k/n(k=0,1,\cdots, n-1)$,则$D_n(\omega) = 1/n$.

为计算数列 ω 的偏差,考虑任意区间

$$J = [\alpha, \beta) \subset [0, 1].$$

存在唯一的整数 $k(0 \leqslant k \leqslant n-1)$ 使得

$$\frac{k}{n} < |J| \leqslant \frac{k+1}{n},$$

因而 J 所含有的形如 $j/n(0 \leqslant j \leqslant n-1)$ 的项至少为 k 个,而且至多为 $k+1$ 个,于是

$$\left| \frac{A(J; n; \omega)}{n} - |J| \right| \leqslant \frac{1}{n}.$$

结合式(6.2.3)的左半,即得结论.

由本例可知:对于一维情形,式(6.2.3)中 $D_n(\omega)$ 的下界估计是最优的(还可参见定理6.2.2后的注1°).

(b)　设 $n \geqslant 1$,数列 $\omega : k^2/n^2 (k = 0, 1, \cdots, n-1)$, 则

$$\lim_{n \to \infty} D_n^*(\omega) = \frac{1}{4}.$$

证明如下:设 $0 < \alpha \leqslant 1, [0, \alpha) \subseteq [0, 1]$ 是任意一个区间,而

$$A\big([0, \alpha); n; \omega\big) = t,$$

那么 $t \geqslant 1$,并且

$$\alpha \in \left(\frac{(t-1)^2}{n^2}, \frac{t^2}{n^2} \right].$$

如果 $\alpha = t^2/n^2$,那么 $t = n\sqrt{\alpha}$(这是一个整数)$= [n\sqrt{\alpha}]$; 不然则有

$$\frac{(t-1)^2}{n^2} < \alpha < \frac{t^2}{n^2}, \quad t-1 < n\sqrt{\alpha} < t,$$

294

所以$t = [n\sqrt{\alpha}]+1$.总之我们有$t = [n\sqrt{\alpha}]+\theta$,其中$\theta = 0$或$1$. 由此可知

$$
\begin{aligned}
\frac{A\big([0,\alpha);n;\omega\big)}{n} - \alpha &= \frac{[n\sqrt{\alpha}]+\theta}{n} - \alpha \\
&= \sqrt{\alpha} - \alpha - \frac{\{n\sqrt{\alpha}\}+\theta}{n} \\
&= \sqrt{\alpha} - \alpha + O\left(\frac{1}{n}\right).
\end{aligned}
$$

注意当$\alpha = 1$时$A\big([0,\alpha);n;\omega\big)/n - \alpha = 0$; 当$0 < \alpha < 1$时,

$$
\sqrt{\alpha} - \alpha = -\left(\sqrt{\alpha} - \frac{1}{2}\right)^2 + \frac{1}{4} > 0,
$$

因此当n充分大时$A\big([0,\alpha);n;\omega\big)/n - \alpha > 0$,从而

$$
D_n^*(\omega) = \sup_{0<\alpha\leqslant 1}(\sqrt{\alpha} - \alpha) + O\left(\frac{1}{n}\right).
$$

由于$\sup\limits_{0<\alpha\leqslant 1}(\sqrt{\alpha} - \alpha) = 1/4$,从而得到结论.

(c) 设$n \geqslant 1$,对于每个$l \geqslant 0$定义数列$\omega_l: k^l/n^l$ $(k = 0, 1, \cdots, n-1)$,则

$$
\lim_{l\to\infty}\lim_{n\to\infty}D_n^*(\omega_l) = 1.
$$

事实上,类似于本例(b)的证法,我们得到:当n充分大时

$$
D_n^*(\omega_l) = \sup_{0<\alpha\leqslant 1}(\sqrt[l]{\alpha} - \alpha) + O\left(\frac{1}{n}\right) \quad (\forall\, l > 1).
$$

因为$\sup\limits_{0<\alpha\leqslant 1}(\sqrt[l]{\alpha} - \alpha) = l^{-1/(l-1)}(1 - l^{-1})$, 由此易得结论.

295

§6.2.3 一维点列偏差的精确计算

对于一维点列的星偏差和偏差,H.Niederreiter ([80])给出下列精确计算公式:

定理 6.2.1 设$\omega : x_i(i = 1, \cdots, n)$是$[0, 1)$中的一个数列, 那么它的星偏差

$$
\begin{aligned}
D_n^*(\omega) &= \max_{1 \leqslant i \leqslant n} \max \left\{ \left| x_i - \frac{i}{n} \right|, \left| x_i - \frac{i-1}{n} \right| \right\} \\
&= \frac{1}{2n} + \max_{1 \leqslant i \leqslant n} \left| x_i - \frac{2i-1}{2n} \right|.
\end{aligned}
$$

证 依引理6.2.1,不妨认为$x_1 \leqslant x_2 \leqslant \cdots \leqslant x_n$.又由引理6.2.4可知$D_n^*(\omega)$是$x_i$的连续函数.必要时以$x_i + \varepsilon(\varepsilon > 0)$代替$x_i$,可以认为诸$x_i$两两不等;若能在此情形证得结论, 那么令$\varepsilon \to 0$即可导出所要的公式.因此我们设$\omega$满足

$$
0 < x_1 < x_2 < \cdots < x_n < 1, \tag{6.2.10}
$$

并且还令$x_0 = 0, x_{n+1} = 1$.显然我们有

$$
\begin{aligned}
D_n^*(\omega) &= \max_{0 \leqslant i \leqslant n} \sup_{x_i < \alpha \leqslant x_{i+1}} \left| \frac{A([0, \alpha); n)}{n} - \alpha \right| \\
&= \max_{0 \leqslant i \leqslant n} \sup_{x_i < \alpha \leqslant x_{i+1}} \left| \frac{i}{n} - \alpha \right|.
\end{aligned}
$$

因为函数$f_i(x) = |i/n - x|$在区间$[x_i, x_{i+1}]$上只可能在端点达到最大值,所以上式等于

$$
\max_{0 \leqslant i \leqslant n} \max \left\{ \left| \frac{i}{n} - x_i \right|, \left| \frac{i}{n} - x_{i+1} \right| \right\}.
$$

注意$x_0 = 0, x_{n+1} = 1$,将此式逐项写出,可知它等于

$$\max \left\{ \left| \frac{0}{n} - x_1 \right|, \left| \frac{1}{n} - x_1 \right|, \left| \frac{1}{n} - x_2 \right|, \left| \frac{2}{n} - x_2 \right|, \right.$$

$$\left. \left| \frac{2}{n} - x_3 \right|, \cdots, \left| \frac{n}{n} - x_n \right| \right\}$$

$$= \max_{1 \leqslant i \leqslant n} \max \left\{ \left| \frac{i}{n} - x_i \right|, \left| \frac{i-1}{n} - x_i \right| \right\}.$$

最后,对于每个i, $(2i-1)/(2n)$是区间$[(i-1)/n, i/n]$的中点,容易直接验证

$$\max \left\{ \left| \frac{i}{n} - x_i \right|, \left| \frac{i-1}{n} - x_i \right| \right\} = \frac{1}{2n} + \left| x_i - \frac{2i-1}{2n} \right|,$$

由此即可完成定理的证明. □

定理6.2.2 设$\omega : x_i (i = 1, \cdots, n)$同定理6.2.1,那么它的偏差

$$D_n(\omega) = \frac{1}{n} + \max_{1 \leqslant i \leqslant n} \left(\frac{i}{n} - x_i \right) - \min_{1 \leqslant i \leqslant n} \left(\frac{i}{n} - x_i \right). \tag{6.2.11}$$

证 可设(6.2.10)成立,并令$x_0 = 0, x_{n+1} = 1$.我们有

$$D_n(\omega) = \max_{0 \leqslant i \leqslant j \leqslant n} \sup_{\substack{x_i < \alpha \leqslant x_{i+1} \\ x_j < \beta \leqslant x_{j+1} \\ \alpha < \beta}} \left| \frac{A([\alpha, \beta); n)}{n} - (\beta - \alpha) \right|$$

$$= \max_{0 \leqslant i \leqslant j \leqslant n} \sup_{\substack{x_i < \alpha \leqslant x_{i+1} \\ x_j < \beta \leqslant x_{j+1} \\ \alpha < \beta}} \left| \frac{j - i}{n} - (\beta - \alpha) \right|.$$

因为$x_j - x_{i+1} < \beta - \alpha < x_{j+1} - x_i$, 函数$f_{i,j}(x) = |(j-i)/n - x|$在区间$[x_j - x_{i+1}, x_{j+1} - x_i]$上只可能

297

在端点达到最大值,所以上式等于

$$\max_{0\leqslant i\leqslant j\leqslant n} \max\left\{\left|\frac{j-i}{n}-(x_{j+1}-x_i)\right|,\left|\frac{j-i}{n}-(x_j-x_{i+1})\right|\right\}.$$

记$r_i = i/n - x_i (0 \leqslant i \leqslant n+1)$,那么上式可以改写为

$$\max_{0\leqslant i\leqslant j\leqslant n} \max\left\{\left|r_{j+1}-r_i-\frac{1}{n}\right|,\left|r_j-r_{i+1}+\frac{1}{n}\right|\right\}.$$

注意$r_0 = 0, r_{n+1} = 1/n$,将此式逐项写出,可知

$$D_n(\omega) = \max_{\substack{0\leqslant i\leqslant n \\ 1\leqslant j\leqslant n+1}}\left|\frac{1}{n}+r_i-r_j\right|. \qquad (6.2.12)$$

因为

$$\max_{1\leqslant i,j\leqslant n}\left|\frac{1}{n}+r_i-r_j\right|$$

就是(6.2.11)式的右边;并且由于

$$\max_{1\leqslant i\leqslant n} r_i \geqslant r_n \geqslant 0, \quad \min_{1\leqslant i\leqslant n} r_i \leqslant r_1 \leqslant \frac{1}{n},$$

所以(6.2.12)式右边对应于$i=0$或$j=n+1$的极大值

$$\max_{1\leqslant j\leqslant n+1}\left|\frac{1}{n}-r_j\right|, \quad \max_{0\leqslant i\leqslant n}|r_i|$$

均不超过(6.2.11)式的右边,因此得到所要的结论. □

注 1° 由定理6.2.1可知,若$\omega : x_i\,(i=1,\cdots,n)$是$[0,1)$中的任意数列,则有$D_n^*(\omega) \geqslant 1/(2n)$,并且等号仅当$\omega : (2i-1)/(2n)(i=1,\cdots,n)$(或其重新排列)时成立.由定理6.2.2可推出关于$D_n(\omega)$的类似的结论(参见引理6.2.3注1°和例6.2.1(a)).

2° 设 f 是 $[0,1]$ 上的连续非减函数,$f(0) = 0$, $f(1) = 1$.对于$[0,1)$中的数列$\omega : x_i\,(i = 1,\cdots,n)$,令

$$D_n^*(\omega; f) = \sup_{0\leqslant\alpha\leqslant 1}\left|\frac{A([0,\alpha); n;\omega)}{n} - f(\alpha)\right|.$$

类似于定理6.2.1,我们有

$$D_n^*(\omega; f) = \max_{1\leqslant i\leqslant n}\max\left\{\left|f(x_i) - \frac{i}{n}\right|, \left|f(x_i) - \frac{i-1}{n}\right|\right\}$$

$$= \frac{1}{2n} + \max_{1\leqslant i\leqslant n}\left|f(x_i) - \frac{2i-1}{2n}\right|.$$

对于定理6.2.2也有类似的结果.

§6.2.4 多维点集的偏差

对于$\mathbf{a} = (a_1,\cdots,a_s) \in \mathbb{R}^s$,我们定义$|\mathbf{a}| = \prod_{i=1}^{s}|a_i|$.

现在将上节中的偏差概念扩充到多维情形.设$s \geqslant 2$,$\boldsymbol{\omega} : \mathbf{a}_i\,(i = 1,\cdots,n)$是$s$维单位正方体$[0,1)^s$中的一个有限点列, 类似于一维情形定义$A([\boldsymbol{\alpha},\boldsymbol{\beta}); n;\boldsymbol{\omega})$, 则称

$$D_n(\boldsymbol{\omega}) = \sup_{0\leqslant\boldsymbol{\alpha}<\boldsymbol{\beta}\leqslant 1}\left|\frac{A([\boldsymbol{\alpha},\boldsymbol{\beta}); n;\boldsymbol{\omega})}{n} - |\boldsymbol{\beta} - \boldsymbol{\alpha}|\right|$$

为点列$\boldsymbol{\omega}$的偏差,称

$$D_n^*(\boldsymbol{\omega}) = \sup_{0<\boldsymbol{\alpha}\leqslant 1}\left|\frac{A([\mathbf{0},\boldsymbol{\alpha}); n;\boldsymbol{\omega})}{n} - |\boldsymbol{\alpha}|\right|$$

为点列$\boldsymbol{\omega}$的星偏差.如果$\boldsymbol{\omega} : \mathbf{a}_i\,(i = 1,\cdots,n)$是$\mathbb{R}^s$中的一个有限点列 , 则 分别定义 $\boldsymbol{\omega}$ 的偏差和星偏差为 $D_n(\boldsymbol{\omega}) = D_n(\{\boldsymbol{\omega}\})$和$D_n^*(\boldsymbol{\omega}) = D_n^*(\{\boldsymbol{\omega}\})$.

易证引理6.2.1对多维点集也成立,并且对于任何 $s \geqslant 1, 0 < D_n(\boldsymbol{\omega}_s) \leqslant 1$. 而引理6.2.3在一般情形取下列形式:

引理 6.2.5 设 $s \geqslant 1, \boldsymbol{\omega}$ 是 $\mathbb{R}^s$ 中的任意含 n 项的有限点列,则

$$D_n^*(\boldsymbol{\omega}) \leqslant D_n(\boldsymbol{\omega}) \leqslant 2^s D_n^*(\boldsymbol{\omega}). \tag{6.2.13}$$

证 式(6.2.13) 的左半是显然的.不妨认为 $\boldsymbol{\omega}$ 是 $[0,1)^s (s \geqslant 2)$ 中的点列.为证右半,考虑区域(s 维长方体)

$$J = \{\mathbf{x} \mid \boldsymbol{\alpha} \leqslant \mathbf{x} < \boldsymbol{\beta}\},$$

其中 $\boldsymbol{\alpha} = (\alpha_1, \cdots, \alpha_d), \boldsymbol{\beta} = (\beta_1, \cdots, \beta_d), \mathbf{0} \leqslant \boldsymbol{\alpha} < \boldsymbol{\beta} \leqslant \mathbf{1}$.超平面 $x_j = \alpha_j (j = 1, \cdots, s)$ 将 $[\mathbf{0}, \boldsymbol{\beta})$ 划分为 2^s 个形如

$$J_l = \{\mathbf{x} \mid \mathbf{0} \leqslant \mathbf{x} < \boldsymbol{\varepsilon}_l\},$$

的小区域,其中 $\boldsymbol{\varepsilon}_l = (\varepsilon_1^{(l)}, \cdots, \varepsilon_d^{(l)})$ 的各个分量 $\varepsilon_j^{(l)} = \alpha_j$ 或 $\beta_j (j = 1, \cdots, d)$.用 $r(\boldsymbol{\varepsilon}_l)$ 表示使 $\boldsymbol{\varepsilon}_l$ 的坐标 $\varepsilon_j^{(l)} = \alpha_j$ 的下标 j 的个数. 例如,当 $s = 3$ 时, $r((\alpha_1, \alpha_2, \beta_3)) = 2, r((\alpha_1, \beta_2, \beta_3)) = 1$. 对于 $[0,1)^s$ 中的任意两个 s 维长方体 A 和 B,分别用 $A + B$ 和 $A - B$ 表示 $A \cup B$ 和 $A \backslash B$.那么由逐步淘汰原则(见,例如[4])可知

$$J = \sum_l (-1)^{r(\boldsymbol{\varepsilon}_l)} J_l,$$

于是

$$A(J; n; \boldsymbol{\omega}) = \sum_l (-1)^{r(\boldsymbol{\varepsilon}_l)} A(J_l; n; \boldsymbol{\omega}),$$

300

$$|J| = \sum_l (-1)^{r(\varepsilon_l)}|J_l|,$$

因而

$$\left| \frac{A(J;n;\boldsymbol{\omega})}{n} - |J| \right| \leqslant \sum_l \left| \frac{A(J_l;n;\boldsymbol{\omega})}{n} - |J_l| \right|$$

$$\leqslant D_n^*(\boldsymbol{\omega}) \sum_l 1 = 2^s D_n^*(\boldsymbol{\omega}),$$

即式(6.2.13)的右半也成立. □

下面给出引理6.2.4的多变量情形的推广,它表明 $D_n(\boldsymbol{\omega})$ 和 $D_n^*(\boldsymbol{\omega})$ 是数列 $\boldsymbol{\omega}$ 各项分量 $x_{k,j}$ 的连续函数.

引理 6.2.6 设 $s \geqslant 1, \boldsymbol{\omega}_1 : \mathbf{x}_k \, (k = 1, \cdots, n)$ 和 $\boldsymbol{\omega}_2 : \mathbf{y}_k \, (k = 1, \cdots, n)$ 是 $\mathbb{R}^d$ 中的两个有限点列. 记 $\mathbf{x}_k = (x_{k,1}, \cdots, x_{k,d}), \mathbf{y}_k = (y_{k,1}, \cdots, y_{k,d}) (k = 1, \cdots, n)$. 如果

$$|x_{k,j} - y_{k,j}| \leqslant \delta \quad (j = 1, \cdots, d; k = 1, \cdots, n),$$

那么

$$|D_n^*(\boldsymbol{\omega}_1) - D_n^*(\boldsymbol{\omega}_2)| \leqslant s\delta, \tag{6.2.14}$$

$$|D_n(\boldsymbol{\omega}_1) - D_n(\boldsymbol{\omega}_2)| \leqslant 2s\delta.$$

证 因为证法类似,所以只证式(6.2.14).可以认为 $\boldsymbol{\omega}_1$ 和 $\boldsymbol{\omega}_2$ 是 $[0,1)^s$ 中的点列. 考虑 $[0,1)^s$ 中的任意长方体 $J = [\mathbf{0}, \boldsymbol{\alpha})$,其中 $\boldsymbol{\alpha} = (\alpha_1, \cdots, \alpha_s), 0 < \alpha_j \leqslant 1 (j = 1, \cdots, s)$.

记 $\boldsymbol{\delta} = (\delta, \cdots, \delta)$,令

$$J_1 = [\mathbf{0}, \boldsymbol{\alpha} + \boldsymbol{\delta}) \cap [0,1)^s,$$

301

那么 $J_1 = [\mathbf{0}, \boldsymbol{\beta})$,其中

$$\boldsymbol{\beta} = (\beta_1, \cdots, \beta_s), \beta_j = \min\{\alpha_j + \delta, 1\}(j = 1, \cdots, s).$$

如果某个 $\mathbf{y}_k \in J$,那么

$$0 \leqslant x_{k,j} \leqslant y_{k,j} + \delta < \alpha_j + \delta,$$

注意 $x_{k,j} < 1$,因而

$$0 \leqslant x_{k,j} < \beta_j (j = 1, \cdots, s),$$

于是 $\mathbf{x}_k \in J_1$. 因此

$$A(J; n; \boldsymbol{\omega}_2) \leqslant A(J_1; n; \boldsymbol{\omega}_1). \tag{6.2.15}$$

又因为

$$\beta_1 - \alpha_1 = \min\{\alpha_1 + \delta, 1\} - \alpha_1 \leqslant \delta,$$

以及

$$\prod_{j=1}^{s} \beta_j - \prod_{j=1}^{s} \alpha_j = (\beta_1 - \alpha_1) \prod_{j=2}^{s} \beta_j + \alpha_1 \Big(\prod_{j=2}^{s} \beta_j - \prod_{j=2}^{s} \alpha_j \Big),$$

所以由数学归纳法可知

$$0 \leqslant |J_1| - |J| \leqslant s\delta. \tag{6.2.16}$$

由式(6.2.15)和(6.2.16)可得

$$\frac{A(J; n; \boldsymbol{\omega}_2)}{n} - |J| \leqslant \frac{A(J_1; n; \boldsymbol{\omega}_1)}{n} - |J_1| + d\delta \leqslant D_n^*(\boldsymbol{\omega}_1) + s\delta. \tag{6.2.17}$$

现在设 $\min\limits_{j} \alpha_j > \delta$. 令 $J_2 = [\mathbf{0}, \boldsymbol{\gamma})$，其中

$$\boldsymbol{\gamma} = (\gamma_1, \cdots, \gamma_s), \gamma_j = \alpha_j - \delta \quad (j = 1, \cdots, s).$$

如果某个 $\mathbf{x}_k \in J_2$,那么

$$0 \leqslant y_{k,j} < x_{k,j} + \delta < \alpha_j \quad (j = 1, \cdots, s),$$

于是 $\mathbf{y} \in J$.因此

$$A(J_2; n; \boldsymbol{\omega}_1) \leqslant A(J; n; \boldsymbol{\omega}_2). \tag{6.2.18}$$

又因为 $\alpha_1 - \gamma_1 = \delta$,以及

$$\prod_{j=1}^{s} \alpha_j - \prod_{j=1}^{s} \gamma_j = (\alpha_1 - \gamma_1) \prod_{j=2}^{s} \alpha_j + \gamma_1 \left(\prod_{j=2}^{s} \alpha_j - \prod_{j=2}^{s} \gamma_j \right),$$

于是由数学归纳法可知

$$0 \leqslant |J| - |J_2| \leqslant s\delta. \tag{6.2.19}$$

类似于式(6.2.17),由式(6.2.18)和(6.2.19)可得

$$\frac{A(J; n; \boldsymbol{\omega}_2)}{n} - |J| \geqslant -D_n^*(\boldsymbol{\omega}_1) - s\delta. \tag{6.2.20}$$

如果有某些 $\alpha_j \leqslant \delta$,那么因为

$$0 < \alpha_j \leqslant 1,$$

所以

$$|J| \leqslant \delta \leqslant s\delta;$$

还要注意

$$\frac{A(J; n; \boldsymbol{\omega}_2)}{n} \geqslant 0 > -D_n^*(\boldsymbol{\omega}_1),$$

303

因此此时式(6.2.20)仍然成立. 由式(6.2.17)和(6.2.20)可知

$$\left| \frac{A(J;n;\omega_2)}{n} - |J| \right| \leqslant D_n^*(\omega_1) + s\delta.$$

由于$J \subset [0,1]$是任意的,因此得到

$$D_n^*(\omega_2) \leqslant D_n^*(\omega_1) + s\delta. \tag{6.2.21}$$

在上面的推理中,交换ω_1和ω_2的位置,可得

$$D_n^*(\omega_1) \leqslant D_n^*(\omega_2) + s\delta. \tag{6.2.22}$$

于是由式(6.2.21)和(6.2.22)得到式(6.2.13). □

例6.2.2 (a) 设$\omega : \mathbf{x}_i \ (i=1,\cdots,n)$是$\mathbb{R}^s(s \geqslant 1)$中的任意有限点列,则$D_n(\omega) \geqslant 1/n$.

事实上,引理6.2.2表明当$s = 1$时结论已正确,所以可设$s \geqslant 2$.不妨认为ω是$[0,1)^s$中的点列.取$\varepsilon > 0$,记

$$\boldsymbol{\varepsilon} = (\varepsilon,\cdots,\varepsilon), \boldsymbol{\alpha} = \mathbf{x}_1 + \boldsymbol{\varepsilon},$$

那么当$\varepsilon > 0$足够小时

$$J = [\mathbf{x}_1, \boldsymbol{\alpha}) \subseteq [0,1)^s,$$

而且

$$|J| = \prod_j (x_j + \varepsilon) - \prod_j x_j \leqslant (2^s - 1)\varepsilon,$$

从而

$$\left| \frac{A(J;n)}{n} - |J| \right| \geqslant \frac{1}{n} - (2^s - 1)\varepsilon.$$

304

因为$\varepsilon > 0$可以任意小,所以得到结论.

注意,可以证明:当$s \geqslant 2$时,这个下界估计不是最优的(而当$s = 1$时则是最优的).

(b) 设$s \geqslant 2, \boldsymbol{\omega} : \mathbf{x}_i \, (i = 1, \cdots, n)$是$[0, 1)^{s-1}$中的任意点列.对任意整数$n \geqslant 1$令$\boldsymbol{\phi} : (k/n, \mathbf{x}_k) \, (k = 1, \cdots, n)$,则

$$D_n^*(\boldsymbol{\phi}) \leqslant \frac{1}{n} \max_{1 \leqslant m \leqslant n} m D_m^*(\boldsymbol{\omega}) + \frac{1}{n}.$$

证明如下:对于任意长方体

$$J = \prod_{i=1}^s [0, \alpha_i) \subset [0, 1)^s,$$

点$(k/n, \mathbf{x}_k) \in J$,当且仅当$\mathbf{x}_k \in J' = \prod_{i=2}^s [0, \alpha_i)$且$k < n\alpha_1$.如果$m$是小于$n\alpha_1 + 1$的最大整数,那么

$$A(J; n; \boldsymbol{\phi}) = A(J'; n; \boldsymbol{\omega}_m),$$

其中$\boldsymbol{\omega}_m$表示数列$\mathbf{x}_1, \cdots, \mathbf{x}_m$.于是

$$
\begin{aligned}
& \left| A(J; n; \boldsymbol{\phi}) - n|J| \right| \\
\leqslant \ & \left| A(J'; n; \boldsymbol{\omega}_m) - m|J'| \right| + \left| m|J'| - n|J| \right| \\
\leqslant \ & m D_m^*(\boldsymbol{\omega}) + \left| m|J'| - n|J| \right|.
\end{aligned}
$$

因为

$$n\alpha_1 \leqslant m < n\alpha_1 + 1,$$

所以

$$m|J'| - n|J| = (m - n\alpha_1)\alpha_2 \cdots \alpha_s \geqslant 0,$$

305

以及

$$m|J'| - n|J| < (n\alpha_1 + 1)\prod_{i=2}^{d}\alpha_i - n\alpha_1\prod_{i=2}^{s}\alpha_i \leqslant 1.$$

由此易得所要的结论.

例 6.2.3 设$\boldsymbol{\omega} : \big((2i-1)/32, (2j-1)/32\big)$ $(i, j = 1, 2, \cdots, 16)$是$[0, 1)^2$中的一个点集,求星偏差$D^*(\boldsymbol{\omega})$.

下面是一种直接解法.记$n = 16^2$.对于

$$\boldsymbol{\alpha} = (\alpha_1, \alpha_2) \in (0, 1]^2,$$

令

$$F(\boldsymbol{\alpha}) = \left| \frac{A\big([\boldsymbol{0}, \boldsymbol{\alpha}); n\big)}{n} - |\boldsymbol{\alpha}| \right|.$$

还令

$$D = \{(x, y) \mid 1/32 < x \leqslant 1, 1/32 < y \leqslant 1\},$$

$$E = \{(x, y) \mid 1/32 < x \leqslant 31/32, 1/32 < y \leq 31/32\},$$

$$L = (0, 1]^2 \setminus D$$

(这是顶点为$(0,0),(1,0),(1,1/32),(1/32,1/32),(1/32,1),$ $(0,1)$ 的L形区域),以及$G = D \setminus E$(即顶点为$(1/32,$ $31/32),(1/32,1),(1,1),(1,1/32),(31/32,1/32),(31/32,$ $31/32)$ 的倒L形区域).

(i)当$\boldsymbol{\alpha} = (\alpha_1, \alpha_2) \in L$时,显然$A\big([\boldsymbol{0}, \boldsymbol{\alpha}); n\big) = 0$,于是

$$F(\boldsymbol{\alpha}) = |\boldsymbol{\alpha}| < 1 \cdot \frac{1}{32} = \frac{1}{32}.$$

(ii)当 $\boldsymbol{\alpha} = (\alpha_1, \alpha_2) \in E$ 时,必定落在某个唯一的形如 $\{(x,y) \mid (2i-1)/32 < x \leqslant (2i+1)/32, (2j-1)/32 < x \leqslant (2j+1)/32.\}$ 的正方形中,于是可将它表示为 $\boldsymbol{\alpha} = ((2i-1)/32 + \delta_1, (2j-1)/32 + \delta_2)$,其中 $i, j \in \{1, 2, \cdots, 15\}$,并且 $0 < \delta_1, \delta_2 \leq 1/16$. 易见

$$A\big([\mathbf{0}, \boldsymbol{\alpha}); n\big) = ij, \quad |\boldsymbol{\alpha}| = \Big(\frac{2i-1}{32} + \delta_1\Big)\Big(\frac{2j-1}{32} + \delta_2\Big),$$

并注意

$$\frac{ij}{n} = \Big(\frac{2i-1}{32} + \frac{1}{32}\Big)\Big(\frac{2j-1}{32} + \frac{1}{32}\Big),$$

可知

$$
\begin{aligned}
A\big([\mathbf{0}, \boldsymbol{\alpha}); n\big) - |\boldsymbol{\alpha}| = \\
\frac{2i-1}{32}\Big(\frac{1}{32} - \delta_1\Big) + \\
\frac{2j-1}{32}\Big(\frac{1}{32} - \delta_2\Big) + \Big(\frac{1}{32^2} - \delta_1 \delta_2\Big), \quad (6.2.23)
\end{aligned}
$$

因此

$$
\begin{aligned}
F(\boldsymbol{\alpha}) &\leqslant \frac{2i-1}{32}\left|\frac{1}{32} - \delta_1\right| + \frac{2j-1}{32}\left|\frac{1}{32} - \delta_2\right| + \\
&\quad \left|\frac{1}{32^2} - \delta_1 \delta_2\right| \\
&\leqslant \frac{2i-1}{32} \cdot \frac{1}{32} + \frac{2j-1}{32} \cdot \frac{1}{32} + \frac{4-1}{32^2} \\
&\leqslant \frac{1}{32^2}(29 + 29 + 3) = \frac{61}{32^2}.
\end{aligned}
$$

(iii)当 $\boldsymbol{\alpha} = (\alpha_1, \alpha_2) \in G$ 时,类似地得到 $\boldsymbol{\alpha}$ 的下列三种表示形式:

307

(a) $\alpha = \big((2i-1)/32 + \delta_1, 31/32 + \delta_2\big)$, 其中$i \in \{1, 2, \cdots, 15\}$,并且$0 < \delta_1 \leqslant 1/16, 0 < \delta_2 \leqslant 1/32$;

(b) $\alpha = \big(31/32 + \delta_1, (2j-1)/32 + \delta_2\big)$, 其中$j \in \{1, 2, \cdots, 15\}$,并且$0 < \delta_1 \leqslant 1/32, 0 < \delta_2 \leqslant 1/16$;

(c) $\alpha = (31/32 + \delta_1, 31/32 + \delta_2)$, 其中$0 < \delta_1, \delta_2 \leqslant 1/32$.

对于情形(a),与式(6.2.23)类似地有(或在式中令$j = 16$)

$$A\big([\mathbf{0}, \alpha); n\big) - |\alpha| = \frac{2i-1}{32}\left(\frac{1}{32} - \delta_1\right) + \frac{31}{32}\left(\frac{1}{32} - \delta_2\right) + \left(\frac{1}{32^2} - \delta_1\delta_2\right),$$

于是

$$F(\alpha) \leqslant \frac{2i-1}{32} \cdot \frac{1}{32} + \frac{31}{32} \cdot \frac{1}{32} + \frac{1}{32^2} \leqslant \frac{1}{32^2}(29+31+1) = \frac{61}{32^2}.$$

对于情形(b),也得同样的结果.对于情形(c),我们有

$$A\big([\mathbf{0}, \alpha); n\big) - |\alpha| = \frac{31}{32}\left(\frac{1}{32} - \delta_1\right) + \frac{31}{32}\left(\frac{1}{32} - \delta_2\right) + \left(\frac{1}{32^2} - \delta_1\delta_2\right),$$

因此

$$F(\alpha) \leqslant \frac{1}{32^2}(31 + 31 + 1) = \frac{63}{32^2}.$$

特别,当$\alpha = (31/32 + \varepsilon, 31/32 + \varepsilon)(\varepsilon > 0)$时,

$$F(\alpha) = 1 - (31/32 + \varepsilon)(31/32 + \varepsilon) = \frac{63}{32^2} + \frac{31}{16}\varepsilon + \varepsilon^2,$$

因为ε可任意接近于0,所以综合上述诸情形可得

$$D^*(\boldsymbol{\omega}) = 63/32^2 = 0.0615234375.$$

注 关于多维点列星偏差的精确计算公式,可见[12].

§6.2.5 偏差与一致分布序列

设$s \geqslant 1, \boldsymbol{\omega} : \mathbf{x}_i \, (i = 1, 2, \cdots)$ 是$\mathbb{R}^s$中的一个无穷点列,用$\boldsymbol{\omega}_n$表示$\boldsymbol{\omega}$ 的前n项组成的有限点列,将$\boldsymbol{\omega}_n$的偏差记为$D_n = D_n(\boldsymbol{\omega}_n)$.这是$n$的函数,有时也将它称作无穷点列$\boldsymbol{\omega}$的偏差$D_n = D_n(\boldsymbol{\omega})$. 类似地定义星偏差$D_n^* = D_n^*(\boldsymbol{\omega}_n)$ 及$D_n^* = D_n^*(\boldsymbol{\omega})$.

注意,如果$\boldsymbol{\omega}$不是$[0, 1)^s$中的点列,那么上述偏差和星偏差应理解为对点列$\{\boldsymbol{\omega}\}$而言.

定理6.2.3 点列$\boldsymbol{\omega}$模1一致分布, 当且仅当

$$\lim_{n \to \infty} D_n(\boldsymbol{\omega}_n) = 0, \qquad (6.2.24)$$

或

$$\lim_{n \to \infty} D_n^*(\boldsymbol{\omega}_n) = 0.$$

证 依引理6.2.5,只需证明条件(6.2.24)等价于:对于任何$\boldsymbol{\alpha}, \boldsymbol{\beta} \in \mathbb{R}^s, \mathbf{0} \leqslant \boldsymbol{\alpha} < \boldsymbol{\beta} \leqslant \mathbf{1}$有

$$\lim_{n \to \infty} \frac{A([\boldsymbol{\alpha}, \boldsymbol{\beta}); n; \boldsymbol{\omega}_n)}{n} = |\boldsymbol{\beta} - \boldsymbol{\alpha}|, \qquad (6.2.25)$$

此处$A([\boldsymbol{\alpha}, \boldsymbol{\beta}); n; \boldsymbol{\omega}_n)$ 表示$\{\boldsymbol{\omega}\}$的前n项中落在$[\boldsymbol{\alpha}, \boldsymbol{\beta})$中的点的个数.

易见式(6.2.24)蕴含式(6.2.25).现设式(6.2.25)成立,要证明式(6.2.24)也成立.令M是任意正整数, $\boldsymbol{\delta} =$

309

$(\delta_1, \cdots, \delta_s)$ 是一个整向量,满足 $0 \leqslant \delta_i < M (i = 1, \cdots, s)$,记

$$I_{\boldsymbol{\delta}} = [M^{-1}\boldsymbol{\delta}, M^{-1}(\boldsymbol{\delta} + \mathbf{1})).$$

注意 $|I_{\boldsymbol{\delta}}| = M^{-s}$,由式(6.2.25)可知当 $n \geqslant n_0 = n_0(M)$ 时,

$$\frac{1}{M^s} \left(1 - \frac{1}{M}\right) \leqslant \frac{A(I_{\boldsymbol{\delta}}; n; \boldsymbol{\omega}_n)}{n} \leqslant \frac{1}{M^s} \left(1 + \frac{1}{M}\right).$$
$$(6.2.26)$$

对于任意区间 $I = [\boldsymbol{\alpha}, \boldsymbol{\beta})$（ 其中 $\mathbf{0} \leqslant \boldsymbol{\alpha} = (\alpha_1, \cdots, \alpha_s) < \boldsymbol{\beta} = (\beta_1, \cdots, \beta_s) \leqslant \mathbf{1}$),因为存在整数 δ_k 满足 $\delta_k/M \leqslant \alpha_k < (\delta_k + 1)/M$ (对于 β_k 也有类似的不等式成立),所以可以找到区间 I_1, I_2, 它们是有限多个互不相交的 $I_{\boldsymbol{\delta}}$ 型的小区间的并集,使得 $I_1 \subseteq I \subseteq I_2$.如果用 c_k 表示 I 的平行于 X_k 坐标轴的边的长,那么

$$|I_1| \geqslant \prod_{k=1}^{s} \left(c_k - \frac{2}{M}\right), \quad |I_2| \leqslant \prod_{k=1}^{s} \left(c_k + \frac{2}{M}\right),$$

因此

$$|I| - |I_1| \leqslant \frac{2s}{M} + O\left(\frac{1}{M^2}\right), |I_2| - |I| \leqslant \frac{2s}{M} + O\left(\frac{1}{M^2}\right).$$
$$(6.2.27)$$

注意 I_1 和 I_2 的定义,由式(6.2.26)可推出当 $n \geqslant n_0$ 时

$$|I_1| \left(1 - \frac{1}{M}\right) \leqslant \frac{A(I_1; n; \boldsymbol{\omega}_n)}{n} \leqslant \frac{A(I; n; \boldsymbol{\omega}_n)}{n}$$
$$\leqslant \frac{A(I_2; n; \boldsymbol{\omega}_n)}{n} \leqslant |I_2| \left(1 + \frac{1}{M}\right).$$

由此及式(6.2.27)得到:当 $n \geqslant n_0$ 时,

$$\left|\frac{A(I; n; \boldsymbol{\omega}_n)}{n} - |I|\right| \leqslant \frac{2s + 1}{M} + O\left(\frac{1}{M^2}\right),$$

因为$I \subseteq [0,1)^s$是任意的,所以

$$D_n(\boldsymbol{\omega}_n) \leqslant \frac{2s+1}{M} + O\left(\frac{1}{M^2}\right),$$

对于任意给定的$\varepsilon > 0$,当M充分大时上式右边小于ε,从而当$n \geqslant n_0 = n_0(M)$时$0 < D_n(\boldsymbol{\omega}_n) < \varepsilon$.于是推出式(6.2.24). □

注 我们还有更一般的定义.设$s \geqslant 1$,$\mathcal{N}$是$\mathbb{N}$的一个无穷子集. 还设对于每个$n \in \mathcal{N}$存在一个$\mathbb{R}^s$中的含n项的有限点列$\boldsymbol{\omega}^{(n)} : \mathbf{x}_i^{(n)}\ (i = 1, 2, \cdots, n)$. 令$\boldsymbol{\omega} : \boldsymbol{\omega}^{(n)}(n \in \mathcal{N})$ 是由有限点列$\boldsymbol{\omega}^{(n)}$组成的的无穷序列,$D_n = D_n(\boldsymbol{\omega}^{(n)})$是$\boldsymbol{\omega}^{(n)}$的偏差,如果

$$\lim_{\substack{n \to \infty \\ n \in \mathcal{N}}} D_n(\boldsymbol{\omega}^{(n)}) = 0,$$

那么称$\boldsymbol{\omega}$是模1一致分布的点集序列,并且有偏差$D_n = D_n(\boldsymbol{\omega})$.

当然,若$D_n^* = D_n^*(\boldsymbol{\omega}^{(n)})$是有限点列

$$\boldsymbol{\omega}^{(n)} : \mathbf{x}_i^{(n)} \quad (i = 1, 2, \cdots, n)$$

的星偏差, 则可等价地通过

$$\lim_{\substack{n \to \infty \\ n \in \mathcal{N}}} D_n^*(\mathcal{S}^{(n)}) = 0.$$

定义无穷序列$\boldsymbol{\omega} : \boldsymbol{\omega}^{(n)}(n \in \mathcal{N})$的一致分布性.

作为特殊情形,当$\boldsymbol{\omega} : \mathbf{x}_i\ (i = 1, 2, \cdots,)$是一个给定的无穷点列, 并且$\mathcal{N} = \mathbb{N}$,对任何$n \in \mathcal{N}$取$\boldsymbol{\omega}^{(n)}$ 为

点列$\mathbf{x}_i\,(i=1,2,\cdots,n)$,则上述定义即成为通常的一致分布点列定义.

注　从数值计算的角度看,无穷序列$\boldsymbol{\omega}:\boldsymbol{\omega}^{(n)}(n\in\mathcal{N})$的每个成员$\boldsymbol{\omega}^{(n)}$的组成往往是不同的,从而计算量较大;单一的无穷点列容易形成无限延伸的由有限点列组成的无穷序列$\boldsymbol{\omega}$,因而更便于应用.

类似于定理6.2.3,可以用同样的方法证明(此处从略):

定理6.2.4　由有限点列$\boldsymbol{\omega}^{(n)}\,(n\in\mathcal{N})$组成的的无穷序列$\boldsymbol{\omega}$模1一致分布,当且仅当对于任何$\boldsymbol{\alpha},\boldsymbol{\beta}\in\mathbb{R}^s$, $0\leqslant\boldsymbol{\alpha}<\boldsymbol{\beta}\leqslant 1$有

$$\lim_{\substack{n\to\infty\\n\in\mathcal{N}}}\frac{A([\boldsymbol{\alpha},\boldsymbol{\beta});n;\boldsymbol{\omega}^{(n)})}{n}=|\boldsymbol{\beta}-\boldsymbol{\alpha}|.$$

例6.2.5　由例6.2.1(b)可知,由点列$\boldsymbol{\omega}^{(n)}:k^2/n^2$ $(k=0,1,\cdots,n-1;n\in\mathbb{N})$组成的无穷序列不一致分布. 同样,由例6.2.1(c)推出,对任何整数$l\geqslant 2$,由点列$\boldsymbol{\omega}_l^{(n)}:k^l/n^l(k=0,1,\cdots,n-1;n\in\mathbb{N})$组成的无穷序列也不一致分布.

6.3　一致分布序列与数值积分

§6.3.1　连续函数的积分

如果f是$[0,1]$上的连续函数,那么我们称

$$M_f=M_f(t)=\sup_{\substack{u,v\in[0,1]\\|u-v|\leqslant t}}|f(u)-f(v)|\quad(t\geqslant 0)$$

为函数f(在$[0,1]$上的)连续性模.注意,$M_f(t) \to 0(t \to 0_+)$.

下列定理给出点列偏差与连续函数的积分间的一种关系.

定理 6.3.1 如果f是$[0,1]$上的连续函数,M_f是其连续性模, 那么对于$[0,1)$中的任意点列$\omega : a_i (i = 1, 2, \cdots, n)$有

$$\left| \frac{1}{n} \sum_{k=1}^{n} f(a_k) - \int_0^1 f(t)\mathrm{d}t \right| \leqslant M_f\big(D_n^*(\omega)\big),$$

式中$D_n^*(\omega)$是点列ω的星偏差.

证 不失一般性,可以认为$a_1 \leqslant a_2 \leqslant \cdots \leqslant a_n$. 那么我们有

$$\int_0^1 f(t)\mathrm{d}t = \sum_{k=1}^{n} \int_{(k-1)/n}^{k/n} f(t)\mathrm{d}t = \sum_{k=1}^{n} \frac{1}{n} f(\xi_k),$$

其中$(k-1)/n < \xi_k < k/n(1 \leqslant k \leqslant n)$,于是

$$\frac{1}{n} \sum_{k=1}^{n} f(a_k) - \int_0^1 f(t)\mathrm{d}t = \frac{1}{n} \sum_{k=1}^{n} \big(f(a_k) - f(\xi_k)\big).$$

如果$a_k \geqslant \xi_k$,那么由定理6.2.1可知

$$|a_k - \xi_k| < \left| a_k - \frac{k-1}{n} \right| \leqslant D_n^*(\omega);$$

如果$a_k < \xi_k$,那么类似地有

$$|a_k - \xi_k| < \left| a_k - \frac{k}{n} \right| \leqslant D_n^*(\omega).$$

313

于是由连续性模的定义得到结论. □

我们将此定理扩充 到多维情形 .设 $s \geqslant 2$, f 是 $[0,1]^s$ 上的连续函数,它(在$[0,1]^s$上)的连续性模定义为

$$M_f = M_f(t) = \sup_{\substack{\mathbf{u},\mathbf{v}\in[0,1]^s \\ \|\mathbf{u}-\mathbf{v}\|\leqslant t}} |f(\mathbf{u}) - f(\mathbf{v})| \quad (t \geqslant 0),$$

其中$\|\mathbf{x}\| = \max_{1\leqslant k\leqslant s} |x_k|$表示$\mathbf{x} = (x_1, \cdots, x_d) \in \mathbb{R}^s$的模.

定理 6.3.2 设$s \geqslant 2$, f 是$[0,1]^s$ 上的连续函数,M_f是其连续性模.那么对于$[0,1)^s$中的任何点列$\boldsymbol{\omega} : \mathbf{a}_i$ $(i = 1, 2, \cdots, n)$有

$$\left|\frac{1}{n}\sum_{k=1}^{n} f(\mathbf{a}_k) - \int_{[0,1]^s} f(\mathbf{x})d\mathbf{x}\right| \leqslant 4M_f\left(D_n^{*1/s}(\boldsymbol{\omega})\right),$$

其中$D_n^*(\boldsymbol{\omega})$是点列$\boldsymbol{\omega}$的星偏差, 并且在一般情形常数4不能换成小于1的数.

(证明从略,可参见[84])

由上述定理可知,若点列$\boldsymbol{\omega}$具有小的(星)偏差,那么用连续函数f在此点列上的值的平均值作为它在$[0,1]^s$上的积分的近似值,误差将是小的.

§6.3.2 Koksma-Hlawka不等式

这个定理给出点列偏差与有界变差函数的积分间的一种关系.

定理 6.3.3 (Koksma不等式) 若f是$[0,1]$上的有界变差函数, 其全变差为$V_f = V_f([0,1])$,则对于$[0,1)$中

的任何点列$\omega : a_i\,(i = 1, 2, \cdots, n)$有

$$\left| \frac{1}{n} \sum_{k=1}^{n} f(x_k) - \int_0^1 f(x)\mathrm{d}x \right| \leqslant V_f D_n^*(\omega).$$

我们给出这个定理的两个证明.

证 1 不妨设$x_1 < x_2 < \cdots < x_n$, 并令$x_0 = 0, x_{n+1} = 1$.在分部求和公式中取$A_k = k, b_k = f(x_k)$ $(k = 0, 1, \cdots, n)$, 以及$l = 1$,可得

$$\begin{aligned}
\sum_{k=1}^{n} f(x_k) &= \sum_{k=1}^{n} \big(k - (k-1)\big) f(x_k) \\
&= nf(x_n) + \sum_{k=1}^{n-1} k\big(f(x_k) - f(x_{k+1})\big) \\
&= -\sum_{k=0}^{n} k\big(f(x_{k+1}) - f(x_k)\big) + nf(1),
\end{aligned}$$

又由分部积分得到

$$\int_0^1 f(x)\mathrm{d}x = f(1) - \int_0^1 x\mathrm{d}f(x),$$

因此

$$\begin{aligned}
& \frac{1}{n} \sum_{k=1}^{n} f(x_k) - \int_0^1 f(x)\mathrm{d}x \\
={}& -\sum_{k=0}^{n} \frac{k}{n}\big(f(x_{k+1}) - f(x_k)\big) + \int_0^1 x\mathrm{d}f(x) \\
={}& \sum_{k=0}^{n} \int_{x_k}^{x_{k+1}} \left(x - \frac{k}{n}\right) \mathrm{d}f(x).
\end{aligned}$$

315

由定理6.2.1可知,对于每个$k(0 \leqslant k \leqslant n)$,当$x_k \leqslant x \leqslant x_{k+1}$时$|x - k/n| \leqslant D_n^*(\omega)$,于是

$$\left| \frac{1}{n} \sum_{k=1}^{n} f(x_k) - \int_0^1 f(x)\mathrm{d}x \right| \leqslant D_n^*(\omega) \sum_{k=0}^{n} \int_{x_k}^{x_{k+1}} |\mathrm{d}f(x)|$$

$$= D_n^*(\omega) \int_0^1 |\mathrm{d}f(x)|,$$

由此即可推出所要的不等式. $\qquad\qquad$ □

证 2 定义函数$\chi(x; a) = 1$ (当$a < x$); $\chi(x; a) = 0$(当$a \geqslant x$)并令

$$\begin{aligned} R_n(x) &= \frac{A\big([0, x); n; \omega\big)}{n} - x \\ &= \frac{1}{n} \sum_{k=1}^{n} \chi(x; x_k) - x \quad (0 \leqslant x \leqslant 1). \end{aligned}$$

我们有

$$\int_0^1 R_n(x)\mathrm{d}f(x) = \frac{1}{n} \sum_{k=1}^{n} \int_0^1 \chi(x; x_k)\mathrm{d}f(x) - \int_0^1 x\mathrm{d}f(x),$$

分部积分得到

$$\begin{aligned} &\int_0^1 R_n(x)\mathrm{d}f(x) \\ &= \frac{1}{n} \sum_{k=1}^{n} \big(f(1) - f(x_k)\big) - f(1) + \int_0^1 f(x)\mathrm{d}x \\ &= -\frac{1}{n} \sum_{k=1}^{n} f(x_k) + \int_0^1 f(x)\mathrm{d}x, \end{aligned}$$

316

由此及函数变差和点列偏差的定义推出

$$\left| \frac{1}{n} \sum_{k=1}^{n} f(x_k) - \int_0^1 f(x)\mathrm{d}x \right| \leqslant \int_0^1 |R_n(x)||\mathrm{d}f(x)|$$

$$\leqslant V_f D_n^*(\mathcal{S}). \qquad \square$$

1961年,E.Hlawka将定理6.3.3扩充到多维情形,即:

定理6.3.4 (Koksma-Hlawka不等式)   如果f是$[0,1]^s$上的 Hardy-Krause 有界变差函数,其全变差为 $\mathscr{V}_f = \mathscr{V}_f([0,1]^s)$,那么对于任何$[0,1)^s$中的点列$\boldsymbol{\omega}$: $\mathbf{x}_k$ $(k = 1, 2, \cdots, n)$,有

$$\left| \frac{1}{n} \sum_{k=1}^{n} f(\mathbf{x}_k) - \int_{[0,1]^s} f(\mathbf{x})\mathrm{d}\mathbf{x} \right| \leqslant \mathscr{V}_f D_n^*(\boldsymbol{\omega}).$$

我们略去Hardy-Krause有界变差函数的定义,不妨将$\mathscr{V}_f$ 理解为一个与f有关的常数.这个定理有两个不同的证明,分别见[57,69]. 在[5]中给出定理当$s = 2$情形的证明(可由此领略证明的一般思路).

上述两个定理通过网点点列的偏差给出积分误差的上界估计.我们还可举出其他类似的结果.例如 I.M. Sobol'([104])证明了:设函数$f(\mathbf{x}) = f(x_1, \cdots, x_d)$定义在$[0,1]^s$上,其所有偏导数

$$\frac{\partial^{\tau_1+\cdots+\tau_d} f}{\partial x_1^{\tau_1} \cdots \partial x_d^{\tau_d}} \quad (0 \leqslant \tau_1+\cdots+\tau_d \leqslant d, 0 \leqslant \tau_1, \cdots, \tau_d \leqslant d)$$

在$[0,1]^s$上连续,它们的绝对值小于常数C,那么对于$[0,1)^s$

317

中的任何有限点列$\boldsymbol{\omega}: \mathbf{x}_k\,(k = 1, 2, \cdots, n)$,有

$$\left| \frac{1}{n} \sum_{k=1}^{n} f(\mathbf{x}_k) - \int_{[0,1]^s} f(\mathbf{x})\mathrm{d}\mathbf{x} \right| \leqslant 2^s C D_n^*(\boldsymbol{\omega}).$$

此外,N.M.Korobov([68]) 还证明了:若函数 $f(\mathbf{x}) = f(x_1, \cdots, x_s)$定义在$[0, 1]^s$上,其Fourier级数绝对收敛,令

$$R_n(f) = \left| \frac{1}{n} \sum_{k=1}^{n} f(\mathbf{x}_k) - \int_{[0,1]^s} f(\mathbf{x})\mathrm{d}\mathbf{x} \right|,$$

则 $\lim_{n\to\infty} R_n(f) = 0$,当且仅当网点点列$\mathbf{x}_k(k = 1, 2, \cdots)$在$[0, 1)^s$上一致分布.

　　上述诸结果已足以说明,一致分布序列,特别是偏差小的点列,对于多维数值积分计算及与之相关的一些问题具有重要意义.我们将偏差的阶为$O(n^{-1+\varepsilon})$(其中$\varepsilon > 0$任意小,n为点列的项数)称为低偏差点列.文献中有相当多的用数论方法构造的低偏差点列, 它们是广泛应用在各种拟Monte Calor方法中伪随机数列,对此可参见[5,73,81]等. 一致分布理论的其他应用,还可见[12,36,57]等.

结 束 语

结束正文前,我们在此给出本书没有涉及的一些丢番图问题的基本文献.

1° 复数的丢番图逼近.多数实数情形丢番图逼近结果在作适当修改后在复数情形也能成立.若干经典结果可见[82],一个比较完整的综述见[94].

2° p-adic丢番图逼近.在现有出版物中,有相当数量的论著涉及这个主题. 特别,它们包含了几乎所有实数情形丢番图逼近经典结果的p-adic类似.[76](包括p-adic Kronecker定理等)和[78](含p-adic Roth定理及推广等)是两本关于p-adic丢番图逼近的早期经典著作.其他结果还可见[10,59,77](p-adic转换定理);[30](p-adic Liouville定理及推广);[40,86,90,91,92] (p-adic Thue-Siegel-Roth定理, p-adic Thue -Siegel -Roth-Schmidt定理,p-adic 子空间定理等); [25,60](p-adic Khintchine度量定理等);等等.还可参见[15](§9.4-9.7),[62](第6章),[105](第II部分第2章)等.

3° 正规数.[54]综述了一百年来正规数研究的概况.[28]是一本专著,系统给出关于正规数及其他有关问题的重要研究成果.此外,还可参见[13,36,69]等.

4° 矩阵的丢番图逼近,见[55],给出Dirichlet逼近定理和Kronecker定理等的矩阵类似及有关算法等.还可参见[110]等.

5° 其他.与丢番图几何有关的一些丢番图逼近问题见[58].与值分布理论有关的一些丢番图逼近问题,

见[113],还可见[72,114]等.

附录 数的几何中的一些结果

这里给出本书正文用到的关于数的几何的结果,有关证明可参见[31,49]等.

§1 整点和模

$\mathbb{R}^n$中任意一个向量$\mathbf{x} = (x_1, \cdots, x_n)$,也称作一个点. 如果$\mathbf{x}$的所有分量都是整数,即$\mathbf{x} \in \mathbb{Z}^n$,则称它为整点. 设点集$\mathscr{M} \subseteq \mathbb{R}^n$.若对于任何$\mathbf{x}, \mathbf{y} \in \mathscr{M}$,总有$\mathbf{x} \pm \mathbf{y} \in \mathscr{M}$,则称$\mathscr{M}$是一个模. 因此,若$\mathscr{M}$是一个模,则它含有点$\mathbf{0}$,并且$\mathscr{M}$中任意有限多个点的整系数线性组合也在$\mathscr{M}$中.如果$\mathbf{x}^{(i)} \, (i = 1, 2, \cdots, m)$是模$\mathscr{M}$中的$m$个向量,具有性质:

(i) 每个$\mathbf{x} \in \mathscr{M}$可表示为$\mathbf{x} = \sum\limits_{i=1}^{m} \mathbf{x}^{(i)}$, $a_i \in \mathbb{Z}$ $(i = 1, \cdots, m)$,

(ii) $\sum\limits_{i=1}^{m} \mathbf{x}^{(i)} = \mathbf{0} \, \left(a_i \in \mathbb{Z}(i = 1, \cdots, m)\right) \Leftrightarrow a_i = 0 \, (i = 1, \cdots, m)$ (即诸$\mathbf{x}^{(i)}$在$\mathbb{Q}$上线性无关),

则称$\mathbf{x}^{(i)} \, (i = 1, 2, \cdots, m)$是模$\mathscr{M}$的一组基.

显然$\mathbb{Z}^n$是一个模.如果$\mathscr{M} \subseteq \mathbb{Z}^n$是一个模,并且至少含有一个非零点,则它必有一组下列形式的由$m(\leqslant n)$个向量组成的基:

$$\mathbf{x}^{(i)} = (0, \cdots, 0, x_{ii}, \cdots, x_{in}), \quad x_{ii} \neq 0 \, (i = 1, \cdots, m).$$

§2 Minkowski第一凸体定理

对于任何点集$\mathscr{R} \subseteq \mathbb{R}^n$,以及$\mathbf{u} \in \mathbb{R}^n$,令

$$\mathscr{R} + \mathbf{u} = \{\mathbf{x} \,|\, \mathbf{x} = \mathbf{r} + \mathbf{u}, \mathbf{r} \in \mathscr{R}\}.$$

对于任何实数λ,令

$$\lambda\mathscr{R} = \{\mathbf{x} \mid \mathbf{x} = \lambda\mathbf{r}, \mathbf{r} \in \mathscr{R}\}.$$

若点集$\mathscr{R} \subseteq \mathbb{R}^n$满足$-\mathscr{R} = \mathscr{R}$(即$\mathbf{x} \in \mathscr{R} \Leftrightarrow -\mathbf{x} \in \mathscr{R}$),则称$\mathscr{R}$关于原点对称,简称对称. 若对于任意两点$\mathbf{x}, \mathbf{y} \in \mathscr{R}$及任何满足$\lambda + \mu = 1$的非负实数$\lambda$和$\mu$都有$\lambda\mathbf{x} + \mu\mathbf{y} \in \mathscr{R}$(即若点$\mathbf{x}, \mathbf{y}$ 在$\mathscr{R}$中,则连接此两点的线段整个在$\mathscr{R}$中),则称$\mathscr{R}$是凸的.若存在常数C使得对于任意$\mathbf{x} = (x_1, \cdots, x_n) \in \mathscr{R}$,都有

$$|x_i| \leqslant C \quad (i = 1, \cdots, n),$$

则称$\mathscr{R}$是有界的,否则称无界的.若$\mathscr{R}$中任意一个无穷点列$\mathbf{x}_n(n = 1, 2, \cdots)$的极限点(按通常的欧氏距离收敛)也在$\mathscr{R}$中, 则称$\mathscr{R}$是闭的.

例1 若$a_{ij}, c_i(i = 1, \cdots, m; j = 1, \cdots, n)$都是实数,则由不等式组

$$|a_{i1}x_1 + \cdots + a_{in}x_n| \leqslant c_i (\text{或} < c_i) \quad (i = 1, \cdots, m) \tag{1}$$

的解$\mathbf{x} = (x_1, \cdots, x_n)$组成的点集$\mathscr{R}$是对称凸集.特别,如果不等式(1) 全是"$\leqslant$"号,那么$\mathscr{R}$是闭集.如果$m = n$,并且$d = |\det(a_{ij})| > 0$,那么$\mathscr{R}$是有界集,并且其体积

$$V(\mathscr{R}) = 2^n c_1 \cdots c_n d^{-1}.$$

定理1(Minkowski第一凸体定理) 如果$\mathscr{R} \subset \mathbb{R}^n$是对称凸集,并且

(i) 体积$V(\mathscr{R}) > 2^n$(可能是无穷),或者

(ii) $\mathscr{R}$是有界闭集,并且$V(\mathscr{R}) \geqslant 2^n$,

那么$\mathscr{R}$中必包含一个非零整点.

定理 2 (Minkowski线性型定理) 设$a_{ij}(1 \leqslant i, j \leqslant n)$是实数,$c_1, \cdots, c_n$是正实数,并且

$$c_1 \cdots c_n \geqslant |\det(a_{ij})|,$$

则存在非零整点$\mathbf{x} = (x_1, \cdots, x_n)$满足不等式组

$$|a_{11}x_1 + a_{12}x_2 + \cdots + a_{1n}x_n| \leqslant c_1,$$
$$|a_{i1}x_1 + a_{i2}x_2 + \cdots + a_{in}x_n| < c_i \quad (i = 2, \cdots, n).$$

§3 距离函数

设$\mathscr{R} \subset \mathbb{R}^n$是对称闭凸集,其体积$V(\mathscr{R})$非零有界,即$0 < V(\mathscr{R}) < \infty$.对于$\mathbf{x} \in \mathbb{R}^n$,令

$$F(\mathbf{x}) = \begin{cases} \inf\{\lambda \mid \lambda \geqslant 0, \mathbf{x} \in \lambda\mathscr{R}\} & \text{若inf } \lambda \text{存在}, \\ \infty, & \text{若inf } \lambda \text{不存在}, \end{cases}$$

并称$F(\mathbf{x})$为关于集合$\mathscr{R}$的距离函数,在不引起混淆的情形下,简称为距离函数.

由定义可知$0 \leqslant F(\mathbf{x}) \leqslant \infty$.它还有下列基本性质:

(1) $F(\mathbf{x}) = 0 \Leftrightarrow \mathbf{x} = \mathbf{0}$.

(ii) $F(t\mathbf{x}) = |t|F(\mathbf{x})$ $(\forall t \in \mathbb{R}, \mathbf{x} \in \mathbb{R}^n)$.

(iii) $F(\mathbf{x}_1 + \mathbf{x}_2) \leqslant F(\mathbf{x}_1) + F(\mathbf{x}_2)$ $(\forall \mathbf{x}_1, \mathbf{x}_2 \in$

323

$\mathbb{R}^n$).

(iv) $\mathbf{x} \in \lambda \mathscr{R} (\lambda \geqslant 0) \Leftrightarrow F(\mathbf{x}) \leqslant \lambda$;换言之,

$$\lambda \mathscr{R} = \{\mathbf{x} \in \mathbb{R}^n \mid F(\mathbf{x}) \leqslant \lambda\} \ (\lambda \geqslant 0).$$

例 2 设 $a_{ij}(i, j = 1, \cdots, n)$ 是实数, $c_1, \cdots, c_n > 0. \mathscr{R}_0$ 是由不等式组

$$|a_{i1}x_1 + \cdots + a_{in}x_n| \leqslant c_i \quad (i = 1, \cdots, n)$$

的解 $\mathbf{x} = (x_1, \cdots, x_n)$ 组成的点集.那么关于 $\mathscr{R}_0$ 的距离函数是

$$F(\mathbf{x}) = \max_{1 \leqslant i \leqslant n} c_i^{-1} \left| \sum_{j=1}^{n} a_{ij}x_j \right|.$$

§4 Minkowski第二凸体定理

设 $\mathscr{R} \subset \mathbb{R}^n$ 是对称闭凸集, $0 < V(\mathscr{R}) < \infty$. 由关于集合 $\mathscr{R}$ 的距离函数的性质可知,当 λ 足够大, $\lambda \mathscr{R}$ 可以包含任何指定的点.特别,可以包含 $J(\leqslant n)$ 个线性无关的整点.对于每个 $J(\leqslant n)$, 存在最小的 $\lambda = \lambda_J = \lambda_J(\mathscr{R})$,使得 $\lambda \mathscr{R}$ 中含有 J 个线性无关的整点,将此 λ_J 称作点集 $\mathscr{R}$ 的第 J 个相继极小.于是

$$\lambda_J = \inf \{\lambda \mid \lambda > 0, \dim(\lambda \mathscr{R} \cap \mathbb{Z}^n) \geqslant J\} \quad (J = 1, \cdots, n),$$

并且

$$0 < \lambda_1 \leqslant \lambda_2 \leqslant \cdots \lambda_n.$$

因为 $\mathscr{R}$ 是闭集,所以存在整点 $\mathbf{x}^{(1)}, \mathbf{x}^{(2)}, \cdots, \mathbf{x}^{(n)}$, 使得

$$\lambda_1 = F(\mathbf{x}^{(1)}) = \min \{F(\mathbf{x}) \mid \mathbf{x} \text{是非零整点}\},$$

$$\lambda_J = F(\mathbf{x}^{(J)})$$
$$= \min\{F(\mathbf{x})|\mathbf{x}是与\mathbf{x}^{(1)},\cdots,\mathbf{x}^{(J-1)}线性无关的整点\}$$
$$(J = 2,\cdots,n).$$

例3 (a) 在$\mathbb{R}^2$中,若$\mathscr{R}$是以$(0,0)$为中心,边平行于坐标轴,并且边长分别为1和4的闭长方形,则$\lambda_1 = 1/2$, $\lambda_2 = 2$.

(b) 在$\mathbb{R}^2$中,若$\mathscr{R}$是以$(0,0)$为中心、半径为$1/2$的闭圆盘,则$\lambda_1 = \lambda_2 = 2$.

(c) 在$\mathbb{R}^n$中,若$\mathscr{R}$由不等式

$$|x_1| \leqslant M, \quad |x_i| \leqslant 1 \quad (i = 2,\cdots,n)$$

(其中$M \geqslant 1$)的解$\mathbf{x} = (x_1,\cdots,x_n)$组成,则$\lambda_1 = 1/M$, $\lambda_J = 1 (J = 2,\cdots,n)$.

定理3 (Minkowski第二凸体定理) 设$\mathscr{R} \subset \mathbb{R}^n$是有界对称闭凸集, 体积为$V = V(\mathscr{R})$,则其相继$\lambda_J(J = 1,2,\cdots,n)$满足不等式

$$\frac{2^n}{n!} \leqslant \lambda_1 \cdots \lambda_n V(\mathscr{R}) \leqslant 2^n.$$

定理4 (Mahler定理) 设$\mathscr{R} \subset \mathbb{R}^n$是有界对称闭凸集, 体积为$V = V(\mathscr{R})$,距离函数是$F(\mathbf{x})$,则存在$n$个整点$\mathbf{y}^{(i)} = (y_{i1},\cdots,y_{in}) (i = 1,\cdots,n)$使得

$$V \prod_{i=1}^{n} F(\mathbf{y}^{(i)}) \leqslant 2n!, \ |\det(y_{ij})| = 1.$$

注 如果 $V(\mathscr{R}) \geqslant 1$，则由 Minkowski 第二凸体定理得到

$$\lambda_1^n \leqslant \lambda_1 \cdots \lambda_n \leqslant \frac{2^n}{V} \leqslant 1,$$

因此 $\mathscr{R} = 1 \cdot \mathscr{R}$ 包含一个非零整点，于是我们得到 Minkowski 第一凸体定理.

参 考 文 献

[1]　陈建功.实函数论.北京:科学出版社,1958.

[2]　菲赫金哥尔茨.微积分学教程:第一卷.北京:高等教育出版社,2006.

[3]　华罗庚.高等数学引论:第1卷.北京:科学出版社,1963.

[4]　华罗庚.数论导引.北京:科学出版社,1979.

[5]　华罗庚,王元.数论在近似分析中的应用.北京:科学出版社,1978.

[6]　王元,余坤瑞,朱尧辰.一个关于线性型转换定理的注记.数学学报,1979,22: 237-240.

[7]　辛钦.连分数.刘诗俊,刘绍越,译.上海:上海科技出版社,1965.

[8]　朱尧辰.一个级数的超越性.数学研究与应用,1979(3):135-138.

[9]　朱尧辰.线性型转换定理的另一证明.数学研究与应用,1979(6):94-103.

[10]　朱尧辰.关于Mahler-Cassels线性型转换定理.中国科学技术大学研究生院学报,1985,2:95-100.

[11]　朱尧辰.关于线性型的转换定理.四川大学学报(自然科学版),1989/90,26:44-48.

[12]　朱尧辰.点集偏差引论.合肥:中国科学技术大学出版社,2011.

[13] 朱尧辰.无理数引论.合肥:中国科学技术大学出版社,2012.

[14] 朱尧辰,王连祥,徐广善.关于一类级数的超越性–Schmidt定理的一个应用.科学通报, 1980,25:49-53.

[15] 朱尧辰,王连祥.丢番图逼近引论.北京:科学出版社,1993.

[16] 朱尧辰,徐广善.超越数引论.北京:科学出版社,2003.

[17] AIGNER M. Markov's theorem and 100 years of the uniqueness conjecture.Berlin:Springer, 2013.

[18] APOSTOL T M. Modular functions and Dirichlet series in number theory.Berlin: Springer, 1976.

[19] BAKER A,SCHIMIDT W M.Diophantine approximation and Hausdorff dimension. Proc. Lond. Math.Soc.,1970,21:1-11.

[20] BENITO M,ESCRIBANO J J. An easy proof of Hurwitz theorem.Amer. Math.Monthly, 2002,109:916-918.

[21] BERESNEVICH V.On approximation of real numbers by real algebraic numbers, Acta Arith., 1999,90:97-112.

[22]   BERNIK V I,MELNICHUK Y I.Dioph-
antine approximation and Hausdorff dimension. A-
cad.Nauk BSSR,Minsk,1988.

[23]   BERNIK V I,DODSON M M.Metric dio-
phantine approximation on manifolds,Cambridge:
Cambridge Univ.Press,1999.

[24]   BILU,YU.F.The many faces of the sub-
space theorem (After Adamczewski, Bugeaud,Corva-
ja,Zannier,···),Séminaire Bourbaki,Vol.**2006/2007**,
Astérisque,2008,317(967),1-38.

[25]   BUDARINA N,DICKINSON D,BERNIK
V.Simultaneous Diophantine approximation in the
real,complex and p-adic fields,Math.Proc.Camb.Phil.
Soc.,2010,149:193-216.

[26]   BUGEAUD Y.Approximation by alge-
braic numbers,Cambridge Univ.Cambridge: Press,
Cambridge,2004.

[27]   BUGEAUD Y.Quantitative versions of
the subspace theorem and applications, J.Théor.No-
mbres Bordeaux,2011,23:35-57.

[28]   BUGEAUD Y.Distribution modulo one
and diophantine approximation.Cambridge: Cam-
b.Univ.Press,2012.

[29]   BUGEAUD Y,EVERTSE J H.On two
notions of complexity of algebraic numbers,Acta

Arith.,2008,133:221-250.

[30] BUNDSCHUH P,WALLISSER R.Algebraische Unabhangigkeit p-adische Zahlen, Math. Ann.,1976,221:243-249.

[31] CASSELS J W S.An introduction to Diophantine approximation,Cambridge: Cambridge Univ.Press, Cambridge,1957.

[32] COHN J H E.Hurwitz' theorem , Proc. Amer. Math. Soc.,1973,38: 436.

[33] CORVAJA P,ZANNIER U.Some new applications of the subspace theorem, Compo.Math., 2002,131:319-340.

[34] CUSICK T W.Dirichlet's diophantine approximation theorem, Bull. Austral. Math. Soc., 1977,16:219-224.

[35] CUSICK T W,FLAHIVE M E.The Markoff and Lagrange spectra, Math. Surveys and Monographs Vol.**30**,AMS,Providence,RI,1989.

[36] DRMOTA M,TICHY R F.Sequences, discrepancies and applications.New York:Springer,1997.

[37] DUFFIN R J,SCHAEFFER A C.Khintchine's Problem in metric diophantine Approximation, Duke Math.J.,1941,8:243-255.

[38] DYSON F J.On simultaneous diophantine approximations,Proc. London Math.Soc.,1947,

49:409-420.

[39] DYSON F J.The approximation to alge-
braic numbers by rationals, Acta Math.,Acad.Sci.H-
ung.,1947,79:,225-240.

[40] EVERTSE J -H,SCHLICKEWEI H P.A
quantitative version of the absolute subspace theo-
rem, J.reine und angew.Math.,2002,,548:21-127.

[41] FELDMAN N I.An effective refinememt
of the exponent in Liouville's theorem, Izv. Akad.
Nauk,1971,35:973-990.

[42] FELDMAN N I.Approximation of alge-
braic numbers.Moscow: Moscow Univ. Press,1981.

[43] FELDMAN N I,NESTERENKO Yu V.
Number theory IV:Transcendental numbers.Berlin:
Springer,1998.

[44] FLØNER E.Generalization of the gener-
al diophantine approximation theorem of Kroneck-
er,Maeh. Scand.,1991,68:148-160.

[45] FORD L R.A geometrical proof of the-
orem of Hurwitz, Proc. Edinburgh Mat. Soc.,
1916/1917,35:59-65.

[46] GELFOND A O.The approximation to
algebraic numbers by rationals,Usp.Mat.Nauk,1948,
3:156-157.

[47] GELFOND A O.On Minkowski's linear forms theorem and transference theorem, In:An introduction to Diophantine approximation (by J.W.S. Cassels), (Russian ed.), Izd. Ino.Lij., Moscow, 1961, 202-209.

[48] GHOSH A,HAYNES A.Projective metric numbe theory, J.reine angew. Math., 2016,712: 39-50.

[49] GRUBER P M,LEKKERKERKER C G. Geometry of numbers,North-Holland, Amsterdam, 1987.

[50] HANČL J.Sharpening of theorems of Vahlen and Hurwitz and approximation properties of the golden ratio, Arch. Math.,2015,105:129-137.

[51] HARDY G H,WRIGHT E M.An introduction to the theory of numbers.Oxford :Oxford Univ. Press,1981.

[52] HARMAN G.Metric diophantine Approximation with two restricted variables(III), Two prime numbers,J.Number Theory,1988,29:364-375.

[53] HARMAN G.Metric number theory,LMS Monographs New Series,Vol.18.Oxford: Clarendon Press,1998.

[54] HARMAN G.One hundred years of normal numbers,In: Surveys in number theory (Eds by

Bennett,M.A.,et al.),Natick,Massachusetts,2000,57-74.

[55]　HAVE G T.Diophantine analysis of matrices,Thesis.Leiden:Leiden Univ.,1993.

[56]　HLAWKA E.Zur Theorie des Figurengitters,Math. Ann.,1952,125: 183-207.

[57]　HLAWKA E.Theorie der Gleichverteilung, B.I.,Wien,1979.

[58]　Hu P -C,Yang C -C.Distribution theory of algebraic numbers.Berlin: Walter de Gruyter,Berlin,2008.

[59]　JARNÍK V.Über einen p-adischen Übertragungssatz,Monatsh.Math. Phys.,1939,48:277-287.

[60]　JARNÍK,V.Sur les approximations diophantiennes des nombres p-diques, Revista Ci.Lima, 1945,47:489-505.

[61]　JONES H.Khintchine's theorem in k dimensions with prime numerator and denominator, Acta Arith.,2001,99:205-225.

[62]　JONES H.Contributions to metric number theory, Ph.D.thesis, Cardiff,2001.

[63]　KHINTCHINE A Ya.Einige Sätze über Kettenbrüche mit Angewendungen auf die Theorie der diophantischen Approximation, Math.Ann., 1924,92:115-125.

[64] KHINTCHINE A Ya.Zwei Bemerkungen zu einer Arbeit des Herrn Perron ,Mat. Z., 1925,22 : 274-284.

[65] KHINTCHINE A Ya.Über eine Klasse linearer Diophantischer Approximation, Rend.Circ. Math.Palermo,1926,50:170-195.

[66] KHINTCHINE A Ya.Zur metrischen Theorie der diophantischen Approximationen, Math.Z., 1926,24:706-714.

[67] KOKSMA J K.Diophantische Approximationen. Berlin:Springer, 1974.

[68] KOROBOV N M . Trigonometric sums and their applications,Nauka,Moscow,1989(in Russian); Kluwer Academic Publishers,1992.

[69] KUIPERS L,NIEDERREITER H.Uniform distribution of sequences, John Wiley& Sons,New York,1974.

[70] LANG S.Report on diophantine approximations,Bull.de la Soc.Math. de France, 1965,93: 117-192.

[71] LARGMAYR F.On Dirichlet's approximation theorem, Monatsh. Math.,1980,90:229-232.

[72] LE G.Schmidt's subspace theorem for moving hypersurface targets,Int.J.Number Theory, 2015,11:139-158.

[73] LEOBACHER G,PILLICHSAMMER F., Introdu-ction to quasi-Monte Carlo integration and applications,Birkhäuser,Berlin,2014.

[74] LEVEQUE W J.Topics in number theory,Vol.**2**, Addison-Wesley Pub.Co.,Inc., Reading, MA,1956.

[75] LIOUVILLE J.Sur des classes très-étendues de quantités dont la irrationelles algébriques, C.R.Acad.Sci.Paris,1844,18:883-885,910-911.

[76] LUTZ,É.Sur les approximations diophantiennes linéaires p-adiques.Paris: Hermann & Cie Éditeurs,1955.

[77] MAHLER K.Ein Übertragungsprinzip für lineare Ungleichungen,Čas. Pěst. Mat.Fyz.,1939, 68:85-92.

[78] MAHLER K .Lectures on Diophantine approximations,Part1:g-adic numbers and Roth's theorem,Univ.of Notre Dame,1961.

[79] NATHANSON A A.Sur les formes quadratiques binaires indéfinies II , Math. Ann .,1880 , 17: 323-324.

[80] NIEDERREITER H.Discrepancy and convex programming, Ann.Mat .Pura Appl., 1972,93 : 89-97.

[81] NIEDERREITER H.Random number ge-

neration and quasi-Monte Carlo methods, SIAM, Phila-delphia,1992.

[82] NIVEN I.Diophantine approximation,Interscience Publishers, John Wiley & Sons,New York,1963.

[83] POLLINGTON A D,VAUGHAN R C. The k-dimensional Duffin and Schaeffer conjecture, Mathmatika,1990,37:190-200.

[84] PROINOV P D.Discrepancy and integration of continuous functions, J.Appro.Th.,1988, 52:121-131.

[85] RIDOUT D.Rational approximations to algebraic numbers, Mathematika,1957,4:125-131.

[86] RIDOUT D.The p-adic generalization of the Thue-Siegel-Roth theorem, Mathematika,1958, 5:40-48.

[87] ROBERT T F.Zum Approximationssatz von Dirichlet, Monatsh.Math., 1979,88:331-333.

[88] ROTH K F.Rational approximations to algebraic numbers, Mathematika, 1955,2:1-20.

[89] SCHLICKEWEI H P.On products of special linear forms with algebraic coefficients, Acta Arith.,1976,31:389-398.

[90] SCHLICKEWEI H P.Die p-adische Verallgemeinerung des Satzes von Thue-Siegel-Roth-

Schmidt,J.reine und angew.Math.,976288:86-105.

[91] SCHLICKEWEI H P.Linearformen mit algebraischen Koeffizienten , Manuscripta Math., 1976,18:147-185.

[92] SCHLICKEWEI H P.An upper bound for the number of subspaces occurring in the p-adic subspace theorem in Diophantine approximations, J.reine angew.Math., 1990,406:44-108.

[93] SCHLICKEWEI H P.Approximation of algebraic numbers, In: Diophantine approximation (Eds by Amoroso,F,Zannier,U.), LNM,**1819**,Springer, Berlin,1991,1819:107-170.

[94] SCHMIDT A L.Diophantine approximation of complex numbers, Acta Math.,1975,134:1-85.

[95] SCHMIDT W M.Simultaneous approximation to algebraic numbers by rationals, Acta Math.,1970,125:189-201.

[96] SCHMIDT W M.Norm form equations, AnnMath.,1972,96:526-551.

[97] SCHMIDT W M.Approximation to algebraic numbers,L'Enseignement Math.,1972,17: 187-253.

[98] SCHMIDT W M.Diophantine approximations, LNM,**785**,Springer, Berlin,1980.

[99] SCHMIDT W M.The subspace theorem in diophantine approximations, Compo.Math.,1989, 69:121-173.

[100] SCHMIDT W M.Diophantine approximations and diophantine equations, LNM. Berlin: Springer,1991,1467.

[101] SCHMIDT W M.Wang Yuan,A note on a transference theorem of linear forms, Sci. Sinica,1979,22:276-280.

[102] SIEGEL C L.Approximation algebraischer Zahlen,Math.Z.,10(1921), 173—213.

[103] SIEGEL C L.Über einige Anwendungen diophantischer Approximationen, Abh.der Preuss, Akad. derWissenschaften,Phys.-Math.Kl., 1929, (1).

[104] SOBOL' I M.An exact estimate of the error in multidimensional quadrature formulae for functions of the classes $\tilde{W}_1$ and $\tilde{H}_1$, Zh.Vychisl.Mat.i Mat.Fiz.,1961,1:208-216.

[105] SPRINDŽUK V G.Mahler's problem in metric number theory,AMS, Providence,1969.

[106] SPRINDŽUK V G.Metric theory of diophantine approximations,John Wiley & Sons,New York,1979.

[107] STRAUCH O.Duffin-Schaeffer conjec-

338

ture and some new types of real sequences, Acta Math.,Univ. Comen.,1982,40-41:233-245.

[108]   STRAUCH O.Some new criterions for sequences which satisfy Duffin-Schaeffer conjecture (I),(II),(III),Acta Math.,Univ. Comen.,1983,(42-43): 87-95;1984,(44-45):55-65;1986,(48-49):37-50.

[109]   THUE A.Über Annäherungswerte algebraischer Zahlen,J.reine und angew.Math. , 1909, 135:284-305.

[110]   TIJDEMANN R.Approximation of real matrices by integeral matrices,J.of Number theory,1988,24:65-69.

[111]   TROI G,ZANNIER U.Note on the density constant in the distribution of self-numbers,II, Boll.Unione Mat.Ital.Sez.B Artic.Ric.Mat.(8), 1999, 2:397-399.

[112]   VAALER,J.D.On the metric theory of diophantine approximation, Pacific J. Math., **76** (1978),527—539.

[113]   VOJTA P.Diophantine approximation and value distribution theory,LNM,**1239**.Berlin:Springer ,1987.

[114]   VOJTA P.Roth's theorem with moving targets,Int.Math.Res. Notices,1996,3:109-114.

[115]   WALDSCHMIDT M.Recent advances

in diophantine approximation, In: Number theory, analysis and geometry(Eds by Goldfeld,D, et al.).Berlin: Springer,2012.

[116] WEYL H.Über ein Problem aus dem Gebiete der diophantischen Approximationen, Nachr.Ges.Wiss.Göttingen,Math.-phys.Kl.,1914, 234-244.

[117] WEYL H.Über die Gleichverteilung von Zahlen mod. Eins, Math.Ann.,1916,77:313-352.

[118] WIRSING E.Approximation mit algebraischen Zahlen beschränkten Grades, J.reine angew. Math.,1961,206:67-77.

[119] WIRSING E.On approximation of algebraic numbers by algebraic numbers of bounded degree,Proc.Symp.Pure Math.,**20**(1969 Number Theory Institute), (Ed by D.J.Lewis),AMS,Providence,R.I.,1971,213-247.

[120] CHEN Y G .The best quantitative Kronecker's theorem, J.London Math.Soc.(2), 2000,61: 691-705.

[121] ZANNIER U.Some applications of diophantine approximation to diophantine equations,Editrice Forum,Udine,2003.

[122] ZHU Y C, JIANG Y C.A remark on the Mahler's and Gelfond's transference theorems of linear forms,J.of Math.Res.and Expo.,1991,11:

261-264.

索　引

(中文名词按汉语拼音顺序排列)

342

编辑手记

俗话说"三个女人一台戏",笔者要说的是"三个男人一本书".俗语里的三个女人通常是指年轻的东方女性,而笔者所说的这三个男人则是两位西方古人加一位中国老人.

先说这位中国老人,他就是本书作者朱尧辰.朱老是江苏镇江人,1942年生,1964年毕业于中国科学技术大学应用数学系,1992年任中国科学院应用数学研究所研究员,主要研究数论,曾任《数学进展》常务编委.1983年至1993年期间他先后在法国 Henri Poincaré 研究所和 IHES、德国 Max-Planck 数学研究所和 Köln 大学、美国 Southern Mississippi 大学、香港浸会学院(今香港浸会大学)等科研机构和大学从事合作研究,迄今发表论文约一百篇,出版专著 5 本,获中科院自然科学三等奖和集体一等奖各 1 项. 1993 年起享受国务院政府特殊津贴.

《新华书目报》曾在 2012 年 4 月 19 日的科技人物专栏中由记者赵晶写过一篇报道:

说起朱尧辰和他学习数论的初衷,要先从他的求学经历谈起.朱尧辰是在一个水平不高的乡村中学完成中等教育的,当时他对文学的爱好甚于数学.选择高考志愿时,出于对华罗庚先生的仰慕,决定学数学,所有的报考志愿都是数学,中国科学技术大学应用数学系是第一志愿.朱尧辰在 1959 年如愿进入该系学习,当时的应用数学专业主要有计算数学、运筹学、概率统计和数学物理等方向,那时系主任是华罗庚先生.关肇直先生教了朱尧辰三年基础课,随后是两年的专业课.系里要在 59 级(中科大第二届)开设一个名为代数与数论的专业,按传统这个专业属于纯粹的数学领域,朱尧辰凭着兴趣选择了这个专业.当时只知道数论就是研究整数性质的一门学科,它与中学的平面几何一样有着悠久的历史.学进去才逐步理解了数论的意义.

数是自然界客观存在的事物,研究数本身的性质可以加深人们对于客观世界的认识.实际上,数论的研究面很广,生活中也有它的影子.比如编码、数字通讯、计算机科学,甚至身份证号码、商品条形码以及电话号码这些平常的事物都离不开整数,要用到数论知识.由于近代计算机科学和应用数学的发展,数论得到了广泛的应用.比如在离散数学、代数编码、组合论等学科中都广泛使用了初等数论的基本结果.数论的许多比较深刻的研究成果在近似分析、快速傅氏变换、密码学和理论物理学等众多领域有着重要应用.当然,现在很多人对数论并不陌生,各类数学竞赛就少不了初等数论题.国内一些综合性大学开设了系统的数论课程,工科院校的某些技术性专业出于需要也开设数论课.在朱尧辰求学的时代,数论应用的前景和潜力刚刚开始显现,当年在中科大应用数学系开设数论专业,可谓是一个富有远见之举.朱尧辰自己觉得是在某种朦胧状态下选择了学习数论之路,之后他在王元教授的指导下完成了毕业论文《数论在近似分析中的一些应用》,开始了为之付出一生心血的数论研究.

毕业后,朱尧辰未能分配到中科院从事数学研究,而是先后在北京的一些中学、师范学校和中学教师进修班教初等数学,长达 14 年之久.几经周折,多方努力,他才于 1978 年 2 月调入中科院应用数学研究所(当时称应用数学办公室,由华罗庚先生主持),开始时推广过优选法,搞过密码课题,但后来还是研究数论.1981 年 8 月被提升为副研究员.

20 世纪 80 年代,改革开放后的出国潮促使一批四十岁左右的科研人员纷纷出国深造,朱尧辰也没有放过这样的机会.1983 年,他获得邀请,以副教授身份赴法进行合作研究.他在三个月时间里与法国巴黎第六大学教授 M. Waldschmidt 合作完成了一篇论文,在论文中共同提出代数无关性的"小扰动法".之后在 M. Waldschmidt 教授的帮助下,他得到德国洪堡基金会的资助,在波恩 Max-Planck 数学研究所 G. Wüstholz 教授的课题组中从事代数无关性理论的研究,历时 2 年.此后,他受聘于美国南密西西比大学,期间的身份是访问研究副教授,面对远远高于国内水平的工资待遇和比较宽松的学术研究氛围,他并未选择留在美国,最终放弃了可以获得绿卡的机会,回到了国内研究单位.回国后,他原本计划延续在国外的数论研究方向,但最终未能如愿.在不太长的一段时间里,曾一度将研究方向偏向组合数学.其后,随着所在单位合并到新组建的中科院数学研究院,他又回归到数论研究方向,直到退休.对于回国后到退休前的这段日子,他曾写过一首小诗表达他当时的困惑:"廿载研数兴趣事,天犹逢时地欠利.竹杖芒鞋倚东篱,虚名实利两由之."

朱尧辰在海外访问和合作研究期间发现数论研究在国外很受重视,欧美几乎每个大学都设有数论课程或专业.而且外国不少大学课程,特别是基础课,难度不算大,但涉及面较广.他认为从事数学研究不能局限于一门狭窄的专业知识,广博的知识面对于研究工作大有好处,研究者所知越多,思考的角度就越多."我曾经和法国、德国的一些教授合作过,他们一直坚持把当代最新的数学科研成果吸收到自己的讲义里去.在讲义中多数只给出证明概要,但讲清有关背景、思想和动态,包括进一步的细节就需要学生(大学高年级学生和研究生)自己去查资料,独立思考,加以完善.因此教学过程也就是促使学生发现新的数学研究方向和课题的过程.还有,国外大学教育不会令学生过于偏重考试分数和今后的就业,这与当前国内情况有所不同.现在一些学生有做学术研究的潜质和兴趣,但是毕业后就难以为继了,而是奔着去找待遇优厚的工作岗位.当然,这也可能是出于现实生活的考虑,也许无可厚非."他对现在学术研究中急功近利的倾向表示担忧,但对此也不是不能理解.

用数学软件 LaTex 在电脑上写出来的朱尧辰先生的这本书涉及数论研究的某些前沿性成果,包含一些研究课题.希望它的出版有助于国内大学高年级学生和研究生的专业学习.如果这本书能引起他们对有关数论问题的关注和研究兴趣,那将是令人欣慰的事.朱尧辰曾谦虚地说过:"我只是一个普通的研究过数论的人,能出版几本书足矣!"

从记者的报道中可知朱老中学时代文学功底好于数学,有诗为证:

朱尧辰杂诗

其一(1995)

塞纳莱茵访先行,
小识山姆未了情.
浮名易诺眼过云,
佳文难得沙淘金.
鬓斑犹存学子心,
何须分茶盼清明?
世态纷杂古今事,
有风有雨也有晴.

其二(1997)

当年习数兴趣事,
犹记虔诚神圣志.
乍涉尘寰路崎岖,
始识人生第一计.

碌碌半生勉为文,

茫茫星空常流矢.

昔日研数闹求静,

而今残岁觅闲题.

其三(2008)

人生易老天更老,

岁月如梭思如潮.

昔日黄花香如故,

强弩之末妄自嘲.

此生不憾书生气,

曾经数海任飘摇.

心愿幸未付东流,

难得闲适沐夕照.

　　从朱先生的个人经历中我们知道他曾从事中学教育工作长达十四年,有类似经历的西方数学家有许多,如:R. H·宾(1914—1986)美国数学家,1914 年 10 月 24 日生于得克萨斯州,1986 年 4 月 28 日在奥斯丁家中去世.1935 年他毕业于西南得克萨斯州立师范学院(现西南得克萨斯州立大学);1935—1942 年任中学教师;1938 年和 1945 年分别获得得克萨斯大学数学教育硕士学位和博士学位;1943—1947 年任教于得克萨斯大学;1947—1973 年任麦迪逊威斯康星大学助理教授、教授,并在 1958—1960 年间任系主任;1973—1985 年任得克萨斯大学教授,并在 1973—1977 年任系主任;1963—1964 年任美国数学协会主席,1977—1978 年任美国数学会主席,1965 年被选为美国全国科学院院士.

宾的贡献主要在几何拓扑方面,特别是三维流形方面.20 世纪 50 年代中期,他给出了二维球在三维欧氏空间中的边逼近定理,并给出了三维欧氏空间的胞腔剖分得不到流形的一个例子.后来他又证明了这种非流形与直线的笛卡儿积是四维欧氏空间.他的边逼近定理曾在后来的 20 多年中导出了广泛的研究工作,如:二维流形在三维流形中的驯顺与非驯嵌入以及一些在高维情况的推广.他还给出了"宾收缩"的概念,这一方法在证明流形的一个类胞腔剖分是否能得到流形的问题中很重要,也曾被 M. H·弗里德曼用于证明四维庞加莱猜想.他的思想在美国形成了以他为首的拓扑学派,他们的工作加深了人们对流形的认识.1983 年他出版了代表作《三维流形的几何拓扑》(*The Geometric Topology of* 3-*manifolds*).

同时具备在初等数学和高等数学领域工作经历的人更容易将书特别是科普书写好.这也是我们数学工作室多次邀请朱先生著书的原因之一.

下面再介绍一下另外两位西方"老男人",即本书书名中出现的二位著名数学家,一位是:

Dirichlet(1805—1859),德国人.1805 年 2 月 13 日生于迪伦的一个法兰西血统的家庭.他能说流利的德语和法语,日后成为这两个民族之间的数学、数学家之间的极好的联系人.1822 年至 1827 年间,他旅居巴黎,与傅里叶非常亲近.1827年他任布雷斯劳大学讲师;1829年任伯林大学讲师,1839年升为教授;1855年,作为高斯的继承者受聘到哥廷根大学任教授;1859年5月5日在哥廷根逝世.

Dirichlet在数学上的贡献涉及数学的各个方面,其中以数论、分析学和位势论方面的成就尤为卓著.

在数论方面,Dirichlet花了许多精力对高斯的名著《算术研究》进行整理和研究,并且做出了创新.由于高斯的著作远远超出了当时一般人的水平,以致学术界对这些著作也采取敬而远之的态度,真正的理解者不多.而Dirichlet却别开生面地应用解析方法来研究高斯的理论,从而开创了解析数论的研究.

1837年,他通过引进Dirichlet级数证明了勒让德猜想,也称之为Dirichlet定理:在首项与公差互素的算术级数中存在有无穷多个素数.

1839年,他完成了著名的《数论讲义》,但1863年才出第一版,随后多次再版.这份讲义经过戴德金整理及增补附录,通过诺特的发展而成为布尔巴基的思想源泉之一.

1840年,他用解析法计算出二次域 $k = Q(\sqrt{m})$ 的理想类的个数.二次域的数论,就是高斯与他根据有理整系数的二元二次型的理论发展起来的.他定义了与二元二次型相关联的Dirichlet级数,也考虑了展布在具有给定判别式 D 的全体二元二次型的类上的Dirichlet级数的和,即等价于二次域的Dirichlet ζ 函数.Dirichlet给出了二元二次型类数的公式,这就是现在的二次域的狭义类数公式.

1841 年,他证明了关于在复数 $a + bi$ 的级数中的素数的一个定理. 在此之前,他还证明了序列 $\{a + nb\}$ 的素数的倒数之和是发散的,推广了欧拉的有关结果.

1849 年,他研究了几何数论中的格点问题,并得到由 $uv \leqslant x, u \geqslant 1, v \geqslant 1$ 所围成的闭区域上的格点个数的公式

$$D(x) = x\log x + (2c - 1)x + O(\sqrt{x})$$

其中 c 为欧拉常数.

另外,Dirichlet 还阐明了代数数域的单位群的结构. 其中使用了"若在 n 个抽样中,存在 $n + 1$ 个对象,则至少在 1 个抽样中,至少含有 2 个对象"这个原理,也就是所谓 Dirichlet 抽样法,而通常又称之为抽屉原理或鸽笼原理.

在分析学方面,Dirichlet 是较早参与分析基础严密化工作的数学家. 他首次严格地定义函数的概念. 在题为《用正弦和余弦级数表示完全任意的函数》的论文中,他给出了单值函数的定义,这也是现在最常用的,即若对于 $x \in [a, b]$ 上的每一个值有唯一的一个 y 值与它对应,则 y 是 x 的一个函数. 而且他认为,整个区间上 y 是按照一种还是多种规律依赖于 x,或者 y 依赖于 x 是否可用数学运算来表达,那是无关紧要的,函数的本质在于对应. 他有意识地在数学中突出概念的作用,以代替单纯的计算. 1829 年他给出了著名的 Dirichlet 函数

$$f(x) = \begin{cases} 1 & (\text{当 } x \text{ 为有理数时}) \\ 0 & (\text{当 } x \text{ 为无理数时}) \end{cases}$$

这是难用通常解析式表示的函数. 这标志着数学从研究"算"到研究"概念、性质、结构"的转变, 所以有人称 Dirichlet 是现代数学的真正的始祖.

1829 年, 他在研究傅里叶级数的一篇基本论文《关于三角级数的收敛性》中, 证明了代表函数 $f(x)$ 的傅里叶级数是收敛的, 且收敛于 $f(x)$ 的第一组充分条件. 他的证明方法是, 直接求 n 项和并研究当 $n \to \infty$ 时的情形. 他证明了: 对于任给的 x 值, 若 $f(x)$ 在该 x 处连续, 则级数的和就是 $f(x)$; 若不连续, 则级数的和为

$$[f(x-0) + f(x+0)]/2$$

在证明中还需仔细讨论当 n 无限增加时积分

$$\int_0^a f(x) \frac{\sin \mu x}{\sin x} dx \quad (a > 0)$$

$$\int_0^b f(x) \frac{\sin \mu x}{\sin x} dx \quad (b > a > 0)$$

的极限值. 这些积分至今还称为 Dirichlet 积分.

1837 年, Dirichlet 还证明了, 对于一个绝对收敛的级数, 可以组合或重排它的项, 而不改变级数的和. 又另举例说明, 任何一个条件收敛的级数的项可以重排, 使其和不相同.

在位势论方面, 他提出了著名的 Dirichlet 问题: 在 $R^n(n \geq 2)$ 内, 域 D 的边界 S 为紧的, 求 D 内的调和级数, 使它在 S 上取已给的连续函数值. 他利用 Dirichlet 原理给出了古典 Dirichlet 问题的解, 以及更一般的

Dirichlet 问题.

Dirichlet 对自己的老师高斯非常钦佩,在他身边总是带着高斯的名著《算术研究》,即使出外旅行也不例外.1849 年 7 月 16 日,哥廷根大学举办了高斯因《算术研究》获得博士学位 50 周年的庆典.庆典上高斯竟用自己的手稿点燃烟斗,在场的 Dirichlet 急忙夺过老师的手稿,视为至宝而终身珍藏.Dirichlet 去世后,人们从他的论文稿中找到了高斯的这份手稿.

Dirichlet 一生只热心于数学事业,对于个人和家庭都是漫不经心的.他对孩子也只有数学般的刻板,他的儿子常说:"啊,我的爸爸吗? 他什么也不懂."他的一个调皮的侄子说得更有趣:"我六、七岁时,从我叔叔的数学健身房里所受到的一些指教,是我一生中最可怕的一些回忆."甚至有这样的传说:他的第一个孩子出世时,给岳父写的信中只写上了一个式子:$2+1=3$.

Dirichlet 是在数学史上被低估了的人物.因为他"不幸"地生在了高斯和黎曼之间,所以名气被"双峰"所掩盖.生于大师出没的年代对凡人是一种幸运,但对另一位大师则是一种"不幸".

下面再介绍一下另一位老男人:

Kronecker(1823—1891),德国人.1823 年 12 月 7 日出生于德国的布雷斯劳附近的利格尼兹(现属波兰的莱格尼察).1842 年进入柏林大学,1845 年毕业,1849 年在此以关于代数数域中单位的论文获得博士学位;此后 8 年间继承伯父家业,专心从事银行和农场的管理工作;1857年回到学术界.Kronecker曾得到库默尔的指导,是库默尔的得意门生.1861年他接替库默尔在柏林大学任终身教授,同年被选为柏林科学院院士;1884年被选为伦敦皇家学会会员.他还是法国科学院和彼得堡科学院的院士.

Kronecker十分崇拜阿贝尔,并致力于代数的研究.1879年他根据阿贝尔的思想在《数学年鉴》发表文章,对高于四次的一般方程用根式求解的不可能性的问题,做出了一个比前人更为简单、直接而又严密的证明.1858年他在给埃尔米特的一封信中及1865年在《纯粹数学与应用数学杂志》上发表的一篇文章中,用椭圆模函数解出了一般的五次方程.特别引人注目的是,早在1857年他就发现有理数域的每一个阿贝尔扩张都包含在割圆域里面.他相信在椭圆函数具有复数乘法的模方程与虚二次域的阿贝尔扩张之间也有类似的关系,并且宣布了这一著名的猜想,自称为是他的"青春之梦".1880年他从数论的观点进一步提出"虚二次域K的阿贝尔扩张都可由具有K中元素的复数乘法的椭圆函数的变换方程来确定"的猜想,以及与此相应的"有理数域的阿贝尔扩张都是分割圆域的子域"的问题.Kronecker的这种思想在数学界有很大的影响,1990年希尔伯特根据他的思想在巴黎的那次具有划时代意义的著名演讲中,将"求解析函数,使得其奇异值在给定的代数数域上生成阿贝尔扩张"作为23个问题中的第12个问题提了出来,引起了很多人的注意.

作为库默尔的得意门生,Kronecker 继老师之后,并沿着类似于戴德金的路线继续研究代数数的问题,他在 1845 年写成,但直到 1882 年才在《纯粹数学与应用数学杂志》上发表的博士论文《论复可逆元素》是他在这个论题上的第一项工作,论文中讨论了在高斯所创立的代数数域中可能存在的所有可逆元素.在这篇论文之前,他在同一杂志的早一期上发表的一篇论文中,创立了与戴德金用"理想"概念建立的域论完全不同的另一种域论(有理数域),引进了他在 1881 年提出的添加于域的一种新的抽象量(叫作未定量)的概念,作为他的代数数的理论基石.由于他考虑了任意个未定量(变量)的有理函数域,他的域的概念比戴德金更一般.他还强调过,这个未定量是一个代数元素,而不是一个分析意义下的变量.Kronecker 还引进了模系的概念,在他的一般域中,可除性理论是依据模系定义的,类似于戴德金用理想来定义可除性.1887 年他又发表文章,为他的一般域论建立而且证明了一系列的性质和定理,并着重说明他的代数数理论独立于代数基本定理和完备的实数系的理论.

在整个数学中占有重要的位置,成为现代数学基础之一的群的概念的最初定义是由 Kronecker 在 1870 年给出的,而且有限阿贝尔群的基本定理也是由 Kronecker 于 19 世纪 70 年代发现并证明的.1870 年他在《数学年鉴》上发表的文章中,从库默尔的理想数的工作出发,给了一个相当于有限阿贝尔群的抽象定义,规定了抽象的元素、抽象的运算、它的封闭性、结合性、交换性,以及每一元素的逆元素的存在性和唯一性.接着他还证明了一些定理,特别是给出了现在所谓的基定理的第一个证明.

Kronecker 是最早的直觉主义者之一,在 19 世纪 70 年代和 80 年代发表了他的看法.他认为数学的对象及真理并不能脱离数学的理性或直觉而独立存在,它们应该通过理性的活动或直觉的活动而直接得到.他指责维尔斯特拉斯关于实数论证的严密性含有不能接受的概念,并严厉批评和攻击康托关于超限数和集合论的工作不是数学而是神秘主义.Kronecker 只承认整数,因为它们在直观上是清楚的.他说:"上帝创造了整数,其他一切都是人造的,因而是可疑的." 1887 年他在《纯粹数学与应用数学杂志》上发表的论文《论数的概念》中,表明了某种类型的数,如分数可以用整数定义出来,这样定义的分数被认为是一种方便的写法,是直观的,能接受的.他甚至想砍掉无理数和连续函数的理论,而把分析算术化,也就是把分析建立在整数的基础上.1882 年他在《纯粹数学与应用数学杂志》上发表的题为《代数量的一种算术理论之基础》一文中,指责一些数学家们关于多项式的可约式、实数的有序性的定义仅仅是表面上的.不过,直觉主义者 Kronecker 本人却很少进行直觉主义哲学的研究.在他那个时代没有人支持他的观点,甚至将近 25 年中没有人探索他的思想.直到发现集合论的悖论之后,直觉主义才活跃起来,形成一个数学基础方面的派别.Kronecker 在数学史上最大的败笔是对康托的无情打击与压制.

朱先生与笔者相识,笔者敬佩其博学与低调,其平静的书斋生活也令笔者向往.

林徽因说:真正的平静,不是避开车马喧嚣,而是在心中修篱种菊.

数论就是朱先生在心中种下的菊.

刘培杰
2017 年 11 月 11 日
于哈工大